# SOLIDWORKS 2018中文版机械设计从入门到精通

三维书屋工作室

胡仁喜　刘昌丽等编著

机械工业出版社

本书重点介绍了 SOLIDWORKS 2018 中文版在机械设计中的应用方法与技巧。全书共 18 章，分别介绍了 SOLIDWORKS 2018 概述，草图相关技术，基于草图特征，基于特征的特征，螺纹零件设计，盘盖类零件的设计，轴类零件设计，齿轮零件设计，叉架类零件设计，箱体类零件设计，装配和基于装配的设计技术，轴承设计，齿轮泵装配，工程图基础，齿轮泵工程图，运动仿真，有限元分析，流场分析等内容。本书全面地介绍了各种机械零件设计和分析的方法与技巧，注意由浅入深，从易到难。全书解说翔实，图文并茂，语言简洁，思路清晰。

本书适合各大中专院校工科学生作为自学辅导教材使用，也可以作为 SOLIDWORKS 爱好者和机械设计工程技术人员的参考书。

## 图书在版编目（CIP）数据

SOLIDWORKS 2018 中文版机械设计从入门到精通/胡仁喜等编著.—6 版.
—北京: 机械工业出版社, 2019.3
ISBN 978-7-111-62475-2

Ⅰ. ①S… Ⅱ. ①胡… Ⅲ. ①机械设计－计算机辅助设计－应用软件
Ⅳ. ①TH122

中国版本图书馆 CIP 数据核字(2019)第 068054 号

机械工业出版社（北京市百万庄大街 22 号　邮政编码 100037）
责任编辑：曲彩云　　责任校对：刘秀华　　责任印制：孙　炜
北京中兴印刷有限公司印刷
2019 年 5 月第 6 版第 1 次印刷
184mm×260mm · 30.25 印张 · 746 千字
0001－2500 册
标准书号：ISBN 978-7-111-62475-2
定价：99.00 元

# 前　言

SOLIDWORKS 是由著名的三维 CAD 软件开发供应商 SOLIDWORKS 公司发布的 3D 机械设计软件，可以很大限度地释放机械、模具、消费品设计师们的创造力，使得他们只需花费同类软件所需时间的一小部分即可设计出更好、更有吸引力、更有创新力，在市场上更受欢迎的产品。面对各种新产品的不断升级和改进，SOLIDWORKS 已成为市场上扩展性最佳的软件产品，也是集 3D 设计、分析、产品数据管理、多用户协作及注塑件确认等功能的软件。

SOLIDWORKS 2018 的推出，在其功能实用性上是一个飞跃。SOLIDWORKS 家族在市场上的普及面越来越广，已经逐渐成为主流 3D 机械设计的首选，尤其是在国外，其强大的绘图功能、空前的易用性，以及一系列旨在提升设计效率的新特性，不断推进业界对三维设计的采用，也加速了整个 3D 行业的发展步伐。

本书的编者都是从事计算机辅助设计教学研究或工程设计的一线人员，他们具有丰富的教学实践经验与教材编写经验。多年的教学工作使他们能够准确地把握学生的学习心理与实际需求。在本书中，处处凝结着教育者的经验与体会，贯彻着他们的教学思想，希望能够对广大读者的学习起到抛砖引玉的作用，为读者的学习提供一个捷径。

本书重点介绍了 SOLIDWORKS 2018 中文版在机械设计中的应用方法与技巧。全书共 18 章，分别介绍了 SOLIDWORKS 2018 概述，草图相关技术，基于草图特征，基于特征的特征，螺纹零件设计，盘盖类零件设计，轴类零件设计，齿轮零件设计，叉架类零件设计，箱体类零件设计，装配和基于装配的设计技术，轴承设计，齿轮泵装配，工程图基础，齿轮泵工程图，运动仿真，有限元分析，流场分析等内容。由浅入深，从易到难。全书解说翔实，图文并茂，语言简洁，思路清晰。

为了配合学校师生利用本书进行教学的需要，随书配赠了电子资料包，包含了全书实例操作过程 AVI 文件和实例源文件，可以帮助读者更加形象直观地学习本书。读者可以登录百度网盘地址：https://pan.baidu.com/s/1ehTQ12ILgXaxUA8KvtrySQ 下载，密码：z3uj（读者如果没有百度网盘，需要先注册一个才能下载）。

本书由三维书屋工作室总策划，主要由胡仁喜、刘昌丽主要编写，康士廷、闫聪聪、杨雪静、张琪、秦志霞、彦国超、吴秋彦、卢园、孟培、李亚莉、解江坤、张亭、毛瑢、甘勤涛、李兵、王敏、孙立明、王玮、王培合、王艳池、王义发、王玉秋、朱玉莲、徐声杰、张俊生、王兵学等参加了部分章节编写。

由于编者水平有限，书中不足之处在所难免，望广大读者批评指正，编者将不胜感激。有任何问题可以登录网站 www.sjzswsw.com 或发送邮件到 win760520@126.com 批评指正。也欢迎加入三维书屋图书学习交流群（QQ：828475667）交流探讨。

编　者

# 目　录

# 第 ① 章

## SOLIDWORKS 2018 概述

　　本章首先通过对界面和工具栏的介绍使读者对SOLIDWORKS有了初步的了解，然后在设置属性一节里重点介绍了一般的属性设置，使读者能通过阅读本节设置适合自己习惯的设定。最后，分析了在SOLIDWORKS里的设计思想，并介绍了SOLIDWORKS学习中会遇到的术语。使读者在使用SOLIDWORKS 2018时能更加快捷、流畅而且灵活运用。

◎ 初识 SOLIDWORKS 2018

◎ SOLIDWORKS 的设计思想

◎ SOLIDWORKS 术语

## 1.1　初识 SOLIDWORKS 2018

　　SOLIDWORKS 是一家专注于三维 CAD 技术的专业化软件公司，它把三维 CAD 作为公司唯一的开发方向，将三维 CAD 软件雕琢得尽善尽美是他们始终不渝的目的。SOLIDWORKS 自创办之日起，就非常明确自己的宗旨"三维机械 CAD 软件，工程师人手一套"。正是基于这样一个思路，SOLIDWORKS 以性能优越、易学易用、价格平易而在微机三维 CAD 市场中称雄。SOLIDWORKS 软件是 Windows 原创软件的典型代表。SOLIDWORKS 软件是在总结和继承了大型机械 CAD 软件的基础上、在 Windows 环境下实现的第一个机械 CAD 软件。SOLIDWORKS 软件是面向产品级的机械设计工具，它全面采用非全约束的特征建模技术，为设计师提供了极强的设计灵活性。其设计过程的全相关性，使设计师可以在设计过程的任何阶段修改设计，同时牵动相关部分的改变。SOLIDWORKS 完整的机械设计软件包包括了设计师必备的设计工具：零件设计、装配设计和工程制图。

　　机械工程师使用三维 CAD 技术进行产品设计是一种手段，而不是产品的终结。三维实体能够直接用于工程分析和数控加工，并直接进入电子仓库存档，这才是三维 CAD 的目的。SOLIDWORKS 在分析、制造和产品数据管理领域采用全面开放、战略联合的策略，并配有黄金合作伙伴的优选机制，能够将各个专业领域中的优秀应用软件直接集成到 SOLIDWORKS 统一的界面下。由于 SOLIDWORKS 是 Windows 原创的三维设计软件，充分利用了 Windows 的底层技术，因此集成其他 Windows 原创软件一蹴而就。所以在不脱离 SOLIDWORKS 工作环境的情况下可以直接启动各个专业的应用程序，实现了三维设计、工程分析、数控加工、产品数据管理的全相关性。SOLIDWORKS 不仅是设计部门的设计工具，也是企业各个部门产品信息交流的核心。三维数据将会从设计工程部门延伸到市场营销、生产制造、供货商、客户以及产品维修等各个部门，在整个产品的生命周期过程中，所有的工作人员都将从三维实体中获益。因此，SOLIDWORKS 公司的宗旨将由"三维机械 CAD 软件，工程师人手一套"，延伸为"制造行业的各个部门，每一个人、每一瞬间、每一地点，三维机械 CAD 软件人手一套"。

　　经过 10 年多的发展，SOLIDWORKS 软件不仅为机械设计工程师提供了便利的工具，加快了设计开发的速度，而且随着互联网时代的到来、电子商务的兴起，SOLIDWORKS 开始为制造业的各方提供三维的电子商务平台，为制造业的各个环节提供服务。

　　SOLIDWORKS 2018 版本是对 CAD 行业的又一次技术创新。据美国 Daratech 咨询公司的评论"SOLIDWORKS 是三维 CAD 软件快速增长的领导者，是三维 CAD 软件的第一品牌"，SOLIDWORKS 2018 已成为人手一套三维解决方案、三维协同工作、三维电子商务解决方案的领导者。

## 1.2　SOLIDWORKS 2018 界面介绍

　　如果说 SOLIDWORKS 最初的产品确立了在 Windows 平台上三维设计的主流方向的话，那么今天 SOLIDWORKS 2018 则向人们展示了 Windows 原创软件已经成为大规模产品设计和复杂形状产品的高性能工具。

由于 SOLIDWORKS 软件是在 Windows 环境下重新开发的，它能够充分利用 Windows 的优秀界面，为设计师提供简便的工作界面。SOLIDWORKS 首创的特征管理员，能够将设计过程的每一步记录下来，并形成特征管理树，放在屏幕的左侧。设计师可以随时点取任意一个特征进行修改，还可以随意调整特征树的顺序，以改变零件的形状。由于 SOLIDWORKS 全面采用 Windows 的技术，因此在零件设计时可以对零件的特征进行剪切、复制和粘贴等操作。SOLIDWORKS 软件中的每一个零件都带有一个拖动手柄，能够实时动态地改变零件的形状和大小。

## 1.2.1 界面简介

崭新的用户界面最强大的功能是：它同时让初学者和有经验的老用户都能够有效地使用。新的用户界面连贯的功能，减少了创建零件、装配体和工程图所需要的操作。此外新的用户界面还最大程度地利用了屏幕区，减少了许多遮挡的对话框。

通过 SOLIDWORKS 2018 可以建立 3 种不同的文件形式——零件图、工程图和装配图，针对这 3 种文件在创建中的不同，SOLIDWORKS 2018 提供了对应的界面。这样做的目的只是为了方便用户的编辑。下面介绍零件图编辑状态下的界面，如图 1-1 所示。

图1-1　SOLIDWORKS 2018界面

由于 SOLIDWORKS 2018 是一个功能十分强大的三维 CAD 软件，所以对应的工具栏就很多，在本节中只介绍部分常用工具栏，其他专业工具栏在以后的章节中逐步介绍。

菜单栏：这里包含 SOLIDWORKS 所有的操作命令。

标准工具栏：同其他标准的 Windows 程序一样，标准工具栏中的工具按钮用来对文件执行最基本的操作，如"新建""打开""保存""打印"等。

设计树：SOLIDWORKS 中最著名技术就是它的特征管理员（Feature Manager），该技术已经成为 Windows 平台三维 CAD 软件的标准。此项技术震撼了整个 CAD 界，SOLIDWORKS 不再是一个配角，而是企业赖以生存的主流设计工具。设计树就是这项技术最直接的体现，对于不同的操作类型（零件设计、工程图、装配图）其内容是不同的。但基本上在这里设计树都真实地记录在操作中所做的每一步（如添加一个特征、加入一个视图或插入一个零件等）。通过对设计树的管理，可以方便地对三维模型进行修改和设计。

绘图工作区：是进行零件设计、制作工程图、装配的主要操作窗口。后面提到的草图绘制、零件装配、工程图的绘制等操作均在这个区域中完成。

状态栏：标明了目前操作的状态。

## 1.2.2　工具栏的设置

工具栏按钮是常用菜单命令的快捷方式。通过使用工具栏，大大提高了 SOLIDWORKS 的设计效率。由于 SOLIDWORKS 2018 是一个功能十分强大的三维 CAD 软件，所以它所具有的工具栏也非常多。如何在利用工具栏操作方便特性的同时，又不让操作界面过于复杂呢？SOLIDWORKS 2018 的设计者早已为用户想到了这个问题，他们还提供了解决方案——用户可以根据个人的习惯自己定义工具栏，同时还可以定义单个工具栏中的按钮。

**01** 自定义工具栏

可根据文件类型（零件、装配体或工程图文件）来设定工具栏放置和显示状态。此外还可以设定哪些工具栏在没有文件打开时可显示。SOLIDWORKS 可记住显示哪些工具栏以及根据每个文件类型在什么地方显示。例如，在零件文件打开状态下可选择只显示标准和特征工具栏，则无论何时生成或打开任何零件文件，将只显示这些工具栏；对于装配体文件可选择只显示装配体和选择过滤器工具栏，则无论何时生成或打开装配体文件，将只显示这些工具栏。

要自定义零件、装配体或工程图显示哪些工具栏，可做如下操作：

❶打开零件、工程图或装配体文件。

❷选择菜单栏中的"工具"→"自定义"命令或在工具栏区域右键单击，在弹出的快捷菜单中选择"自定义"选项。弹出"自定义"对话框，如图 1-2 所示。

❸在"工具栏"标签下，选择想显示的每个工具栏复选框，同时消除选择想隐藏的工具栏复选框。

❹当选择下面的"大图标"复选框后，系统将以大尺寸显示工具栏按钮。

❺若选择"显示工具提示"复选框后，当光标指针指在工具按钮时，就会出现对此工具的说明。

❻当选择"自动激活草图工具栏"复选框后，在零件文件的设计中会自动显示草图工具栏。

图1-2 "自定义"对话框的"工具栏"选项卡

如果显示的工具栏的位置不理想，可以将光标指向工具栏上按钮之间空白的地方，然后拖动工具栏到想要的位置。如果将工具栏拖动到 SOLIDWORKS 窗口的边缘，工具栏就会自动定位在该边缘。

**02** 自定义工具栏中的按钮。通过 SOLIDWORKS 2018 提供的自定义命令，还可以对工具栏中的按钮进行重新安排，可以将按钮从一个工具栏移到另一个工具栏，将不用的按钮从工具栏中删除等操作。

如果要自定义工具栏中的按钮，可做如下操作：

❶选择菜单栏中的"工具"→"自定义"命令或在工具栏区域右键单击，在弹出的快捷菜单中选择"自定义"，从而打开"自定义"对话框。

❷单击"命令"标签，打开"命令"选项卡，如图 1-3 所示。

❸在"类别"一栏中选择要改变的工具栏。

❹在"按钮"一栏中选择要改变的按钮，同时在"说明"方框内可以看到对该按钮的功能说明。

❺在对话框内单击要使用的按钮图标，将其拖动放置到工具栏上的新位置，从而实现重新安排工具栏上按钮的目的。

❻在对话框内单击要使用的按钮图标，将其拖动放置到不同的工具栏上，就实现了将按钮从一个工具栏移到另一个工具栏的目的。

❼若要删除工具栏上的按钮，只要单击要删除的按钮并将其从工具栏拖动放回图形区域

中即可。

❽更改结束后，单击"确定"按钮。

图1-3 "自定义"对话框的"命令"选项卡

# 1.3 设置系统属性

用户可以根据使用习惯或国家标准进行必要的设置。例如可以在"文档属性"中设置绘图标准为GB，当设置生效后，在随后的设计工作中就会全部按照中华人民共和国标准来绘制图形。设置系统的属性，选择菜单栏中的"工具"→"选项"命令，弹出"系统选项"对话框。SOLIDWORKS 2018的"系统选项"对话框强调了系统选项和文件属性之间的不同：

➢ "系统选项"：在该选项卡中设置的内容都将保存在注册表中，它不是文档的一部分。因此，这些更改会影响当前和将来的所有文件。

➢ "文档属性"：在该选项卡中设置的内容仅应用于当前文件。

每个选项卡上列出的选项以树型格式显示在选项卡的左侧。单击其中一个项目时，该项目的选项就会出现在选项卡右侧。

## 1.3.1 设置系统选项

选择菜单栏中的"工具"→"选项"命令，从而弹出"系统选项"对话框的"系统选项"选项卡，如图1-4所示。

图1-4 "系统选项"选项卡

"系统选项"选项卡中有很多项目,它们以树型格式显示在选项卡的左侧,对应的选项出现在右侧。下面介绍几个常用的项目:

**01** "普通"项目的设定。

➢ "启动时打开上次所使用的文档":如果希望在打开 SOLIDWORKS 时自动打开最近使用的文件,在该下拉列表框中选择"总是",否则选择"从不"。

➢ "输入尺寸值":建议选择该复选框。选择该复选框后,当对一个新的尺寸进行标注后,会自动显示尺寸值修改框;否则,必须在双击标注尺寸后才会显示该框。

➢ "每选择一个命令仅一次有效":选择该复选框后,当每次使用草图绘制或者尺寸标注工具进行操作之后,系统会自动取消其选择状态,从而避免该命令的连续执行。双击某工具可使其保持为选择状态以继续使用。

➢ "采用上色面高亮显示":选择该复选框后,当使用选择工具选择面时,系统会将该面用单色显示(默认为绿色);否则,系统会用将面的边线用蓝色虚线高亮度显示。

➢ "在资源管理器中显示缩略图":在建立装配体文件时,经常会遇到只知其名,不知何物的尴尬情况。如果选择该复选框后,在 Windows 资源管理器中会显示每个SOLIDWORKS 零件或装配体文件的缩略图,而不是图标。该缩略图将以文件保存时的模型视图为基础,并使用 16 色的调色板,如果其中没有模型使用的颜色,则用相似的颜色代替。此外，该缩略图也可以在"打开"对话框中使用。

➢ "为尺寸使用系统分隔符"：选中该复选框后，系统将使用默认的系统小数点分隔符来显示小数数值。如果要使用不同于系统默认的小数分隔符，请取消该复选框，此时其右侧的文本框便被激活，可以在其中输入作为小数分隔符的符号。

➢ "使用英文菜单"：SOLIDWORKS 支持多种语言（如中文、俄文、西班牙语等）。如果在安装 SOLIDWORKS 时已指定使用其他语言，通过选择此复选框可以改为英文版本。

 注意:

必须退出并重新启动 SOLIDWORKS 后，此更改才会生效。

➢ "激活确认角落"：选择该复选框后，当进行某些需要进行确认的操作时，在图形窗口的右上角将会显示确认角落，如图1-5所示。

➢ "自动显示属性管理器"：选择该复选框后，在对特征进行编辑时，系统将自动显示该特征的属性管理器。例如，如果选择了一个草图特征进行编辑，则所选草图特征的属性管理器将自动出现。

**02** "工程图"项目的设定。SOLIDWORKS 是一个基于造型的三维机械设计软件，它的基本设计思路是：实体造型－虚拟装配－二维图样。

图1-5　确认角落

SOLIDWORKS 2018 新版本推出了更加省事的二维转换工具。通过它能够在保留原有数据的基础上，让用户方便地将二维图样转换到 SOLIDWORKS 的环境中，从而完成详细的工程图。

此外，利用它独有的快速制图功能，迅速生成与三维零件和装配体暂时脱开的二维工程图，但依然保持与三维的全相关性。这样的功能使得从三维到二维的瓶颈问题得以彻底解决。

下面介绍"工程图"项目中的选项，如图1-6所示。

- ➢ "自动缩放新工程视图比例"：选择该复选框后，当插入零件或装配体的标准三视图到工程图时，在三维零件或装配体中标注的尺寸将自动放置于距视图中几何体的适当距离处。
- ➢ "显示新的局部视图图标为圆"：选择该复选框后，新的局部视图轮廓显示为圆。取消选择此复选框时，显示为草图轮廓。这样做可以提高系统的显示性能。

图1-6 "工程图"项目中的选项

- ➢ "选取隐藏的实体"：选择该复选框后，用户可以选择隐藏实体的切边和边线。当光标经过隐藏的边线时，边线将以双点画线显示。
- ➢ "禁用注释/尺寸推理"：选择该复选框后，将对注释和尺寸推理进行限制。
- ➢ "打印不同步水印"：SOLIDWORKS 的工程制图中有一个分离制图功能。它能迅速生成与三维零件和装配体暂时脱开的二维工程图，但依然保持与三维的全相关性。这个功能使得从三维到二维的瓶颈总是得以彻底解决。当选择该复选框后，如果工程图与模型不同步，分离工程图在打印输出时会自动印上一个"SOLIDWORKS 不同步打印"的水印。系统默认设置为选择状态。

> ➢ "在工程图中显示参考几何体名称"：选择该复选框后，当将参考几何实体输入工程图时，它们的名称将在工程图中显示出来。

> ➢ "生成视图时自动隐藏零部件"：选择该复选框后，当生成新的视图时，装配体的任何隐藏零部件将自动列举在"工程视图属性"对话框中的"隐藏／显示零部件"选项卡上。

> ➢ "显示草图圆弧中心点"：选择该复选框后，将在工程图中显示模型中草图圆弧的中心点。

> ➢ "显示草图实体点"：当选择该复选框后，草图中的实体点将在工程图中一同显示。

> ➢ "在几何体后面显示草图剖面线"选项：选择该复选框后，模型的几何体将在剖面线上显示。

> ➢ "在图样上几何体后面显示草图图片"选项：选择该复选框后，模型的几何体将在剖面线上显示。

> ➢ "在断裂视图中打印折断线"选项：打印断裂视图工程图中的折断线。系统默认设置为选择状态。

> ➢ "自动以视图增殖查看调色板"选项：选择该复选框后，当使用选择工具选择面时，系统会将该面用单色显示（默认为绿色）：否则，系统会将该面的边线用蓝色虚线高亮度显示。系统默认设置为选择状态。

> ➢ "在添加新图纸时显示图样格式对话"选项：选择该复选框后，当添加新的图样时将显示图样格式对话，从而对图样格式进行编辑。

> ➢ "在尺寸被删除或编辑（添加或更改公差、文本等……）时减少间距"选项：选择该复选框后，间距会随着尺寸和文本的变化而自动调整。

> ➢ "在材料明细表中覆盖数量列名称"选项：选择该复选框后，在下面的对话栏中要求输入要使用的名称，用于覆盖。

> ➢ "局部视图比例"选项：局部视图比例是指局部视图相对于原工程图的比例，在其右侧的文本框中指定该比例。

> ➢ "用作修正版的自定义属性"选项：在将文件登入到 PDMWorks（SOLIDWORKS Office Professional 产品）时，指定文件的自定义属性被看成修订数据。

> ➢ "键盘移动增量"选项：当使用方向键来移动工程图视图、注解或尺寸时，指定移动的单位值。

**03** "草图"项目的设定。SOLIDWORKS 软件所有的零件都是建立在草图基础上的，大部分 SOLIDWORKS 的特征也都是由二维草图绘制开始。提高草图的功能会直接影响到对零件编辑能力的提高，所以能够熟练地使用草图绘制工具绘制草图是一件非常重要的事。

下面介绍"草图"项目中的选项，如图 1-7 所示。

> ➢ "使用完全定义草图"：所谓完全定义草图是指草图中所有的直线和曲线及其位置均由尺寸或几何关系进行定义或两者说明。选择此复选框后，草图用来生成特征之前必须是完全定义的。

图1-7 "草图"项目中的选项

- ➢ "在零件/装配体草图中显示圆弧中心点"：选择此复选框后，草图中所有的圆弧圆心点都将显示在草图中。
- ➢ "在零件/装配体草图中显示实体点"：选择此复选框，草图中实体的端点将以实心圆点的方式显示。该圆点的颜色反映草图中该实体的状态，如下所示：
  - ☑ 黑色表示该实体是完全定义的。
  - ☑ 蓝色表示该实体是欠定义的，即草图中实体的一些尺寸或几何关系未定义，可以随意改变。
  - ☑ 红色表示该实体是过定义的，即草图中的实体中有些尺寸或几何关系或两者处于冲突中或是多余的。
- ➢ "提示关闭草图"：选择此复选框时，当利用具有开环轮廓的草图来生成凸台时，如果此草图可以用模型的边线来封闭，系统就会显示"封闭草图到模型边线？"对话框。选择"是"，即选择用模型的边线来封闭草图轮廓，同时还可选择封闭草图的方向。
- ➢ "打开新零件时直接打开草图"：选择此复选框后，新建零件时可以直接使用草图绘制区域和草图绘制工具。
- ➢ "尺寸随拖动/移动修改"：选择此复选框后，可以通过拖动草图中的实体或在"移

SOLIDWORKS 2018中文版机械设计从入门到精通

动/复制 属性管理器"选项卡中移动实体来修改尺寸值。拖动完成后，尺寸会自动更新。

 **注意：**

生成几何关系时，其中至少必须有一个项目是草图实体。其他项目可以是草图实体或边线、面、顶点、原点、基准面、轴或其他草图的曲线投影到草图基准面上形成的直线或圆弧。

- ➢ "上色时显示基准面"：选择此复选框后，如果在上色模式下编辑草图，网格线会显示基准面看起来也上了色。
- ➢ "以 3d 在虚拟交点之间所测量的直线长度"： 系统默认设置为选择状态。从虚拟交点测量直线长度，而非 3D 草图中的端点。
- ➢ "激活样条曲线相切和曲率控标"选项：系统默认设置为选择状态。为相切和曲率显示样条曲线控标，样条曲线的点可少至两个点，可在端点指定相切，通过单击每个通过点来生成样条曲线，然后在样条曲线完成时双击。
- ➢ "默认显示样条曲线控制多边形"选项：显示控制多边形以操纵样条曲线的形状。系统默认设置为选择状态。
- ➢ "拖动时的幻影图像"选项：选择此复选框后，在拖动图形时会显示被拖动的图形。
- ➢ "显示曲率梳形图边界曲线"选项：选择此复选框后，将显示曲率梳形图边界曲线。
- ➢ "在生成实体时启用荧屏上数字输入"选项：选择此复选框后，可以在生成实体时随时更改尺寸。
- ➢ "提示设定从动状态"：所谓从动尺寸是指该尺寸是由其他尺寸或条件所驱动的，不能被修改。选定此后，当添加一个过定义尺寸到草图时，会出现图 1-8 所示的对话框询问尺寸是否设为从动。

图1-8    是否将尺寸设为从动

- ➢ "默认为从动"：选定此后，当添加一个过定义尺寸到草图时，尺寸会被默认为从动。

**04** "显示""选择"项目的设定。任何一个零件的轮廓都是一个复杂的闭合边线回路，在 SOLIDWORKS 的操作中离不开对边线的操作。该项目就是为边线显示和边线选择设定系统的默认值。

下面介绍"显示"、"选择"项目中的选项，如图 1-9 所示。

- ➢ "隐藏边线显示为"：这组单选按钮只有在隐藏线变暗模式下才有效。选择"实线"，则将零件或装配体中的隐藏线以实线显示。所谓"隐藏线变暗"模式是指以浅灰色线显示视图中不可见的边线，而可见的边线仍正常显示。

图1-9 "显示"项目和"选择"项目中的选项

➤ "隐藏边线选择"选项组有2个复选框。

➤ "允许在线架图及隐藏线可见模式下选择"：选择该复选框，则在这两种模式下，可以选择隐藏的边线或顶点。"线架图"模式是指显示零件或装配体的所有边线。

➤ "允许在消除隐藏线及上色模式下选择"：选择该复选框，则在这两种模式下，可以选择隐藏的边线或顶点。消除隐藏线模式是指系统仅显示在模型旋转到的角度下可见的线条，不可见的线条将被消除。上色模式是指系统将对模型使用颜色渲染。

➤ "零件/装配体上的相切边线显示"：这组单选按钮用来控制在消除隐藏线和隐藏线变暗模式下，模型切边的显示状态。

➤ "在带边线上色模式下的边线显示"：这组单选按钮用来控制在上色模式下，模型边线的显示状态。

➤ "关联编辑中的装配体透明度"：该下拉列表框用来设置在关联中编辑装配体的透明度，可以选择"保持装配体透明度"和"强制装配体透明度"，其右边的移动滑块用来设置透明度的值。所谓关联是指在装配体中，在零部件中生成一个参考其他零部件几何特征的关联特征。则此关联特征对其他零部件进行了外部参考。如果改变了参考零部件的几何特征，则相关的关联特征也会相应改变。

➤ "反走样"选项组："无"选项，禁用反走样。"仅限反走样边线/草图"选项，使带边线上色、线架图、消除隐藏线及隐藏线可见模式中的锯齿状边线平滑。"全屏反走样"选项，如果视频卡支持全屏反走样并已通过稳定性测试则可供使用。必须为反走样设定图形卡控制面板设置，以使应用程序可控制。为零件和装配体将反走样应用到整个图形区域。走样在缩放、平移及旋转过程中被禁用。

➢ "高亮显示所有图形区域中选中特征的边线"：选择此复选框后，当单击模型特征时，所选特征的所有边线会以高亮显示。

➢ "图形视区中动态高亮显示"：选择此复选框后，当移动光标经过草图、模型或工程图时，系统将以高亮度显示模型的边线、面及顶点。

➢ "以不同的颜色显示曲面的开环边线"：选择此复选框后，系统将以不同的颜色显示曲面的开环边线，这样可以更容易地区分曲面开环边线和任何相切边线或侧影轮廓边线。

➢ "显示上色基准面"：选择此复选框后，系统将显示上色基准面。

➢ "显示参考三重轴"：选择此复选框后，在图形区域中显示参考三重轴。

➢ "显示与屏幕齐平的尺寸"选项：选择此复选框后，在计算机屏幕的基准面中会显示尺寸文字。消除选择则在尺寸的 3D 注解视图基准面中显示尺寸文字。

➢ "在图形视图中显示滚动栏"选项：选择此复选框后，该选项在文档打开时不可使用。若想更改此设定，必须关闭所有文档。

➢ "显示与屏幕齐平的注释"选项：选择此复选框后，在计算机荧屏的基准面中会显示注释。

➢ "四视图视口的投影类型"选项：控制四视图显示。其中，"第一角度"选项有前视、左视、上视和等轴测。"第三角度"选项有前视、右视、上视和等轴测。

## 1.3.2　设置文档属性

"文档属性"选项卡中设置的内容仅应用于当前的文件，该选项卡仅在文件打开时可用。对于新建文件，如果没有特别指定该文件属性，将使用建立该文件的模板中的文件设置（如网格线、边线显示、单位等）。

选择菜单栏中的"工具→选项"命令，弹出"系统选项"对话框，勾选"文档属性"选项，在"文档属性"选项卡中设置文件属性，如图 1-10 所示。

选项卡中列出的项目以树型格式显示在选项卡的左侧。单击其中一个项目时，该项目的选项就会出现在右侧。下面介绍几个常用的项目：

"单位"项目的设定单击"单位"项目后，该项目的选项就会出现在选项卡右侧，如图 1-11 所示。

➢ "添加默认括号"：选择该复选框后，将添加默认括号并在括号中显示工程图的参考尺寸。

➢ "置中于延伸线之间"：选择该复选框后，标注的尺寸文字将被置于尺寸界线的中间位置。

➢ "等距距离"：该选项栏用来设置标准尺寸间的距离。

➢ "箭头"：该选项栏用来指定标注尺寸中箭头的显示状态。

➢ "水平折线"："引线长度"是指在工程图中如果尺寸界线彼此交叉，需要穿越其他尺寸界线时，即可折断尺寸界线。

图1-10 "文档属性"选项卡

➢ "主要精度"按钮:设置主要尺寸、角度尺寸以及替换单位的尺寸精度和公差值。

➢ "单位":该项目用来指定激活的零件、装配体或工程图文件所使用的线性单位类型和角度单位类型,如图 1-11 所示。

图1-11 "单位"项目

> ➤ "单位系统"：该选项栏用来设置文件的单位系统。如果选择了"自定义"单选按钮则激活了其余的选项。

> ➤ "双尺寸长度"：用来指定系统的第二种长度单位。

> ➤ "角度单位"：该下拉列表框用来设置角度单位的类型。其中可选择的单位有度、度／分、度／分／秒或弧度。只有在选择单位为度或弧度时，才可以选择"小数位数"。

# 1.4 SOLIDWORKS 的设计思想

SOLIDWORKS 2018 是一套机械设计自动化软件，它采用了大家所熟悉的 Microsoft Windows 图形用户界面。使用这套简单易学的工具，机械设计工程师能快速地按照其设计思想绘制出草图，尝试运用特征与尺寸及制作模型和详细的工程图。

利用 SOLIDWORKS 2018 不仅可以生成二维工程图而且可以生成三维零件图，并可以利用这些三维零件图来生成二维工程图及三维装配体，如图 1-12 所示。

二维零件工程图          三维装配体

图1-12 SOLIDWORKS 2018实例

## 1.4.1 三维设计的3个基本概念

**01** 实体造型。实体造型就是在计算机中用一些基本元素来构造机械零件的完整几何模型。传统的工程设计方法是设计人员在图样上利用几个不同的投影图来表示一个三维产品的设计模型，图样上还有很多人为的规定、标准、符号和文字描述。对于一个较为复杂的部件，要用若干张图样来描述。尽管这样，图样上还是密布着各种线条、符号和标记等。工艺、生产和管理等部门的人员再去认真阅读这些图样，理解设计意图，通过不同视图的描述想象出设计模型的每一个细节。这项工作非常艰苦，由于一个人的能力有限，设计人员不可能保证图样的每个细节都正确。尽管经过层层设计主管检查和审批，图样上的错误还是在所难免。

对于过于复杂的零件，设计人员有时只能采用代用毛坯，边加工设计边修改，经过长时间的艰苦工作后才能给出产品的最终设计图样。所以，传统的设计方法严重影响着产品的设计制造周期和产品质量。

利用实体造型软件进行产品设计时，设计人员可以在计算机上直接进行三维设计，在屏幕上能够见到产品的真实三维模型，所以这是工程设计方法的一个突破。在产品设计中的一个总趋势就是：产品零件的形状和结构越复杂，更改越频繁，采用三维实体软件进行设计的优越性越突出。

当零件在计算机中建立模型后，工程师就可以在计算机上很方便地进行后续环节的设计工作，如部件的模拟装配、总体布置、管路铺设、运动模拟、干涉检查以及数控加工与模拟等。所以，它为在计算机集成制造和并行工程思想指导下实现整个生产环节采用统一的产品信息模型奠定了基础。

大体上有6类完整的表示实体的方法：
➢ 单元分解法。
➢ 空间枚举法。
➢ 射线表示法。
➢ 半空间表示法。
➢ 构造实体几何（CSG）。
➢ 边界表示法（B－rep）。

仅后两种方法能正确地表示机械零件的几何实体模型，但仍有不足之处。

**02** 参数化。传统的 CAD 绘图技术都用固定的尺寸值定义几何元素。输入的每一条线都有确定的位置。要想修改图面内容，只有删除原有线条后重画。而新产品的开发设计需要多次反复修改，进行零件形状和尺寸的综合协调和优化。对于定型产品的设计，需要形成系列，以便针对用户的生产特点提供不同吨位、功率、规格的产品型号。参数化设计可使产品的设计图随着某些结构尺寸的修改和使用环境的变化而自动修改图形。

参数化设计一般是指设计对象的结构形状比较定型，可以用一组参数来约束尺寸关系。参数的求解较为简单，参数与设计对象的控制尺寸有着显式的对应关系，设计结果的修改受到尺寸的驱动。生产中最常用的系列化标准件就属于这一类型。

**03** 特征。特征是一个专业术语，它兼有形状和功能两种属性，包括特定几何形状、拓扑关系、典型功能、绘图表示方法、制造技术和公差要求。特征是产品设计与制造者最关注的对象，是产品局部信息的集合。特征模型利用高一层次的具有过程意义的实体（如孔、槽、内腔等）来描述零件。

基于特征的设计是把特征作为产品设计的基本单元，并将机械产品描述成特征的有机集合。

特征设计有突出的优点，在设计阶段就可以把很多后续环节要使用的有关信息放到数据库中。这样便于实现并行工程，使设计绘图、计算分析、工艺性审查到数控加工等后续环节工作都能顺利完成。

### 1.4.2 设计过程

在 SOLIDWORKS 系统中,零件、装配体和工程都属于对象,它采用了自顶向下的设计方法创建对象,图 1-13 显示了这种设计过程。

图 1-14 中所表示的层次关系充分说明,在 SOLIDWORKS 系统中零件设计是核心,特征设计是关键,草图设计是基础。

图1-13 自顶向下的设计方法

图1-14 二维草图经拉伸生成特征

草图指的是二维轮廓或横截面。对草图进行拉伸、旋转、放样或沿某一路径扫描等操作后即生成特征,如图 1-15 所示。

特征是指可以通过组合生成零件的各种形状(如凸台、切除、孔等)及操作(如圆角、倒角、抽壳等),图 1-15 给出了几种特征。

图1-15 特征

### 1.4.3 设计方法

零件是 SOLIDWORKS 系统中最主要的对象。传统的 CAD 设计方法是由平面（二维）到立体（三维），如图 1-16 所示。工程师首先设计出图样，工艺人员或加工人员根据图样还原出实际零件。然而在 SOLIDWORKS 系统中却是工程师直接设计出三维实体零件，然后根据需要生成相关的工程图，如图 1-17 所示。

图1-16 传统的CAD设计方法          图1-17 SOLIDWORKS的设计方法

此外，SOLIDWORKS 系统的零件设计的构造过程类似于真实制造环境下的生产过程，如图 1-18 所示。

图1-18 在SOLIDWORKS中生成零件

装配件是若干零件的组合，是 SOLIDWORKS 系统中的对象，通常用来实现一定的设计功能。在 SOLIDWORKS 系统中，用户先设计好所需的零件，然后根据配合关系和约束条件将零件组装在一起，生成装配件。使用配合关系，可相对于其他零部件来精确地定位零部件，还可定义零部件如何相对于其他的零部件移动和旋转。通过继续添加配合关系，还可以将零部件移到所需的位置。配合会在零部件之间建立几何关系，如共点、垂直、相切等。每种配合关系对于特定的几何实体组合有效。

图 1-19 所示为一个简单的装配体，由顶盖和底座两个零件组成。设计、装配过程如下：

首先设计出两个零件。新建一个装配体文件。将两个零件分别拖入到新建的装配体文件中。使顶盖底面和底座顶面"重合"，顶盖底一个侧面和底座对应的侧面"重合"，将顶盖和底座装配在一起，从而完成装配工作。

工程图是 SOLIDWORKS 系统中的对象，用来记录和描述设计结果，是工程设计中的主要档案文件。

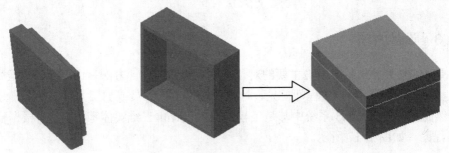

图1-19　在SOLIDWORKS中生成装配体

用户由设计好的零件和装配件，按照图样的表达需要，通过 SOLIDWORKS 系统中的命令，生成各种视图、剖面图、轴测图等，然后添加尺寸说明，得到最终的工程图。图 1-20 所示为一个零件的多个视图，它们都是由实体零件自动生成的，无需进行二维绘图设计，这也体现了三维设计的优越性。此外，当对零件或装配体进行了修改，则对应的工程图文件也会相应地修改。

零件　　　　　　　　前视图　　　　　　　顶视图　　　　　　右视图

图1-20　SOLIDWORKS中生成的工程图

## 1.5　SOLIDWORKS 术语

**01** 文件窗口。SOLIDWORKS 文件窗口（见图 1-21）有两个窗格：

窗口的左侧窗格包含以下项目：

➤ "FeatureManager 设计树"列出零件、装配体或工程图的结构。

➤ 属性管理器提供了绘制草图及与 SOLIDWORKS 2018 应用程序交互的另一种方法。

➤ ConfigurationManager 提供了在文件中生成、选择和查看零件及装配体的多种配置方法。

窗口的右侧窗格为图形区域，此窗格用于生成和操纵零件、装配体或工程图。

**02** 控标。控标允许用户在不退出图形区域的情形下，动态地拖动和设置某些参数，如图 1-22 所示。

图1-21 文件窗口

**03** 常用模型术语（见图 1-23）。

顶点：顶点为两个或多个直线或边线相交之处的点。顶点可选作绘制草图、标注尺寸以及许多其他用途。

面：面为模型或曲面的所选区域（平面或曲面），模型或曲面带有边界，可帮助定义模型或曲面的形状。例如，矩形实体有 6 个面。

图1-22 控标

图1-23 常用模型术语

原点：模型原点显示为灰色，代表模型的(0，0，0)坐标。当激活草图时，草图原点显示为红色，代表草图的(0，0，0)坐标。尺寸和几何关系可以加入到模型原点，但不能加入到草图原点。

平面：平面是平的构造几何体。平面可用于绘制草图、生成模型的剖面视图以及用于拔模特征中的中性面等。

轴：轴为穿过圆锥面、圆柱体或圆周阵列中心的直线。插入轴有助于建造模型特征或阵列。

圆角：圆角为草图内或曲面或实体上的角或边的内部圆形。

特征：特征为单个形状，如与其他特征结合则构成零件。有些特征，如凸台和切除，则由草图生成。有些特征，如抽壳和圆角，则为修改特征而生成的几何体。

几何关系：几何关系为草图实体之间或草图实体与基准面、基准轴、边线或顶点之间的几何约束，可以自动或手动添加这些项目。

模型：模型为零件或装配体文件中的三维实体几何体。

自由度：没有由尺寸或几何关系定义的几何体可自由移动。在二维草图中，有 3 种自由度：沿 X 和 Y 轴移动以及绕 Z 轴旋转（垂直于草图平面的轴）；在三维草图中，有 6 种自由度：沿 X、Y 和 Z 轴移动，以及绕 X、Y 和 Z 轴旋转。

坐标系：坐标系为平面系统，用来给特征、零件和装配体指定笛卡儿坐标。零件和装配体文件包含默认坐标系；其他坐标系可以用参考几何体定义，用于测量工具以及将文件输出到其他文件格式。

# 1.6 定位特征

定位特征是用来创建与坐标系相关的特征：基准面、基准轴和参考点，它们分别对应于坐标平面、坐标轴和坐标原点。SOLIDWORKS 中已经带有这样的结构，在零件、装配、钣金环境中，都有默认存在的基础坐标系，包括前视、顶视和右视三个基准面和坐标原点。

## 1.6.1 基准面

基准面是无限伸展的二维平面，可以作为草图特征的绘图平面和参考平面，亦可用作放置特征的放置平面，还可以作为尺寸标注的基准、零件装配的基准等。

在创建零件或装配体时，如果使用默认的模版，则进入设计模式后，系统会自动建立三个默认的正交基准面：前视、顶视和右视。在"FeatureManager 设计树"中，单击它们即可以在图形区域中显示基准面。

单击"特征"面板"参考几何体"下拉列表中的"基准面"按钮 ![icon]，在"基准面"属性管理器中（如图 1-24 所示）设置基准面参数，从而创建基准面。

一个基准面至少需要两个已知条件才能正确的构建。

➤ ![icon]：选择已有面（特征面、工作面），说明基准面与之平行。

➤ ![icon]：选择已有的平面，说明这是新基准面的参考面；选择某棱边，说明这是新工作面通过的轴；在微调框中输入与参考面的夹角。

➤ ![icon]：选择已有的平面，说明这是新基准面的参照面；在微调框中输入与参照面的间距。

> ⊥：选择已有面（特征面、工作面），说明基准面与之垂直。
> ⅄：选择已有面（特征面、工作面），说明基准面与之重合。

在 SOLIDWORKS 中基准面与它创建时所依赖的几何对象是相互关联的，当依赖对象参数发生改变后，基准面也会相应改变。

### 1.6.2　基准轴

基准轴是一条几何直线，必须依附于一个几何实体（如基准面、平面、点等）。基准轴可以用作其他特征的参考，没有长度的概念。

单击"特征"面板"参考几何体"下拉列表中的"基准轴"按钮✐，在"基准轴"属性管理器中（如图 1-25 所示）设置基准轴参数，从而创建基准轴。

> ✐：选择已有特征的边线或草图上的直线，作为基准轴。
> 🗲：选择两个已有特征的平面或基准面，从而将这两个平面的交线作为基准轴。
> 🖊：选择已有的两个点，从而生成一条通过这两个点的基准轴。
> 🞡：选择圆柱类形状特征或圆锥面，将其旋转中心线作为基准轴。
> ⚓：选择一个已有点和一个基准面，将生成一个通过该点并垂直于所选基准面的基准轴。

图1-24　设置基准面参数

图1-25　设置基准轴参数

### 1.6.3　点

参考点是一个几何点。可以用于辅助建立其他基准特征，而且可用作放置特征的定位参考，以及定义有限元分析中载荷的位置等。

单击"特征"面板"参考几何体"下拉列表中的"点"按钮 ，在"点"属性管理器中
（如图1-26所示）设置参考点参数，从而创建参考点。

> ：选择圆弧或圆，从而将它们的圆心作为参考点。

> ：在所选面的轮廓重心生成一参考点。

> ：在两个所选实体（可以是特征边线、曲线、草图线段及参考轴）的交点处生成
  一参考点。

> ：选择一已有点（可以是特征顶点、曲线的端点、草图线段端点等）作为投影对
  象，选择一基准面、平面或非平面作为被投影面，从而在被投影面上生成投影对象
  在投影面上的投影点。

> ：可以在草图点和草图区域末端上生成参考点。

> ：沿边线、曲线或草图线段按照距离来生成一组参考点。

## 1.6.4 坐标系

坐标系用作计算零件的质量、体积以及辅助装配、辅助有限元的网格划分、零件建模的
基准点定位等。单击"特征"面板"参考几何体"下拉列表中的"坐标系"按钮 ，在"坐
标系"属性管理器中（如图1-27所示）设置坐标系参数，从而创建新的参考坐标系。

> ：在零件或装配体中选择一特征顶点、中点、草图点或者某个零件的原点作为新
  坐标系的原点。

> X轴、Y轴、Z轴：在零件或装配体上选择边线、草图线段或者平面，新坐标系的对
  应坐标轴将与所选边线或平面平行。只要知道两个坐标轴就可以确定整个坐标系，
  另一个坐标轴的方向将依照右手法则确定。

图1-26 设置点参数

图1-27 设置坐标系参数

## 1.7　零件的其他设计表达

在 SOLIDWORKS 中主要的功能是零件几何造型，虽然在这方面有很好的性能，但几何造型毕竟不是设计的全部。本节旨在对零件特征以外的表达进行讲述，如材质的赋予、颜色、光源、透明度以及模型的计算等。

### 1.7.1　编辑实体外观效果

在模型树中或者图形区域中选择整个模型实体、特征或面，单击"视图"工具栏中的"编辑外观"按钮🎨，即可在"颜色"属性管理器中编辑实体外观效果了，如图 1-28 所示。

➢ 外观：打开材质文件路径。
➢ 颜色：可以通过滑块或数字的方式以 RGB（红绿蓝三原色）或 HSV（色调、饱和度、色数）的方法对颜色进行精确配置。

图1-28　"颜色"属性管理器

### 1.7.2　赋予零件材质

材质是零件的重要设计数据。材质的选用是基于受力条件、几何形状和工艺条件综合之后的结果；而且材质在后期设计中，在装配工程图和零件工程图中构建有关数据（如明细表）将必须用到的。在 SOLIDWORKS 2018 中还带有简单的应力分析工具——SimulationXpress，从而可以快速完成零件的应力分析。

选择菜单栏中的"编辑"→"外观"→"材质"命令就可以打开"材料"对话框，如图

1-29 所示。

在材料选项中的"SOLIDWORKS 材质"中选择要赋予的材质，在"材料属性"中会显示该种材料的视象效果，在"物理属性"选项中会显示该种材料的物理属性。

图1-29  "材料"属性管理器

SOLIDWORKS 提供的材质很有限，自定义材质是必须的操作。对材质的定义将有下列参数：

| 符号 | 物理名称 | 单位 |
| :---: | :---: | :---: |
| EX | 弹性模量 | $N/mm^2$ |
| NUXY | 中泊松比 | |
| GXY | 中抗剪模量 | $N/mm^2$ |
| ALPX | 热膨胀系数 | |
| DENS | 质量密度 | $g/cm^3$ |
| KX | 热导率 | $W/m \cdot K$ |
| C | 比热 | $J/kg \cdot K$ |
| SIGXT | 压缩强度 | $N/mm^2$ |
| SIGYLD | 屈服强度 | $N/mm^2$ |

### 1.7.3　CAD模型分析

SOLIDWORKS 不仅能完成三维设计工作，还能对所设计的模型进行简单的计算，包括测量（用于长度、角度及其他多种类型的测量）、截面属性分析、质量特性分析等。可不要小看这些计算功能，它可是当前设计人员用到的最好的功能之一。

1.测量

单击"评估"控制面板中的"测量"按钮 ，打开"测量"对话框（如图 1-30 所示）。通过它可以测量草图、模型、装配体或工程图中直线、点、曲面、基准面的距离、角度、半径以及它们之间的距离、角度、半径或尺寸。当测量两个实体之间的距离时，会显示两实体间 X、Y、Z 的坐标差。当选择一个顶点或草图点时，会显示其 X、Y 和 Z 坐标值。

2. 截面属性

单击"评估"控制面板中的"剖面属性"按钮，弹出"截面属性"对话框（如图 1-31 所示）。

该对话框可以计算平行平面中多个面和草图的截面属性，包括面积、重心、重心面惯性矩等。当计算一个以上实体时，第一个所选面为计算截面属性定义基准面。

图1-31　"截面属性"对话框

图1-30　"测量"对话框

3.质量特性

单击"评估"控制面板中的"质量属性"按钮，弹出"质量特性"对话框（如图1-32所示）。

图1-32 "质量特性"对话框

质量特性可以计算零件或装配体模型的密度、质量、体积、表面积、质量中心、惯性张量和惯性主轴。

第 **2** 章

# 草图相关技术

二维图形的编辑操作,配合绘图命令的使用,可以进一步完成复杂图形对象的绘制工作,并可使用户合理安排和组织图形,保证绘图准确,减少重复,因此,对编辑命令的熟练掌握和使用有助于提高设计和绘图的效率。本章主要内容包括: 选择对象、复制类命令、改变位置类命令、删除及恢复类命令、改变几何特性命令和对象编辑等。

学 习 要 点

◎ 草图的绘制

◎ 草图的约束和尺寸

◎ 草图 CAGD 功能

## 2.1　创建草图平面

草图是一种二维的平面图，用于定义特征的形状、尺寸和位置，是三维造型的基础。与其说是"草图"还不如说是"截面轮廓"更贴切一些。因为草图是二维的，因此创建任何草图，都必须先确定它所依附的草图平面。这个草图平面实际上是一种"可变的、可关联的、用户自定义的坐标系"。有些类似于 AutoCAD 中的 UCS 的概念，但却是可以参数驱动的。草图设计的过程一般为：先绘图，再修改尺寸和约束，然后重新生成。如此反复，直到完成。

草图平面的创建，可以基于下面的可能：

➤ 以基础坐标系创建草图面：在零件设计环境下，创建新草图面时，可以选定某个基础坐标系的某坐标平面作为草图面。SOLIDWORKS 自带一个原始的基础坐标系，包括三个面、三根坐标轴和一个原点，就像 AutoCAD 中的 WCS。在"Feature Manager 设计树"中可以选定这样的坐标面，如图 2-1 所示。默认状态下，在图形区域中这些基准面是不可见的，只有在"FeatureManager 设计树"中选择某一个时才可以看见。

图2-1　基础坐标系

➤ 已有特征上的平面创建草图面：在创建新草图面时，选定某个特征上的平面，SOLIDWORKS 将根据这个平面创建新的草图面。这个已有特征就成为新特征的基础；新特征将具有与这个"已有特征"的关联关系。当这个基础发生变化时，新特征也会自动关联更新。

➤ 在参考面上创造草图面：可以像生成其他特征一样生成参考平面，从而在参考平面上创建草图面。这样做的直接后果就是草图面本身也可以进行参数驱动，整个草图面上的二维草图也因此具有了可以直接驱动的第三个坐标参数。

➤ 在装配中创建草图面：在装配环境中创建新零件时，草图面以现有零件上某特征上的平面为基础创建，以后新建的零件，将自动具有在这个面上与原有零件"贴合"的装配关系；并能与在这个面上的、老零件的轮廓投影，自动形成基于装配的形状与尺寸关联。

## 2.2　草图的绘制

本节主要介绍如何开始绘制草图，熟悉草图绘制工具栏，认识绘图光标和锁点光标，以及退出草图绘制状态。

### 2.2.1　进入草图绘制

绘制二维草图，必须进入草图绘制状态。草图必须在平面上绘制，这个平面可以是基准面，也可以是三维模型上的平面。由于开始进入草图绘制状态时，没有三维模型，因此必须指定基准面。绘制草图必须认识草图绘制的工具。绘制草图可以先选择绘制的平面，也可以先选择草图绘制实体。下面分别介绍两种方式的操作步骤。

**01** 直接进入草图绘制状态。

❶执行命令。单击"草图"控制面板上的"草图绘制"按钮，或者直接单击"草图"工具栏上的"草图绘制"按钮，此时绘图区域出现图2-2所示的系统默认基准面。

图2-2　系统默认基准面

❷选择基准面。用鼠标左键选择绘图区域中三个基准面之一，确定要在哪个面上绘制草图实体。

❸设置基准面方向。单击"视图"工具栏中的"正视于"按钮，使基准面旋转到正视于方向，方便读者绘图。

**02** 先选择草图绘制基准面方式进入草图绘制状态

❶选择基准面。先在特征管理区中选择要绘制的基准面，即前视基准面、右视基准面和上视基准面中的一个面。

❷设置基准面方向。单击"视图"工具栏中的"正视于"按钮，使基准面旋转到正视于方向。

❸执行命令。单击"草图"控制面板上的"草图绘制"按钮，或者直接单击"草图"工具栏上的"草图绘制"按钮，进入草图绘制状态。

### 2.2.2　退出草图绘制

草图绘制完毕后，可立即建立特征，也可以退出草图绘制再建立特征。有些特征的建立，需要多个草图，比如扫描实体等。因此需要了解退出草图绘制的方法。退出草图绘制的方法主要有如下几种：

**01** 使用菜单方式。选择菜单栏中的"插入"→"退出草图"命令，退出草图绘制状态。

**02** 利用工具栏按钮按钮方式。单击"标准"工具栏上的"重建模型"按钮 **❽**，或者单击"草图"工具栏中的"退出草图"按钮 **⌐·**，退出草图绘制状态。

**03** 利用快捷菜单方式。在绘图区域单击鼠标右键，系统弹出图 2-3 所示的快捷菜单，在其中左键选择"退出草图"选项，退出草图绘制状态。

**04** 利用绘图区域确认角落的按钮。在绘制草图的过程中，绘图区域右上角会出现图 2-4 所示的提示按钮。单击上面的按钮，退出草图绘制状态。

单击确认角落下面的按钮 **✖**，提示是否保存对草图的修改，如图 2-5 所示，然后根据需要单击系统提示框中的选项，退出草图绘制状态。

**05** 利用控制面板上的按钮。单击"草图"控制面板上的"退出草图"按钮 **⌐↵**，退出草图绘制状态。

图2-3 快捷菜单

图2-4 确认按钮

图2-5 系统提示框

### 2.2.3 草图绘制工具

草图绘制工具栏如图 2-1 所示，有些草图绘制按钮没有在该工具栏上显示，读者可以利用 1.2.2 的方法设置相应的命令按钮。草图绘制工具栏主要包括以下 4 大类，分别是：草图绘制、实体绘制工具、标注几何关系和草图编辑工具。草图绘制命令按钮见表 2-1。

表2-1 草图绘制命令按钮

| 按钮 | 名称 | 功能说明 |
|---|---|---|
| ▷ | 选择 | 选取工具，用来选择草图实体、模型和特征的边线和面，框选可以选择多个草图实体 |
| ⊞ | 网格线/捕捉 | 对激活的草图或工程图选择显示草图网格线，并可设定网格线显示和捕捉功能选项 |
| ⌐ | 草图绘制/退出草图 | 进入或者退出草图绘制状态 |
| ⌞3D⌟ | 3D草图 | 在三维空间任意点绘制草图实体 |
| ⌞₃₀⌟ | 基准面上的3D草图 | 在 3D 草图中添加基准面后，可添加或修改该基准面的信息 |

（续）

| 按钮 | 名称 | 功能说明 |
|---|---|---|
| | 快速草图 | 可以选择平面或基准面，并在任意草图工具激活时开始绘制草图。移动至各平面的同时，将生成面并打开草图。可以中途更改草图工具 |
| | 移动时不求解 | 在不解出尺寸或几何关系的情况下，从草图中移动出草图实体 |
| | 移动实体 | 选择一个或多个草图实体并将之移动，该操作不生成几何关系 |
| | 复制实体 | 选择一个或多个草图实体并将之复制，该操作不生成几何关系 |
| | 缩放实体比例 | 选择一个或多个草图实体并将之按比例缩放，该操作不生成几何关系 |
| | 旋转实体 | 选择一个或多个草图实体并将之旋转，该操作不生成几何关系 |
| | 伸展实体 | 选择一个或多个草图实体并将之伸展，该操作不生成几何关系 |

草图编辑工具命令按钮见表 2-2。

表2-2　草图编辑工具命令按钮

| 按钮 | 名称 | 功能说明 |
|---|---|---|
| | 构造几何线 | 将草图上或者工程图中的草图实体转换为构造几何线，构造几何线的线型与中心线相同 |
| | 绘制圆角 | 在两个草图实体的交叉处剪裁掉角部，从而生成一个切线弧 |
| | 绘制倒角 | 此工具在 2D 和 3D 草图中均可使用。在两个草图实体交叉处按照一定角度和距离剪裁，并用直线相连，形成倒角 |
| | 等距实体 | 按给定的距离等距一个或多个草图实体，可以是线，弧、环等草图实体 |
| | 转换实体引用 | 将其他特征轮廓投影到草图平面上，可以形成一个或者多个草图实体 |
| | 交叉曲线 | 在基准面和曲面或模型面、两个曲面、曲面和模型面、基准面和整个零件和曲面和整个零件的交叉处生成草图曲线 |
| | 面部曲线 | 从面或者曲面提取ISO参数，形成3D曲线 |
| | 剪裁实体 | 根据剪裁类型，剪裁或者延伸草图实体 |
| | 延伸实体 | 将草图实体延伸以与另一个草图实体相遇 |
| | 分割实体 | 将一个草图实体分割以生成两个草图实体 |
| | 镜向实体 | 相对一条中心线生成对称的草图实体 |
| | 动态镜像实体 | 适用于 2D 草图或在 3D 草图基准面上所生成的 2D 草图 |
| | 线性草图阵列 | 沿一个轴或者同时沿两个轴生成线性草图排列 |
| | 圆周草图阵列 | 生成草图实体的圆周排列 |
| | 制作路径 | 使用制作路径工具可以生成机械设计布局草图 |

（续）

| 按钮 | 名称 | 功能说明 |
|---|---|---|
| ◇↕ | 修改草图 | 使用该工具来移动、旋转或按比例缩放整个草图 |
| 🖼 | 草图图片 | 可以将图片插入到草图基准面。将图片生成2D草图的基础。将光栅数据转换为向量数据 |

实体绘制工具命令按钮见表 2-3。

表2-3　实体绘制工具命令按钮

| 按钮 | 名称 | 功能说明 |
|---|---|---|
| ╱ | 直线 | 以起点、终点方式绘制一条直线 |
| ▢ | 边角矩形 | 以对角线的起点和终点方式绘制一个矩形，其一边为水平或竖直 |
| ▢ | 中心矩形 | 在中心点绘制矩形草图 |
| ◇ | 3 点边角矩形 | 以所选的角度绘制矩形草图 |
| ◈ | 3 点中心矩形 | 以所选的角度绘制带有中心点的矩形草图 |
| ▣ | 直槽口 | 单击以指定槽口的起点。移动指针然后单击以指定槽口长度。移动指针然后单击以指定槽口宽度。绘制直槽口 |
| ▣ | 中心点直槽口 | 生成中心点槽口 |
| ◷ | 三点圆弧槽口 | 利用三点绘制圆弧槽口 |
| ◷ | 中心点圆弧槽口 | 通过移动指针指定槽口长度，宽度绘制圆弧槽口 |
| ▱ | 平行四边形 | 生成边不为水平或竖直的平行四边形及矩形 |
| ⬡ | 多边形 | 生成边数在 3 和 40 之间的等边多边形 |
| ◉ | 圆 | 以先指定圆心，然后拖动鼠标确定半径的方式绘制一个圆 |
| ◉ | 周边圆 | 以圆周直径的两点方式绘制一个圆 |
| ◔ | 圆心/起/终点画弧 | 以顺序指定圆心、起点以及终点的方式绘制一个圆弧 |
| ⌐ | 切线弧 | 绘制一条与草图实体相切的弧线，可以根据草图实体自动确认是法向相切还是径向相切 |
| ◠ | 3点圆弧 | 以顺序指定起点、终点及中点的方式绘制一个圆弧 |
| ⊘ | 椭圆 | 以先指定圆心，然后指定长短轴的方式绘制一个完整的椭圆 |
| B⊙ | 部分椭圆 | 以先指定中心点，然后指定起点及终点的方式绘制一部分椭圆 |
| ∪ | 抛物线 | 先指定焦点，再拖动鼠标确定焦距，然后指定起点和终点的方式绘制一条抛物线 |
| Ⲡ | 样条曲线 | 以不同路径上的两点或者多点绘制一条样条曲线，可以在端点处指定相切 |

（续）

| 按钮 | 名称 | 功能说明 |
|------|------|----------|
| 🌀 | 曲面上样条曲线 | 在曲面上绘制一个样条曲线，可以沿曲面添加和拖动点生成 |
| 🖋 | 方程式驱动曲线 | 通过定义曲线的方程式来生成曲线 |
| ▫ | 点 | 绘制一个点，该点可以绘制在草图和工程图中 |
| ✏ | 中心线 | 绘制一条中心线，可以在草图和工程图中绘制 |
| A | 文字 | 在特征表面上，添加文字草图，然后拉伸或者切除生成文字实体 |

标注几何关系命令按钮见表2-4。

表2-4　标注几何关系命令按钮

| 按钮图标 | 名称 | 功能说明 |
|----------|------|----------|
| ⊥ | 添加几何关系 | 给选定的草图实体添加几何关系，即限制条件 |
| ⊥ | 显示/删除几何关系 | 显示或者删除草图实体的几何限制条件 |
| ⬚ | 自动几何关系 | 打开/关闭自动添加几何关系 |

## 2.2.4　绘图光标和锁点光标

在绘制草图实体或者编辑草图实体时，光标会根据所选择的命令，在绘图之时变为相应的按钮，以方便用户了解在绘制或者编辑该类型的草图。

绘图光标的类型以及作用见表2-5。

表2-5　绘图光标的类型以及作用说明

| 光标类型 | 作用说明 | 光标类型 | 作用说明 |
|----------|----------|----------|----------|
| 📐 | 绘制一点 | 📐 | 绘制直线或者中心线 |
| 📐 | 绘制3点圆弧 | 📐 | 绘制抛物线 |
| 📐 | 绘制圆 | 📐 | 绘制椭圆 |
| 📐 | 绘制样条曲线 | 📐 | 绘制矩形 |
| 📐 | 绘制多边形 | 📐 | 绘制四边形 |
| 📐 | 标注尺寸 | 📐 | 延伸草图实体 |
| 📐 | 圆周阵列复制草图 | 📐 | 线性阵列复制草图 |

为了提高绘制图形的效率，SOLIDWORKS 软件提供了自动判断绘图位置的功能。在执行绘图命令时，光标会在绘图区域自动寻找端点、中心点、圆心、交点、中点以及在其上任意点，这样提高了鼠标定位的准确性和快速性。

光标在相应的位置，其光标会变成相应的图形，成为锁点光标。锁点光标可以在草图实体上形成，也可以在特征实体上形成。需要注意的是在特征实体上的锁点光标，只能在绘图平面的实体边缘产生，在其他平面的边缘不能产生。

锁点光标的类型在此不再赘述，读者可以在实际使用中慢慢体会，很好地利用锁点光标，可以提高绘图的效率。

## 2.3  草图的约束和尺寸

很多人都熟悉 AutoCAD，多数人认为 SOLIDWORKS 的二维绘图功能不如 AutoCAD 好。实际上，SOLIDWORKS 的草图功能相当不错，在绘图操作中甚至明显好于 AutoCAD。

在 AutoCAD 中，几何关系和尺寸大小一般是同时达到要求的。而 SOLIDWORKS 采用全参数化的数据处理方式，将完全按照人的思维，创建相当复杂的、参数化关联的二维几何图形。从抄图的角度，SOLIDWORKS 可能不太舒服；如果从设计的角度，SOLIDWORKS 就十分好用。关键在于要从设计的角度切入使用 CAD 软件，把几何关系和尺寸大小分开来创建。

每个草图都必须有一定的约束，无规矩不成方圆，没有约束则设计者的意图也无从体现。约束有两种，一种对尺寸进行约束，一种对几何形状和位置进行约束。尺寸约束是指控制草图大小的参数化驱动尺寸，当它改变时，草图可以随时更改。几何约束则是指控制草图中几何图形元素的定位方向以及几何图形元素之间的相互关系。

绘制草图前，应仔细分析草图图形结构，明确草图中几何元素之间的约束关系。一般情况下系统会根据草图精度设置，自动对草图进行几何约束。

如果系统自动添加的约束不合理，可以将其删除。如果过约束或欠约束，都可能引起草图重建失败。

分析草图重建失败的原因，如果过约束，则删除多余的约束；如果欠约束，则添加所需的约束。

### 2.3.1  几何关系的约束

草图是许多根线条、甚至包含由本零件上的其他特征、另外的零件上的某些特征的投影线组合而成。

这些线条之间的几何关系和驱动尺寸关系是最终形状的主要约束条件之一。

SOLIDWORKS 可能描述的几何关系是：相互垂直、相互平行、相互相切、点在线上、同圆心、共线、水平方向、竖直方向、长度相等、固定位置、对称等。

从人的思维习惯上来说，对于任何几何图形，几何约束总是第一条件。所以，在草图创建中，也同样应尽可能地使用几何约束确定图线关系。

查看草图上的几何关系，利用"视图"→"草图几何关系"菜单命令，就可以显示出所有的已存在约束，如图 2-6 所示。

图2-6  查看几何关系

### 2.3.2 驱动尺寸的约束

在 SOLIDWORKS 中，除了工程图之外，无论是草图、特征或者装配中的尺寸，都是"驱动"的作用，是所标注对象的几何数据库的内容，而不是对所标注的对象的"注释"。这是个极为重要的概念。所以，标注尺寸的作用和机制，与 AutoCAD 中完全不同，虽然它们看起来挺像。这些驱动尺寸，是在几何关系已经充分确定的基础上，定义那些无法用几何约束表达的，或者是设计过程中可能需要改变的参数。

简单地说就是在 AutoCAD 中要绘制长度为 50mm 的水平线段，需要事先定义线段的起点和终点，然后才能用尺寸标注工具对线段进行标注。而 SOLIDWORKS 则首先绘制一线段，并不关心它的长短，事后只需要用"智能尺寸" ✎ 标注该直线为 50mm，则该线段会自动被尺寸所驱动伸长或缩小其自身尺寸为 50mm，如图 2-7 所示。

图2-7　尺寸驱动线段

这些驱动尺寸与工程图上应当标出的尺寸不完全相同。这是一些设计尺寸，可以借助于许多设计基准进行定义；还可以使用计算表达式，例如某尺寸是某已有尺寸的 1/2；驱动尺寸将始终与标注对象关联。

## 2.4 草图 CAGD 的功能

CAGD（Computer Aided Geometrical Design），是以计算几何为理论基础、以计算机软件为载体，进行几何图形的表达、分析、编辑和保存的一种技术方法，称为"计算机辅助几何设计"。这是任何 CAD 软件必须带有的、最为基本的功能了。

如果以机械工程师熟悉的知识，可以粗略地理解为：CAGD 功能应用就是用做图法来求解设计参数。在 CAGD 功能支持下，用户不必有高深的数学基础，不必构建复杂的解析计算模型，也能完成精确而快速的二维、甚至一些三维几何图形的构建与数据分析，进而得到要求的设计参数。可见，CAGD 功能已经超出了单纯绘图的范畴。

实际上，SOLIDWORKS 草图中的相关功能就是经典数学模型自动解析的程序实现方法，也就是说，只要给定了充分必要条件，就能精确生成相关图线；而只要画了出来，就解得出相关的几何参数或工程数据。

因为草图的参数化特性，使得 CAGD 功能在 SOLIDWORKS 中表现得更加顺畅了。

下面以带轮设计中求解带中心线长度的例子说明 CAGD 功能。

例：两个带轮，中心距 200mm，节圆直径分别是 50mm、80mm，求带的长度。

按设计要求做草图、标好驱动尺寸、进行修剪。选择"评估"控制面板中的"测量"按钮，拾取草图线，SOLIDWORKS 将计算并显示所要的结果，如图 2-8 所示。

图2-8　测量得到带中性线为605.33mm

# 2.5　利用 AutoCAD 现有图形

SOLIDWORKS 还可以直接引进 AutoCAD 的二维图线，充当 SOLIDWORKS 的草图。选择菜单栏中的"文件"→"打开"命令，在"打开"对话框中选择文件类型 AutoCAD 格式即"DWG"。选择要打开的 DWG 文件，在出现的"DXF/DWG 输入"对话框中选择"以草图输入到新零件"单选框（如图 2-9 所示）。

图2-9　输入AutoCAD图形作为草图

单击"下一步"按钮，按照提示就可以将 DWG 文件输入到草图中了。

实际上 AutoCAD 现有的工程图在这种条件下并没有多大的作用，因为 AutoCAD 图线精度较差，相关图线的几何关系也不精确。另外，当 AutoCAD 的图形引入 SOLIDWORKS 做草图时，并不能像所想象的那样解释各条图线的关系，而且可能出现意外的情况。

从设计的角度看，SOLIDWORKS 的二维草图创建、编辑功能要强于 AutoCAD。

# 2.6 实例——拨叉草图

本例绘制的拨叉草图如图 2-10 所示。本例首先绘制构造线构建大概轮廓，然后对其进行修剪和倒圆操作，最后标注图形尺寸，完成草图的绘制。

视频文件\动画演示\第2章\拨叉.avi

图2-10 拨叉草图

**绘制步骤**

**01** 新建文件。启动 SOLIDWORKS2018，单击"标准"工具栏中的"新建"按钮 📄，在弹出图 2-11 所示的"新建 SOLIDWORKS 文件"对话框中选择"零件"按钮 🔧，然后单击"确定"按钮，创建一个新的零件文件。

图2-11 "新建SOLIDWORKS文件"对话框

**02** 创建草图。

❶在左侧的"FeatureMannger 设计树"中选择"前视基准面"作为绘图基准面。单击"草图"面板中的"草图绘制"按钮 📐，进入草图绘制状态。

❷单击"草图"面板中的"中心线"按钮 ✎，弹出"插入线条"属性管理器，如图 2-12 所示。单击"确定"按钮 ✔，绘制的中心线如图 2-13 所示。

图2-12　"插入线条"属性管理器　　　　　图2-13　绘制中心线

❸单击"草图"面板中的"圆"按钮 ⊙，弹出图 2-14 所示的"圆"属性管理器。分别捕捉两竖直直线和水平直线的交点为圆心（此时光标变成 ⊙×），单击"确定"按钮 ✔，绘制圆，如图 2-15 所示。

图2-14　"圆"属性管理器　　　　　图2-15　绘制圆

❹单击"草图"面板中的"圆心/起/终点画弧"按钮 ⬭，弹出图 2-16 所示的"圆弧"属性管理器，分别以上步绘制圆的圆心绘制两圆弧，单击"确定"按钮 ✔，结果如图 2-17 所示。

❺单击"草图"工面板中的"圆"按钮 ⊙，弹出"圆"属性管理器。分别在斜中心线上绘制三个圆，单击"确定"按钮 ✔，绘制圆，如图 2-18 所示。

❻单击"草图"面板中的"直线"按钮 ✎，弹出"插入线条"属性管理器，绘制直线，如图 2-19 所示。

(03) 添加约束。

❶单击"草图"面板中的"添加几何关系"按钮 ⊥，弹出"添加几何关系"属性管理器，如图 2-20 所示。选择图 2-15 中绘制的两个圆，在属性管理器中选择"相等"按钮，使两圆相等，如图 2-21 所示。

图2-16 "圆弧"属性管理器

图2-17 绘制圆弧

图2-18 绘制圆

图2-19 绘制直线

图2-20 "添加几何关系"属性管理器

图2-21 添加相等约束1

❷同上步骤，分别使两圆弧和两小圆相等，结果如图 2-22 所示。

❸选择小圆和直线，在属性管理器中选择"相切"按钮，使小圆和直线相切，如图 2-23 所示。

图2-22　添加相等约束2　　　　　　　　　图2-23　添加相切约束1

❹重复上述步骤，分别使直线和圆相切。

❺选择 4 条斜直线，在属性管理器中选择"平行"按钮，结果如图 2-24 所示。

图2-24　添加相切约束2

**04** 编辑草图。

❶单击"草图"面板中的"绘制圆角"按钮 ⌐，弹出图 2-25 所示的"绘制圆角"属性管理器，输入圆角半径为 10mm，选择视图中左边的两条直线，单击"确定"按钮 ✔，结果如图 2-26 所示。

❷重复"绘制圆角"命令，在右侧创建半径为 2mm 的圆角，结果如图 2-27 所示。

❸单击"草图"面板中的"剪裁实体"按钮 ✂，弹出图 2-28 所示的"剪裁"属性管理器，选择"剪裁到最近端"选项，剪裁多余的线段，单击"确定"按钮 ✔，结果如图 2-29 所示。

**05** 标注尺寸。单击"草图"面板中的"智能尺寸"按钮 ⟨，选择两竖直中心线，在弹出的"修改"对话框中修改尺寸为 76mm。同理标注其他尺寸，结果如图 2-30 所示。

图2-25　"绘制圆角"属性管理器　　　图2-26　绘制圆角1　　　图2-27　绘制圆角2

图2-28　"剪裁"属性管理器　　　图2-29　裁剪图形　　　图2-30　标注尺寸

第 **3** 章

# 基于草图特征

在本章主要介绍零件造型和特征的相关技术。在介绍造型前首先介绍了造型的基础——定位特征，没有定位就不能实现零件的造型，相信读者通过本节的学习和实践会熟练掌握定位的选择。接下来建立三维图形不可缺少的草图特征的一些基础了。它是本章的重点部分，不仅详细介绍了拉伸、倒角等一些基本特征的创建，而且具体介绍了线性阵列、圆周阵列、镜像等复杂特征的创建。最后是零件其他设计的表达。

学 习 要 点

- 基于草图的特征
- 拉伸、旋转
- 扫描、放样

## 3.1 基于草图的特征

基于草图的特征是以二维草图为截面，经拉伸、旋转、扫描等方式形成的实体特征。这样的特征必须先创建草图。SOLIDWORKS 相关的帮助中详尽地对各种特征的创建规则做了说明，这里仅讨论一些技巧和使用中的问题。

## 3.2 拉伸

拉伸是比较常用的建立特征的方法。它的特点是将一个或多个轮廓沿着特定方向生长出特征实体。

### 3.2.1 拉伸选项说明

单击"特征"面板上的"拉伸凸台/基体"按钮，弹出"凸台-拉伸"属性管理器。从"凸台-拉伸"属性管理器（见图 3-1）中得出拉伸的可控参数如下：

图3-1 "凸台-拉伸"属性管理器

➢ 拉伸开始条件：SOLIDWORKS 2018 版本中可以对拉伸的开始条件进行定义。

➢ 草图基准面：从草图所在的基准面开始拉伸。

➢ 曲面/面/基准面：选择这些实体后，草图将从这些实体开始拉伸。

➢ 顶点：草图从平行于草图所在基准面并通过所选顶点的面开始拉伸。

➢ 等距：输入一个等距距离后，草图将从与草图所在基准面指定距离的位置开始拉伸。

➢ 拉伸终止条件：该选项用来决定特征延伸的方式，单击"反向"按钮可以设置拉伸方向与预览中所示方向相反。图 3-2 展示了几种拉伸终止条件的不同。

完全贯穿：贯穿所有几何体

给定深度：以指定距离拉伸

成形到下一面：拉伸成形到指定的面

成形到一顶点：拉伸到一个与草图基准面
平行并穿越指定顶点的面

成形到一面：拉伸特征到所选平面或曲面

到离指定面指定的距离：拉伸特征到离所选面指定距离

成形到实体：拉伸特征到指定实体

两侧对称：从指定起始处向两个方向对称拉伸

图3-2  拉伸终止条件

➢ 拉伸方向：默认情况下草图的拉伸是平行于草图基准面法线方向的。如果在图形区域
中选择一边线、点、平面作为拉伸方向的矢量，则拉伸将平行于所选方向矢量。

➢ 拉伸深度：在微调框中指定拉伸深度。

> 拔模角度：单击"拔模"按钮 ，将激活右侧的拔模角度微调框，在微调框中指定拔模角度，从而生成带拔模性质的拉伸特征，如图3-3所示。

> 薄壁特征设置：薄壁特征为带有不变壁厚的拉伸特征（如图3-4所示），该选项用来控制薄壁的厚度、圆角等。

向内拔模　　　　　　　向外拔模

图3-3　拔模性质的拉伸　　　　　　　　图3-4　薄壁特征

> 拉伸轮廓：在图形区域中可以选择部分草图轮廓或模型边线作为拉伸草图轮廓进行拉伸。

## 3.2.2　实例——键

　　键是机械产品中经常用到的零件，作为一种配合结构被广泛用于各种机械中。

　　键是非常典型的拉伸类零件，键的所有基本造型用拉伸的方法可以很容易创建。拉伸特征是将一个用草图描述的截面，沿指定的方向（一般情况下是沿垂直于截面方向）延伸一段距离后所形成的特征。拉伸是 SOLIDWORKS 模型中最常见的类型，具有相同截面、有一定长度的实体，如长方体、圆柱体等都可以由拉伸特征来形成。

　　键的创建方法比较简单，首先绘制键零件的草图轮廓，然后通过 SOLIDWORKS 2018 中的拉伸工具即可完成，如图 3-5 所示。

图3-5　键

视频文件\动画演示\第3章\键.avi

## 绘制步骤

**01** 启动 SOLIDWORKS 2018，单击"标准"工具栏中的"新建"按钮 ，在打开的"新建 SOLIDWORKS 文件"对话框中，单击"确定"按钮 。

**02** 在打开的模型树中选择"前视基准面"作为草图绘制平面，单击"视图"工具栏中的"正视于"按钮 ，使绘图平面转为正视方向。单击"草图"面板中的"边角矩形"按钮 ，绘制键草图的矩形轮廓，如图3-6所示。

**03** 单击"草图"面板中的"智能尺寸"按钮 ，标注草图矩形轮廓的实际尺寸，如

图 3-7 所示。

图3-6　绘制键的矩形轮廓　　　　　　　图3-7　标注草图矩形轮廓尺寸

**04** 单击"草图"面板中的"圆"按钮⊙，捕捉草图矩形轮廓的宽度边线中点（光标显示✎），以边线中点为圆心画圆，如图 3-8 所示。

**05** 系统弹出"圆"属性管理器，如图 3-9 所示。

在本例中，保持其余选项的默认值不变，而在参数输入框中输入圆的半径值ↆ：2.5，单击"确定"按钮✔，生成的圆如图 3-10 所示。

图3-8　以中点为圆心画圆　　　　　　　图3-9　"圆"属性管理器

**06** 单击"草图"面板中的"剪裁实体"按钮❥，剪裁草图中的多余部分，如图 3-11 所示。

**07** 绘制键草图右侧特征。利用 SOLIDWORKS2018 中的圆绘制工具，重复步骤 **04** ~ **06** 可以绘制草图左侧特征，也可以通过"镜像"工具来生成。首先，绘制镜像中心线。单击"草图"面板中的"中心线"按钮✐，绘制一条通过矩形中心的垂直中心线，如图 3-12 所示。点击草图左侧半圆，按住 Ctrl 键并单击中心线，单击"草图"面板中的"镜像实体"按钮🕂，生成镜像特征，如图 3-13 所示。

图3-10 输入半径值生成圆　　　　　　　　图3-11 剪裁多余草图实体

**08** 单击"草图"面板中的"剪裁实体"按钮 ，剪裁草图中的多余部分，完成键草
图轮廓特征的创建，如图 3-14 所示

图3-12 绘制镜像中心线　　　　　　图3-13 通过"镜像"工具创建键草图镜像特征

**09** 创建拉伸特征。单击"特征"面板中的"拉伸凸台/基体"按钮 ，弹出"凸台-
拉伸"对话框，同时显示拉伸状态，如图 3-14 所示。

本实例键的创建中，在"方向 1"选择框中设置终止条件为"给定深度"，在"深度"输
入框中 输入拉伸的深度值 5.00mm，单击"确定"按钮 ，生成的实体模型如图 3-15 所示。

图3-14 "拉伸"对话框及图形界面　　　　　图3-15 生成的键实体模型

## 3.3　旋转

旋转特征是由草图截面绕选定的作为旋转中心的直线或轴线旋转而成的一类特征。通常

是绘制一个截面，然后指定旋转的中心线。

### 3.3.1 旋转选项说明

单击"特征"面板中的"旋转凸台/基体"按钮，弹出"旋转"属性管理器。

从"旋转"属性管理器（如图 3-16 所示）中得出旋转的可控参数如下：

➤ 旋转轴：选择一中心线、直线或一边线作为旋转特征所绕的轴。

➤ 旋转类型：可以以"给定深度""成形到一顶点""成形到一面""到离指定面指定的距离""两侧对称"对所选草图轮廓进行旋转。

➤ 薄壁特征：与拉伸薄壁特征一样，可以生成旋转薄壁特征（如图 3-17 所示）。

图3-16 "旋转"属性管理器

图3-17 薄壁旋转

➤ 所选轮廓：在图形区域中可以选择部分草图轮廓或模型边线作为旋转草图轮廓进行旋转。

### 3.3.2 实例——圆锥销1

圆锥销是经常使用到的通用标准件，作为一种配合结构其广泛用于各种机械中。

圆锥销也是一种非常典型的零件，既可以拉伸生成也可以旋转生成。拉伸特征是将一个用草图描述的

图3-18 圆锥销1

截面，沿指定的方向（一般情况下是沿垂直于截面方向）延伸一段距离后所形成的特征。旋转特征是用草图描述销的纵截面，绕中心旋转轴旋转一周来生成特征，如图 3-18 所示。

视频文件\动画演示\第3章\圆锥销1.avi

### 绘制步骤

**01** 新建文件。启动 SOLIDWORKS 2018，单击"标准"工具栏中的"新建"按钮，在打开的"新建 SOLIDWORKS 文件"对话框中，点击"确定"按钮。

**02** 绘制中心线。选择"前视基准面"作为草图绘制平面，单击"视图"工具栏中的"正

视于"按钮↥，使绘图平面转为正视方向。单击"草图"面板中的"中心线"按钮，绘制一条过系统坐标原点的水平中心线作为旋转体的旋转轴线。

**03** 绘制直线。单击"草图"面板中的"直线"按钮，在草图绘制平面上绘制圆锥销的旋转草图轮廓，并标注尺寸，如图3-19所示。

**04** 倒角(在 4.1 节作详细讲解)。单击"草图"面板中的"倒角"按钮，系统弹出"绘制倒角"属性管理器，设置倒角形式为"距离—距离"，选取"相等距离"复选框，在距离输入框输入倒角的距离值为 1mm。在图形窗口中绘制草图的倒角特征，单击"确定"按钮，如图3-20所示。

图3-19　绘制旋转草图轮廓　　　　　　　图3-20　绘制草图的倒角特征

**05** 创建旋转特征。单击"特征"面板中的"旋转凸台/基体"按钮，系统弹出"旋转"属性管理器，设置终止条件为"给定深度"，旋转角度为360度，保持其他选项的系统默认值不变。单击"确定"按钮，完成旋转特征的创建，如图3-21所示。

图3-21　通过旋转工具创建圆锥销

**06** 保存文件。单击"标准"工具栏中的"保存"按钮，将零件保存为"圆锥销1.sldprt"。

本例的圆锥销结构比较简单，因此，在创建旋转草图的过程中直接建立了倒角特征。这样，通过一次旋转操作即可完成圆锥销全部特征的创建。这是与拉伸方法创建特征的又一不同之处。在实际建模过程中，可以根据具体的情况来选择合适的实现方法。

# 3.4　扫描

扫描是指用两个各自的草图基准面不共面、也不平行的草图作为基础，一个是截面轮廓，另一个是扫描路径，轮廓沿路径"移动"，终止于路径的两个端点。其轨迹的全体形成特征实体，如图 3-22 所示。

图3-22　扫描特征

### 3.4.1　扫描选项说明

单击"特征"面板上的"扫描"按钮 ，弹出"扫描"属性管理器。

从"扫描"属性管理器（如图 3-23 所示）中得出扫描的可控参数如下：

图3-23　"扫描"属性管理器

➢ 轮廓草图:在图形区域或模型树中选择用来生成扫描的草图轮廓,除曲面扫描特征外,轮廓草图应为闭环并且不能自相交叉。

➢ 路径草图：路径草图可以是开环或闭环，可以是草图中的一组直线、曲线或三维草图曲线或者是特征实体的边线。路径的起点必须位于轮廓草图的基准面上，且不能自相交叉。

➢ 扫描选项：扫描选项用来控制轮廓草图沿路径草图"移动"时的方向。具体的规则在SOLIDWORKS 帮助文件中有详细的描述。

➢ 引导线选项：引导线用来在轮廓沿路径"移动"时加以引导。

- 起始处/结束处相切类型：设置轮廓草图沿路径草图"移动"时，起始处和结束处的处理方式。
- 薄壁特征：控制扫描薄壁的厚度，从而生成薄壁扫描特征。

### 3.4.2 实例——弹簧

在本实例中，将用扫描特征来制作一个弹簧，如图 3-24 所示。扫描特征是指由二维草绘平面沿一条平面或空间轨迹线扫描而成的一类特征。通过沿着一条路径移动轮廓（截面）可以生成基体、凸台、切除或曲面。

视频文件\动画演示\第3章\弹簧.avi

## 绘制步骤

**01** 新建文件。启动 SOLIDWORKS 2018，单击"标准"工具栏中的"新建"按钮 □，在打开的"新建 SOLIDWORKS 文件"对话框中，选择"零件"按钮，单击"确定"按钮 ✔。

**02** 新建文件。在设计树中选择"前视基准面"，单击"草图"面板中的"草图绘制"按钮 □，新建一张草图。

**03** 绘制圆。单击"草图"面板中的"圆"按钮 ⊙，以原点为圆心绘制一个直径为 60mm的圆，作为螺旋线的基圆，如图 3-25 所示。

图3-24 弹簧　　　　　　　　　　　　图3-25 螺旋线基圆

**04** 生成螺旋线。单击"特征"面板中的"螺旋线/涡状线"按钮 ☒，在"螺旋线/涡状线"属性管理器中设置定义方式为"高度和螺距"；螺距为 7mm；高度为 100mm；起始角度为0 度，其他选项如图 3-26 所示。单击"确定"按钮 ✔，从而生成螺旋线。

**注意：**

弹簧的扫描路径草图是一条螺旋线，该曲线通常用在绘制螺纹、弹簧、发条等零部件中。螺旋线的定义方式包括：

　螺距和圈数：指定螺距和圈数。

　高度和圈数：指定螺旋线的总高度和圈数。

　高度和螺距：指定螺旋线的总高度和螺距。

　涡状线：指定圈数和螺距创建涡状线。

**05** 选择基准面。单击"特征"面板中的"基准面"按钮 ▦，选择螺旋线本身和起点为参考实体，如图 3-27 所示。单击"确定"按钮 ✔，完成基准面的创建，系统默认该基准面为

"基准面 1"。

图3-26　设置螺旋线参数

**06** 新建草图。选择"基准面 1"，单击"草图"面板中的"草图绘制"按钮 ，新建一张草图。

**07** 绘制圆。单击"草图"面板中的"圆"按钮 ，绘制一个直径为 3mm 的圆。单击"草图"面板中的"退出草图"按钮 ，退出草图绘制，如图 3-28 所示。

**08** 扫描螺旋线。单击"特征"面板中的"扫描"按钮 ，选择绘制的圆为扫描轮廓，螺旋线为扫描路径，如图 3-29 所示。单击"确定"按钮 ，完成弹簧的创建。

图3-27　设置参考面　　　　　图3-28　添加几何关系　　　　　图3-29　设置扫描参数

**注意：**

扫描遵循以下规则：

➤ 扫描路径可以为开环或闭环。

➤ 路径可以是一张草图中包含的一组草图曲线、一条曲线或一组模型边线。

➤ 路径的起点必须位于轮廓的基准面上。

➤ 对于凸台/基体扫描特征，轮廓必须是闭环的；对于曲面扫描特征，则轮廓可以是闭环的也可以是开环的。

➤ 不论是截面、路径或所形成的实体，都不能出现自相交叉的情况。

**09** 单击"标准"工具栏中的"保存"按钮 🖫，将零件保存为"弹簧.sldprt"。最后结果如图 3-30 所示。

图3-30 弹簧

## 3.5 放样

放样特征与扫描特征不同，它可以有多个草图截面，截面之间的特征形状按照"非均匀有理 B 样条"算法实现光顺，如图 3-31 所示。这是一种几乎无所不能的模型构建方法。只要创建出足够密集的截面草图，结果就可以十分精确。由于各个截面草图是这个位置上模型法向截面的形状，而且它们都能参数化驱动；而这些截面草图又是基于同样多的可参数化的工作面所确定的草图面，因此整个特征就是充分的可参数化的。

图3-31 放样特征

### 3.5.1 放样选项说明

单击"特征"面板上的"放样凸台/基体"按钮 ![], 弹出"放样"属性管理器。

从"放样"属性管理器（如图 3-32 所示）中得出放样的可控参数如下：

图3-32 "轮廓"属性管理器

> 截面草图轮廓：决定用来生成放样的轮廓。选择要连接的草图轮廓、面或边线。放样根据轮廓选择的顺序而生成。单击上移按钮 ![] 或下移按钮 ![] 调整放样轮廓的顺序。

> 起始/结束约束：对轮廓草图的光顺过程应用约束以控制开始和结束轮廓的相切。

> 引导线选项：设置放样引导线，从而使轮廓截面依照引导线的方向进行放样。

> 放样选项：对放样中的多实体的合并和相切进行设置。

> 中心线参数：设置放样的中心线，从而使每个截面的重心沿着所定义的中心线进行放样。

> 薄壁特征：控制放样薄壁的厚度，从而生成薄壁放样特征。

上面所讲述的四个特征都是凸台/基体特征，对应的还有拉伸切除、旋转切除、扫描切除和放样切除用来对实体进行切除，其设置与凸台相同。

### 3.5.2 实例——叶轮1

运用三维曲线工具放样特征、圆周阵列进行零件建模，最终生成的模型如图 3-33 所示。

视频文件\动画演示\第3章\叶轮1.avi

图3-33 叶轮1

绘制步骤

**01** 新建文件。启动 SOLIDWORKS2018，单击"标准"工具栏中的"新建"按钮，在打开的"新建 SOLIDWORKS 文件"对话框中，选择"零件"按钮，单击"确定"按钮。

**02** 新建草图。在"FeatureManager 设计树"中选择"前视基准面"作为草图绘制基准面，单击"草图"面板中的"草图绘制"按钮，新建一张草图。

**03** 绘制圆。单击"草图"面板中的"圆"按钮，绘制一个以原点为圆心的圆。

**04** 标注尺寸。单击"草图"面板中的"智能尺寸"按钮，为草图标注尺寸如图 3-34 所示。

**05** 拉伸形成实体。单击"特征"面板中的"拉伸凸台/基体"按钮，设定拉伸的终止条件为"给定深度"。在微调框中设置拉伸深度为 22mm，保持其他选项的系统默认值不变，如图 3-35 所示。单击"确定"按钮，生成拉伸特征。

图3-34 拉伸轮廓

图3-35 基体拉伸特征

**06** 新建草图。在"FeatureManager 设计树"中选择"右视基准面"作为草图绘制基准面，单击"草图"面板中的"草图绘制"按钮，新建一张草图。单击"视图"工具栏中的"正视于"按钮↥，正视于右视基准面。

**07** 绘制样条曲线。单击"草图"面板中的"样条曲线"按钮Ｎ，绘制第一个放样轮廓，如图 3-36 所示。单击"草图"面板中的"退出草图"按钮↳，退出草图。

**08** 新建基准面。选择"特征管理器设计树"上的右视基准面，单击"特征"面板中的"基准面"按钮▥。在"基准面"属性管理器上的微调框中设置等距距离为 35mm，如图 3-37 所示。单击"确定"按钮✓，生成基准面 1。

图3-36　第一个放样轮廓　　　　　　　　　　　　　图3-37　添加基准面

**09** 新建草图。单击"草图"面板中的"草图绘制"按钮┗，在基准面 1 上打开一张草图。

**10** 绘制样条曲线。单击"草图"面板中的"样条曲线"按钮Ｎ，绘制第二个放样轮廓，如图 3-38 所示。单击"草图"面板中的"退出草图"按钮↳，退出草图。

**11** 选择模型点。单击"曲线"工具栏中的"通过参考点的曲线"按钮⟐，在属性管理器中单击"通过点"栏下的显示框，然后在图形区域按照要生成曲线的次序来选择通过的模型点，如图 3-39 所示。单击"确定"按钮✓，生成通过模型点的曲线。

**12** 仿照步骤 **11** 生成另一条曲线作为放样引导线，如图 3-40 所示。

图3-38　第二个放样轮廓　　　　图3-39　第一条放样引导线　　　　图3-40　第二条放样引导线

**13** 生成引导线放样特征。单击"特征"面板上的"放样凸台/基体"按钮⬇。在属性管理器中，单击⬦按钮右侧的显示框，然后在图形区域中依次选取第一个轮廓和第二个轮廓。单击✎按钮右侧的显示框，在图形区域中选择两条三维曲线作为引导线，如图 3-41 所示。单击"确定"按钮✔，生成引导线放样特征。

**14** 在"特征管理器设计树"中右击基准面 1，然后在弹出的快捷菜单中选择"隐藏"命令，将基准面 1 隐藏起来。

图3-41　创建引导线放样特征

# 第 4 章

## 基于特征的特征

本章主要介绍零件造型和特征的相关技术。在介绍造型前首先介绍了造型的基础——定位特征，没有定位就不能实现零件的造型，相信读者通过本节的学习和实践会熟练掌握定位的选择。接下来就是建立三维图形不可缺少的草图特征的一些基础了。这也是本章的重点部分，里面不仅详细介绍了拉伸、倒角等一些基本特征的创建，而且也具体介绍了线性阵列、圆周阵列、镜像等复杂特征的创建。在最后的是零件其他设计的表达。

- ◎ 倒角、圆角、抽壳、筋
- ◎ 拔模、孔、线性阵列
- ◎ 圆周阵列、镜像

# 4.1 倒角

SOLIDWORKS 提供的倒角功能有边倒角和拐角倒角两种。边倒角是从选定边处去除材料，拐角倒角则是从实体的拐角处去除材料，如图 4-1 所示。

图4-1 边倒角（左）与拐角倒角（右）

## 4.1.1 倒角选项说明

单击"特征"面板中的"倒角"按钮 ，弹出"倒角"属性管理器。

从"倒角"属性管理器（如图 4-2 所示）中得出倒角的可控参数如下：

图4-2 "倒角"属性管理器

➤ 倒角元素：从图形区域中选择要生成倒角的边或顶点等倒角元素。

➤ 倒角方式：选择生成倒角的方式。

☑ 角度距离：输入一个角度和一个距离来创建倒角。

☑ 距离-距离：用两个距离来创建倒角。

☑ 顶点：用三个距离来创建拐角倒角。

➢ 倒角参数：输入倒角距离或角度等参数。

➢ 倒角选项：控制倒角生成方式。

☑ 通过面选择：选择该选项后，可激活通过隐藏边线的面选取边线。

☑ 保持特征：选择该选项后，系统将保留无关的拉伸凸台等特征。图 4-3 展示了保持特征前后的效果。

☑ 切线延伸：选择该选项后，所选边线将延伸至被截断处。

➢ 预览方式：在设置倒角参数时，对要生成的倒角提供多种预览方式。

原始零件　　　　　未选定"保持特征"选项　　　选定"保持特征"选项

图4-3　保持特征效果

## 4.1.2　实例——挡圈

在机械设计中有孔用挡圈、轴端挡圈等。这里介绍轴端挡圈的创建。轴端挡圈在机械配合中有消除间隙的作用，能承受冲击载荷，对中精度要求较高，主要用于有振动和冲击的轴端零件的轴向固定。就结构而言，轴端挡圈是具有一定厚度的中空实体。装配的外端有倒角。一般利用 SOLIDWORKS2018 中的旋转、切除、倒角等工具可以完成挡圈的制作，如图 4-4 所示。

图4-4　挡圈

视频文件\动画演示\第4章\挡圈.avi

### 绘制步骤

利用旋转、切除、倒角工具可以方便地生成轴端挡圈。

**01** 新建文件。启动 SOLIDWORKS 2018，单击"标准"工具栏中的"新建"按钮 📄，在打开的"新建 SOLIDWORKS 文件"对话框中，单击"确定"按钮 ✓。

**02** 绘制中心线。在打开的模型树中选择"前视基准面"作为草图绘制平面，单击"前导视图"工具栏中的"正视于"按钮 ↧，使绘图平面转为正视方向。单击"草绘"面板中的"中心线"按钮 ✏️，绘制通过圆点的一条中心线用来作为旋转的中心轴，如图 4-5 所示。

**03** 绘制草图。单击"草绘"面板中的"直线"按钮 ✏️，绘制挡圈实体需要旋转的断面草图轮廓，如图 4-6 所示。

图4-5 绘制中心线

图4-6 绘制草图轮廓

**04** 创建旋转特征。单击"特征"面板上的"旋转凸台/基体"按钮 🥣，系统弹出"旋转"属性管理器。选择所建中心线为旋转轴，并在方向 1 度数输入框 🔄 中输入度数为 360 度。单击"确定"按钮 ✓ 完成旋转，如图 4-7 所示。

**05** 创建旋转后的倒角特征。单击"特征"面板上的"倒角"按钮 🔷，系统弹出"倒角"属性管理器。在绘图区选择所需倒角的边线，在对话框里选取角度距离来生成倒角，在距离输入框 📐 中输入距离为 1mm，角度输入框 📐 中输入角度为 45 度。单击"确定"按钮 ✓，完成倒角特征的创建，如图 4-8 所示。

**06** 绘制草图。选择步骤 **05** 中所创建的倒角的那一端面为草图绘制平面，单击"视图"工具栏中的"正视于"按钮 ↧，使绘图平面转为正视方向。单击"草图"面板中的"圆"按钮 ⭕，以原点正上方 10mm 处为圆心绘制轴端挡圈上直孔的圆形草图轮廓，在弹出的"圆形"对话框中设置圆的半径值为 1.6，单击"确定"按钮 ✓，如图 4-9 所示。

**07** 创建拉伸切除特征。单击"特征"面板中的"切除拉伸"按钮 ▣，系统弹出"切除-拉伸"属性管理器。设置终止条件为"完全贯穿"，图形窗口将高亮显示，如图 4-10 所示。保持其他选项的系统默认值不变，单击"确定"按钮 ✓，完成拉伸切除，如图 4-11 所示。

**08** 单击"标准"工具栏中的"保存"按钮 💾，将零件保存为"挡圈.sldprt"。

图4-7　定义旋转参数

图4-8　绘制倒角

图4-9　绘制切除孔草图

图4-10　拉伸切除生成通孔

## 4.2　圆角

　　圆角以现有特征的棱边为基础，可以使零件产生平滑的效果。倒圆角一般应在实体特征的设计后期进行。若在前期建立，以后会由于相关特征的修改及重新定义等操作而引起其重生成失败。同时在设计过程中应尽量避免用圆角边做参考。

### 4.2.1 圆角选项说明

单击"特征"面板上的"圆角"按钮 ，弹出"圆角"属性管理器。
从"圆角"属性管理器（如图 4-12 所示）中得出圆角的可控参数如下：

图4-11　挡圈实体　　　　　　　图4-12　"圆角"属性管理器

- ➤ 圆角类型：图 4-13 展示了几种圆角类型的效果。
- ➤ 圆角半径：在微调框中输入所要创建的圆角半径。
- ➤ 圆角元素：根据圆角类型在图形区域中选择实体边线或面作为圆角元素。
- ➤ 预览方式：提供多种圆角的预览方式。
- ➤ 逆转参数：逆转参数用来对边线中特定点单独设置圆角参数。
- ➤ 圆角选项：设置圆角的扩展方式。

恒定大小圆角　　　变量大小圆角　　　　　面圆角　　　　　　　　完整圆角

图4-13　圆角类型展示

### 4.2.2 实例——销轴

销轴的创建与圆锥销的创建基本相同，不同之处是它需要两次拉伸来得到。下面来学习销轴的创建。

作为通用标准件的销轴也是采用比较广泛的配合件。是在连接中不可缺少的标准件。

销轴可以看作由两段轴段组成的实体特征。通过二次拉伸操作实现销轴主体部分的创建，再进行倒角、圆角等制作即可完成，如图4-14所示。

图4-14 销轴

视频文件\动画演示\第4章\销轴.avi

**绘制步骤**

**01** 新建文件。启动 SOLIDWORKS 2018，单击"标准"工具栏中的"新建"按钮，在打开的"新建 SOLIDWORKS 文件"对话框中，单击"确定"按钮✔。

**02** 绘制草图。在打开的模型树中选择"前视基准面"作为草图绘制平面，单击"视图"工具栏中的"正视于"按钮↧，使绘图平面转为正视方向。单击"草图"面板中的"圆"按钮⊙，以系统坐标原点为圆心绘制第一段销轴实体的草图轮廓，在弹出的"圆"属性管理器中设置圆的半径值为3，单击"确定"按钮✔，如图4-15所示。

**03** 创建拉伸特征。单击"特征"面板上的"拉伸"按钮，系统弹出"凸台-拉伸"属性管理器。设置拉伸终止条件为"给定深度"，并在深度输入框中输入深度值 20mm。单击"确定"按钮✔，完成拉伸，如图4-16所示。

图4-15 绘制销轴第一段草图轮廓　　　图4-16 完成的第一销轴段

**04** 绘制草图。选择步骤**03**中所创建的轴段底面为草图绘制平面，单击"视图"工具栏中的"正视于"按钮⊥，使绘图平面转为正视方向。单击"草图"面板中的"圆"按钮⊙，以第一轴段圆心为圆心，绘制销轴第二轴段的圆形草图轮廓，并设置圆的半径值为 6，单击"确定"按钮✓，如图 4-17 所示。

**05** 创建拉伸特征。单击"特征"面板上的"拉伸"按钮🗇，系统弹出"拉伸"属性管理器。设置拉伸终止条件为"给定深度"，并在深度输入框🗇中输入深度值为 2mm。单击"确定"按钮✓，完成销轴第二轴段的实体拉伸。通过二次拉伸创建的销轴主体如图 4-18 所示。

图4-17　绘制第二轴段的圆形草图轮廓　　　图4-18　通过拉伸工具创建的销轴主体

**06** 创建销轴倒角特征。单击"特征"面板上的"倒角"按钮🗗，系统弹出"倒角"属性管理器。设置倒角类型为"角度距离"，在"距离"输入框🗗中输入倒角的距离值为 1mm，在角度输入框🗗中输入角度值为 45 度。选择生成倒角特征的销轴小端棱边，如图 4-19 所示。保持"倒角"对话框中的其他选项系统默认值不变，单击"确定"按钮✓，如图 4-20 所示。

图4-19　设置倒角生成参数　　　图4-20　创建完成销轴的倒角特征

**07** 创建销轴的圆角特征。单击"特征"面板上的"圆角"按钮⭐，系统弹出"圆角"对话框。在"圆角项目"的圆角半径输入框↖中输入圆角半径值为 0.5mm，保持其他选项的系统默认值不变。选择生成圆角特征的销轴大端边线及轴段的交界边线，如图 4-21 所示。单击"确定"按钮✔，完成销轴的制作。最终的销轴实体模型如图 4-22 所示。

与圆柱销、圆锥销类似，销轴的制作也可以利用 SOLIDWORKS2018 中的旋转工具来完成，具体的制作方法在此不再讲述。可以参考前面各节中的相关内容进行练习。

图4-21 设置圆角生成参数      图4-22 最终生成的销轴实体模型

# 4.3 抽壳

抽壳可删除实体中抽壳面，然后掏空实体的内部，留下指定壁厚的壳。在抽壳之前增加到实体的所有特征都会被掏空，如图 4-23 所示。因此，抽壳时特征创建的次序非常重要。默认情况下，抽壳创建具有相同壁厚的实体，但设计者也可以单独确定某些表面的厚度，使创建完成后的实体壁厚不相等。

图4-23 抽壳前（左）与抽壳后（右）

### 4.3.1 抽壳选项说明

单击"特征"面板上的"抽壳"按钮  ，弹出"抽壳"属性管理器。

从"抽壳"属性管理器（如图4-24所示）中得出抽壳的可控参数如下：

图4-24 "抽壳"属性管理器

➢ 抽壳厚度：设置要保留面的厚度。

➢ 要移除的面：在图形区域中选择一个或多个面作为要移除的面。

➢ 选项：如果选择了复选框"壳厚朝外"，则将以实体的外边缘作为基准增厚实体，从而增加零件的厚度，如图 4-25 所示；如果选择"显示预览"，则会在图形区域中完全显示实体抽壳效果。

图4-25 壳厚朝外效果

➢ 多厚度面的设定：可以生成不同面具有不同厚度的抽壳特征，如图 4-26 所示。只需在图形区域中选择要抽壳的多个面，然后设定不同的抽壳厚度值即可。

图4-26 多厚度面设定抽壳

### 4.3.2 实例——支架

绘制移动轮支架，如图 4-27 所示。

视频文件\动画演示\第4章\支架.avi

**绘制步骤**

**01** 新建文件。启动 SOLIDWORKS 2018，单击"标准"工具栏中的"新建"按钮，创建一个新的零件文件。在弹出的"新建 SOLIDWORKS 文件"对话框中选择"零件"按钮，然后单击"确定"按钮，创建一个新的零件文件。

**02** 绘制草图。在左侧的"FeatureManager 设计树"中选择"前视基准面"作为绘制图形的基准面。单击"草图"面板中的"圆"按钮，以原点为圆心绘制一个直径为 58 的圆；单击"草图"面板中的"直线"按钮，在相应的位置绘制三条直线。

**03** 标注尺寸。单击"草图"面板中的"智能尺寸"按钮，标注上一步绘制草图的尺寸。

**04** 剪裁实体。单击"草图"面板中的"剪裁实体"按钮，裁剪直线之间的圆弧，如图 4-28 所示。

**05** 拉伸实体。单击"特征"面板中的"拉伸凸台/基体"按钮，此时系统弹出"凸台-拉伸"属性管理器。在"深度"输入框中输入深度值为 65mm，然后单击"确定"按钮。结果如图 4-29 所示。

图4-27 移动轮支架　　　　图4-28 绘制草图　　　　图4-29 拉伸后的图形

**06** 抽壳实体。单击"特征"面板上的"抽壳"按钮，此时系统弹出图 4-30 所示的"抽壳"属性管理器。在"深度"输入框中输入深度值为 3.5mm。选择图 4-29 中的面 1，单击"确定"按钮，结果如图 4-31 所示。

**07** 设置基准面。在左侧的"FeatureManager 设计树"中用鼠标选择"右视基准面"，然后单击"前导视图"工具栏"正视于"按钮，将该基准面作为绘制图形的基准面。

**08** 绘制草图。单击"草图"面板中的"直线"按钮，绘制三条直线；单击"草图"面板中的"3 点圆弧"按钮，绘制一个圆弧。

**09** 标注尺寸。单击"草图"面板中的"智能尺寸"按钮，标注上一步绘制的草图的尺寸，结果如图 4-32 所示。

图4-30　"抽壳"属性管理器　　　　图4-31　抽壳后的图形　　　　图4-32　标注尺寸的草图

**⑩** 拉伸切除实体。单击"特征"面板中的"拉伸切除"按钮 📷，此时系统弹出"切除-拉伸"属性管理器。在"终止条件"一栏的下拉菜单中，用光标选择"完全贯穿-两者"选项。单击"确定"按钮 ✔。结果如图 4-33 所示。

**⑪** 圆角实体。单击"特征"面板上的"圆角"按钮 📦，此时系统弹出"圆角"属性管理器。在"半径"输入框 ⚲ 中输入半径值为 15mm，然后用光标选择图 4-33 中的边线 1 以及左侧对应的边线。单击"确定"按钮 ✔，结果如图 4-34 所示。

**⑫** 设置基准面。单击图 4-34 中的表面 1，然后单击"视图"工具栏中的"正视于"按钮 ⚓，将该表面作为绘制图形的基准面。

**⑬** 绘制草图。单击"草图"面板中的"边角矩形"按钮 ▭，绘制一个矩形。

**⑭** 标注尺寸。单击"草图"面板中的"智能尺寸"按钮 ✎，标注上一步绘制的矩形的尺寸，结果如图 4-35 所示。

图4-33　拉伸切除后的图形　　　　图4-34　拉伸切除后的图形　　　　图4-35　标注的草图

**⑮** 拉伸切除实体。单击"特征"面板中的"拉伸切除"按钮 📷，此时系统弹出"切除-拉伸"属性管理器。在"深度"输入框 ⚲ 中输入深度值为 61.5mm，然后单击"确定"按钮 ✔，结果如图 4-36 所示。

**⑯** 绘制连接孔。设置基准面。单击图 4-36 中的表面 1，然后单击"视图"工具栏中的"正视于"按钮 ⚓，将该表面作为绘制图形的基准面。

**⑰** 绘制草图。单击"草图"面板中的"圆"按钮 ⊙，在上一步设置的基准面上绘制一

个圆。

**18** 标注尺寸。单击"草图"面板中的"智能尺寸"按钮 ，标注上一步绘制圆的直径及其定位尺寸，结果如图 4-37 所示。

**19** 拉伸切除实体。单击"特征"面板中的"拉伸切除"按钮 ，此时系统弹出"切除-拉伸"属性管理器。在"终止条件"一栏的下拉菜单中，选择"完全贯穿"选项。单击"确定"按钮 ，结果如图 4-38 所示。

**20** 设置基准面。单击图 4-38 中的表面 1，然后单击"前导视图"工具栏中的"正视于"按钮 ，将该表面作为绘制图形的基准面。

**21** 绘制草图。单击"草图"面板中的"圆"按钮 ，在上一步设置的基准面上绘制一个直径为 58 的圆。

图4-36　拉伸切除后的图形　　　　图4-37　标注尺寸的草图　　　　图4-38　拉伸切除后的图形

**22** 拉伸实体。单击"特征"面板中的"拉伸凸台/基体"按钮 ，弹出"凸台-拉伸"属性管理器。在"深度"输入框 中输入深度值为 3mm，然后单击"确定"按钮 ，结果如图 4-39 所示。

**23** 圆角实体。单击"特征"面板上的"圆角"按钮 ，弹出"圆角"属性管理器。在"半径"输入框 中输入半径值为 3mm，然后用光标选择图 4-39 中的边线 1。单击"确定"按钮 ，结果如图 4-40 所示。

**24** 绘制轴孔。设置基准面。单击图 4-40 中的表面 1，然后单击"视图"工具栏中的"正视于"按钮 ，将该表面作为绘制图形的基准面。

**25** 绘制草图。单击"草图"面板中的"圆"按钮 ，在上一步设置的基准面上绘制一个直径为 16 的圆。

**26** 拉伸切除实体。单击"特征"面板中的"拉伸切除"按钮 ，此时系统弹出"切除-拉伸"属性管理器。在"终止条件"一栏的下拉菜单中，选择"完全贯穿"选项。单击"确定"按钮 ，结果如图 4-41 所示。

# 4.4　筋

筋特征是零件建模过程中的常用特征，它只能用作增加材料的特征，不能生成切除特征。用于创建附属于零件的肋片或辐板，如图 4-42 所示。筋实际上是由开环的草图轮廓生成的特殊类型的拉伸特征，它在轮廓与现有零件之间添加指定方向和厚度的材料。

图4-39　拉伸后的图形　　　　图4-40　圆角后的图形　　　　图4-41　拉伸切除后的图形

图4-42　筋特征

## 4.4.1　筋选项说明

单击"特征"面板上的"筋"按钮，弹出"筋"属性管理器。
从"筋"属性管理器（如图4-43所示）中得出筋的可控参数如下：

图4-43　"筋"属性管理器

➢ 厚度方式：通过三个单选按钮，可以选择从草图的左边、右边或者两边对称地添加材料。

➢ 厚度：在微调框中指定筋的厚度。

➢ 拉伸方向：选择筋的拉伸方向。　：平行于草图生成筋拉伸；　：垂直于草图生成筋拉伸。

➢ 拔模角度：单击拔模角度按钮后，即激活拔模角度选项，可以生成带拔模效果的

> 筋拉伸。
> ➢ 所选轮廓：可以为草图中的多个线条分别设置筋拉伸参数。

### 4.4.2 实例——导流盖

绘制图 4-44 所示的导流盖。本例将利用筋特征进行零件建模，最终生成导流盖模型。

图4-44 导流盖

视频文件\动画演示\第4章\导流盖.avi

## 绘制步骤

**01** 新建文件。启动 SOLIDWORKS 2018，单击"标准"工具栏中的"新建"按钮，在弹出的"新建 SOLIDWORKS 文件"对话框中，单击"零件"按钮，然后单击"确定"按钮，新建一个零件文件。

**02** 新建草图。在"FeatureManager 设计树"中选择"前视基准面"作为草图绘制基准面，单击"草图"面板中的"草图绘制"按钮，新建一张草图。

**03** 绘制中心线。单击"草图"面板中的"中心线"按钮，通过原点绘制一条垂直中心线。

**04** 绘制轮廓。单击"草图"面板中的"直线"按钮和"切线弧"按钮，绘制旋转草图轮廓。

**05** 标注尺寸。单击"草图"面板中的"智能尺寸"按钮，为草图标注尺寸如图 4-45 所示。

**06** 旋转形成实体。单击"特征"面板中的"旋转凸台/基体"按钮，在弹出的询问对话框中单击"否"按钮，如图 4-46 所示。在旋转属性管理器中设置终止条件为"给定深度"，并在方向1角度输入框中输入角度值为 360 度。调整薄壁拉伸的反向按钮，使薄壁向内部拉伸，并在方向1厚度输入框中输入薄壁的厚度为 3mm，如图 4-47 所示。单击"确定"按钮，生成薄壁旋转特征。

**07** 新建草图。在"FeatureManager 设计树"中选择"右视基准面"作为草图绘制基准面，单击"草图"面板中的"草图绘制"按钮，新建一张草图。单击"视图"工具栏中的"正视于"按钮，正视于右视图。

**08** 绘制直线。单击"草图"面板中的"直线"按钮，将光标移到台阶的边缘，当光标变为形状时，表示光标指针正位于边缘上。移动光标指针以生成从台阶边缘到零件边缘的折线。

图4-45 旋转草图轮廓 图4-46 询问对话框

图4-47 设置薄壁旋转特征

**09** 标注尺寸。单击"草图"面板中的"智能尺寸"按钮 ，为草图标注尺寸，如图 4-48 所示。

**10** 生成加强筋。单击"特征"面板上的"筋"按钮 ，在筋属性管理器中，单击"两侧添加"按钮 ，设置厚度生成方式为两边均等添加材料。在筋厚度输入框 中输入筋的厚度为 3mm。单击"平行于草图生成筋"按钮 ，设定筋的拉伸方向为平行于草图，如图 4-49 所示。单击"确定"按钮 ，生成筋特征。

**11** 创建其余 3 个筋特征。

**12** 保存。单击"标准"工具栏中的"保存"按钮 ，将文件保存为"导流盖.sldprt"，最终效果如图 4-44 所示。

图4-48 导流盖草图 图4-49 设置筋特征

# 4.5 拔模

拔模特征是指以特定的角度斜削所选模型面的特征，它通常应用到模具或铸件。图4-50所示是拔模特征的说明。拔模以指定的角度斜削模型中所选的面。使型腔零件更容易脱出模具。在绘图过程中可以在现有的零件上插入拔模，或者在拉伸特征时进行拔模。也可以将拔模应用到实体或曲面模型。

图4-50　拔模特征说明

## 4.5.1 拔模选项说明

单击"特征"面板中的"拔模"按钮，弹出"拔模"属性管理器。
从"拔模"属性管理器（如图4-51所示）中得出拔模的可控参数如下：

图4-51　"拔模"属性管理器

> ➢ 拔模角度：在微调框中输入所要创建的拔模角度。
> ➢ 拔模类型：可从中选择中性面、分型线、阶梯拔模等拔模的类型。
> ➢ 中性面：中性面是用来决定生成模具的拔模方向用来使用特定的角度斜削所选模型的面的特征。
> ➢ 分型线：如要在分型线上拔模，需要首先插入一条分割线来分离要拔模的面，或者也可以使用现有的模型边线，然后再指定拔模方向。也就是指定移除材料的分型线的一侧。
> ➢ 阶梯拔模：阶梯拔模为分型线拔模的变体。阶梯拔模绕用为拔模方向的基准面旋转而生成一个面。
> ➢ 拔模面：选定要拔模的面。

### 4.5.2 实例——圆锥销

绘制图 4-52 所示的圆锥销。

视频文件\动画演示\第4章\圆锥销.avi

## 绘制步骤

**01** 新建文件。启动 SOLIDWORKS 2018，单击"标准"工具栏中的"新建"按钮，在弹出的"新建 SOLIDWORKS 文件"对话框中选择"零件"按钮，然后单击"确定"按钮。

图4-52 圆锥销

**02** 绘制草图。选择"前视基准面"作为草图绘制平面，单击"视图"工具栏中的"正视于"按钮，使绘图平面转为正视方向。单击"草图"面板中的"圆"按钮，以系统坐标原点为圆心，绘制圆锥销小端底圆草图，并设置其直径尺寸为 6mm。

**03** 创建拉伸特征。单击"特征"面板中的"拉伸凸台/基体"按钮，系统弹出"凸台-拉伸"属性管理器，设置拉伸的终止条件为"给定深度"，并在深度输入框中输入深度值为 20mm，如图 4-53 所示。单击"确定"按钮，结果如图 4-54 所示。

**04** 创建拔模特征。单击"特征"面板中的"拔模"按钮，系统弹出"拔模"属性管理器，在拔模角度输入框中输入角度值为 1 度，选择外圆柱面为拔模面，一端端面为中性面，如图 4-55 所示。单击"确定"按钮，结果如图 4-56 所示。

**05** 生成圆锥销倒角特征。单击"特征"面板上的"倒角"按钮 📎，系统弹出"倒角"属性管理器。设置倒角类型为"角度距离"，在"距离"输入框 🔲 中输入倒角的距离值为 1mm，在角度输入框 🔲 中输入角度值为 45 度。选择生成倒角特征的圆锥销棱边，如图 4-57 所示。单击"确定"按钮 ✔，完成后的圆锥销如图 4-52 所示。

图4-53　设置拉伸参数

图4-54　创建拉伸特征

图4-55　设置拔模参数

图4-56　创建拔模特征

图4-57　设置倒角生成参数

# 4.6　孔

## 4.6.1　孔选项说明

孔特征是机械设计中的常见特征。SOLIDWORKS 2018 将孔特征分成两种类型——简单直孔和异形孔。其中异形孔包括柱形沉头孔、锥形沉头孔、通用孔和螺纹孔。图 4-58 所示为孔特征的效果。

**01** 简单直孔。选择菜单栏中的"插入"→"特征"→"孔"→"简单直孔"命令，弹出"孔"属性管理器。

从"孔"属性管理器（如图 4-59 所示）中得出简单直孔的可控参数如下：

➢ 设置孔的初始条件：SOLIDWORKS 可以对拉伸的开始条件进行定义：

☑ 草图基准面：从草图所在的基准面开始拉伸孔特征。

☑ 曲面/面/基准面：选择这些实体后，草图将从这些实体开始拉伸孔特征。

☑ 顶点：草图从平行于草图所在基准面并通过所选顶点的面开始拉伸孔特征。

☑ 等距：输入一个等距距离后，草图将从与草图所在基准面指定距离的位置开始拉伸孔特征。

➢ 设置孔的终止条件：对孔的终止条件进行设置，在本章拉伸一节有介绍，这里不再赘述。

➢ 设置孔的深度：在微调框中指定孔的深度。

> ➢ 设置孔的直径：在微调框中指定要生成孔的直径。

设置孔的初始条件

设置孔的终止条件

设置孔的深度

设置孔的直径

设置孔内拔模角度

图4-58 孔特征　　　　　　　　　　　图4-59 "孔"属性管理器

> ➢ 设置孔内拔模角度：单击拔模 🔲，将激活右侧的拔模角度微调框，在微调框中指定拔模的角度，从而生成带拔模性质的拉伸特征孔的选项。

**02** 异形孔。单击"特征"面板上的"异形孔向导"按钮 🔩，弹出"异形孔向导"属性管理器。孔类型之后，选择孔类型选项属性管理器会动态地更新相应参数。使用属性管理器来设定孔类型参数并找出孔。除了基于终止条件和深度的动态图形预览外，属性管理器中的图形显示可以帮助设置选择的孔类型的具体细节。"异形孔向导"属性管理器如图 4-60 所示。

图4-60 "异形孔向导"属性管理器

无论是简单直孔还是异形孔，都需要选取孔的放置平面并且标注孔的轴线与其他几何实体之间的相对尺寸，以完成孔的定位。

在进行零件建模中，一般最好在设计阶段将近结束时再生成孔特征。这样可以避免因疏忽而将材料添加到现有的孔内。

### 4.6.2 实例——异形孔零件

绘制图 4-61 所示的异形孔特征零件。利用异形孔特征进行零件建模，最终生成轴盖模型。

图4-61 异形孔特征零件

视频文件\动画演示\第4章\异型孔零件.avi

## 绘制步骤

**01** 启动系统。启动 SOLIDWORKS20018，单击"标准"工具栏中的"新建"按钮 ，在打开的"新建 SOLIDWORKS 文件"对话框中，选择"零件"按钮，单击"确定"按钮。

**02** 新建文件。在"FeatureManager 设计树"中选择"前视基准面"作为草图绘制基准面，单击"草图"面板中的"草图绘制"按钮 ，新建一张草图。

**03** 绘制轮廓。利用草图绘制工具绘制草图作为旋转特征的轮廓，如图 4-62 所示。

**04** 旋转所绘制的轮廓。单击"特征"面板中的"旋转凸台/基体"按钮 ，SOLIDWORKS会自动将草图中唯一的一条中心线作为旋转轴；设置终止条件为"给定深度"；旋转角度为360 度；选项如图 4-63 所示。单击"确定"按钮 ，生成旋转特征。

图4-62 旋转轮廓草图

图4-63 设置旋转参数

**05** 创建镜像基准面。单击"特征"面板中的"基准面"按钮🗐，选择"上视"为创建基准面的参考面，在距离输入框中输入距离为25mm，单击"确定"按钮✔，完成基准面的创建，系统默认该基准面为"基准面1"，如图4-64所示。

**06** 新建草图。选择基准面1，单击"草图"面板中的"草图绘制"按钮🗔，新建一张草图。

**07** 绘制圆，并设置为构造线。单击"草图"面板中的"圆"按钮⊙，在基准面1上绘制一个以原点为中心，直径为135的圆。在左侧的"圆"属性管理器中选择"作为构造线"单选框，将圆设置为构造线。

**08** 绘制中心线。单击"草图"面板中的"中心线"按钮✐，绘制3条通过原点，并且成60°角的直线，如图4-65所示。单击"草图"面板中的"退出草图"按钮↳，退出草图的绘制。

图4-64  设置基准面　　　　　　　　　　　图4-65　生成构造线

**09** 创建异形孔。单击"特征"面板中的"异形孔向导"按钮🗗，窗体左侧出现"孔规格"属性管理器。在该属性管理器类型选项中，选取柱形沉头孔按钮🗗，然后对柱形沉头孔的参数进行设置，如图4-66所示。在选定好孔类型之后，选择位置选项，选择特征管理器设计树上的基准面1为孔放置面，在步骤 **08** 中创建的构造线上为孔定位，如图4-67所示。单击"确定"按钮✔，完成多孔的生成与定位。

至此，该零件制作完成，单击"标准"工具栏中的"保存"按钮🖫，将零件保存为"异形孔特征.sldprt"。最后结果如图4-68所示。

图4-66　设定孔参数

图4-67　定义孔位置

图4-68　异形孔零件

# 4.7　线性阵列

　　特征阵列用于将任意特征作为原始样本特征，通过指定阵列尺寸产生多个类似的子样本特征。特征阵列完成后，原始样本特征和子样本特征成为一个整体，用户可将它们作为一个特征进行相关的操作，如删除、修改等。

　　线性阵列是指沿一条或两条直线路径生成多个子样本特征。图 4-69 列举了线性阵列的零件模型。

图4-69　线性阵列模型

### 4.7.1 线性阵列选项说明

单击"特征"面板上的"线性阵列"按钮 ⚏⚏，弹出"线性阵列"属性管理器。

从"线性阵列"属性管理器（如图4-70所示）中得出线性阵列的可控参数如下：

➤ 设置阵列的方向一：可以选择一线性边线、直线、轴或尺寸。如有必要，可单击反向 ↗ 来改变阵列的方向。

➤ 阵列的间距：在所选择方向上设置要阵列的距离及要阵列的个数。这里的距离是指每个阵列个体之间的间距。阵列的数量包括原始要阵列的特征即阵列的总数。

➤ 设置阵列的方向二：在第二个方向上设置的阵列可控参数。同阵列方向一。

➤ 选择要阵列的特征：使用所选择的特征来作为源特征以生成阵列。

➤ 选择要阵列的面：使用构成源特征的面生成阵列。在图形区域中选择源特征的所有面。这对于只输入构成特征的面而不是特征本身的模型很有用。当使用要阵列的面时，阵列必须保持在同一面或边界内，不能够跨越边界。

图4-70 "线性阵列"属性管理器

➤ 阵列实体：在零件图中有多个实体特征，可利用阵列实体来生成多个实体。

➤ 可跳过的实例：在生成阵列时跳过在图形区域中选择的阵列实例。当将光标移动到每个阵列的实例上时，指针变为 ⫹ 并且坐标也出现在图形区域中。单击以选择要跳过的阵列实例。若想恢复阵列实例，再次单击图形区域中的实例标号。

➢ 选项：SOLIDWORKS 2018可以对阵列的细部进行设置：

图4-71　没选择随形变化（左）与选择了随形变化（右）

☑ 随形变化：让阵列实例重复时改变其尺寸，如图4-71所示。

☑ 几何体阵列：只使用特征的几何体(面和边线)来生成阵列，而不阵列和求解特征的每个实例。几何体阵列选项可以加速阵列的生成及重建。注：对于与模型上其他面共用一个面的特征，不能使用几何体阵列选项。

☑ 延伸视像属性：若想镜像所镜像实体的视像属性（SOLIDWORKS 的颜色、纹理和装饰螺纹数据），选择延伸视像属性。

### 4.7.2　实例——底座

本例绘制平移台底座，如图 4-72 所示。首先绘制底座主体轮廓草图并拉伸实体，然后绘制侧边的螺纹连接孔，最后绘制其他部位的连接孔。

图4-72　平移台底座

视频文件\动画演示\第4章\底座.avi

## 绘制步骤

**01** 新建文件。启动 SOLIDWORKS 2018，单击"标准"工具栏中的"新建"按钮，在弹出的"新建 SOLIDWORKS 文件"对话框中选择"零件"按钮，然后单击"确定"按钮✓，创建一个新的零件文件。

**02** 绘制草图。在左侧的"FeatureManager 设计树"中选择"前视基准面"作为绘制图形的基准面。单击"草图"面板中的"边角矩形"按钮，绘制一个矩形，矩形的一个角点在原点。

**03** 标注尺寸。单击"草图"面板中的"智能尺寸"按钮✎，标注矩形各边的尺寸。结果如图 4-73 所示。

**04** 拉伸实体。单击"特征"面板中的"拉伸凸台/基体"按钮⬛，此时系统弹出"凸台-拉伸"属性管理器。在"深度"输入框中输入深度值 12mm，然后单击"确定"按钮✔，结果如图 4-74 所示。

图4-73 标注尺寸的草图

图4-74 拉伸后的图形

**05** 设置基准面。单击图 4-74 中的表面 1，然后单击"视图"工具栏"正视于"按钮⬆，将该表面作为绘制图形的基准面。

**06** 绘制草图。单击"草图"面板中的"边角矩形"按钮⬜，在上一步设置的基准面上绘制两个矩形。

**07** 标注尺寸。单击"草图"面板中的"智能尺寸"按钮✎，标注上一步绘制草图的尺寸，结果如图 4-75 所示。

**08** 拉伸切除实体。单击"特征"面板中的"切除拉伸"按钮⬛，此时系统弹出"切除-拉伸"属性管理器。在"深度"输入框中输入深度值为 8mm，然后单击"确定"按钮✔，结果如图 4-76 所示。

图4-75 标注尺寸的草图

图4-76 拉伸切除后的图形

**09** 设置基准面。单击图 4-76 中的表面 1，然后单击"前导视图"工具栏"正视于"按钮⬆，将该表面作为绘制图形的基准面。

**10** 绘制草图。单击"草图"面板中的"边角矩形"按钮⬜，绘制一个矩形；单击"草图"面板中的"3 点圆弧"按钮⌒，分别以矩形一个边的两个端点为圆弧的两个端点绘制一个圆弧。

**11** 标注尺寸。单击"草图"面板中的"智能尺寸"按钮✎，标注上一步绘制草图的尺寸及其定位尺寸，结果如图 4-77 所示。

**12** 剪裁实体。单击"草图"面板中"剪裁实体"按钮⬛，剪裁图 4-77 中圆弧与矩形的交线，结果如图 4-78 所示。

**13** 拉伸切除实体。单击"特征"面板中的"切除拉伸"按钮⬛，此时系统弹出"切除-拉伸"属性管理器。设置终止条件为"完全贯穿"。单击"确定"按钮✔，结果如图 4-79 所示。

图4-77　标注的草图

图4-78　剪裁后的草图

**14** 线性阵列实体。单击"特征"面板上的"线性阵列"按钮 ⁑⁑，此时系统弹出图 4-80 所示的"线性阵列"属性管理器。在方向1"边线"一栏中，用光标选择图 4-79 中的水平边线；在"间距"输入框中输入间距值为 50mm；在"实例数"输入框中输入值 7，并调整阵列实体的方向。在方向2"边线"一栏中，用光标选择图 4-79 中的竖直边线；在"间距"输入框中输入间距值 100mm；在"实例数"一栏中输入值 2，并调整阵列实体的方向。单击"确定"按钮 ✔，结果如图 4-81 所示。

图4-79　拉伸切除后的图形

图4-80　"线性阵列"属性管理器

**15** 绘制其他连接孔。设置基准面。单击图 4-81 中后面的表面，然后单击"视图"工具栏"正视于"按钮 ⬆，将该表面作为绘制图形的基准面。

**16** 添加柱形沉头孔。单击"特征"面板上的"异形孔向导"按钮 ⬤，此时系统弹出图 4-82 所示的"孔规格"属性管理器。按照图示进行设置后，单击"位置"选项卡，单击"3D 草图"按钮，然后单击上一步设置的基准面，添加两个点，作为柱形沉头孔的位置并标注尺寸，结果如图 4-83 所示。单击"确定"按钮 ✔，结果如图 4-84 所示。

**17** 设置基准面。单击图 4-84 中的表面 1，然后单击"视图"工具栏"正视于"按钮 ⬆，将该表面作为绘制图形的基准面。

**18** 添加螺纹孔。单击"特征"面板上的"异形孔向导"按钮 ⬤，此时系统弹出图 4-85 "孔规格"属性管理器。按照图示进行设置后，单击"位置"选项卡，单击"3D 草图"按钮，然后单击基准面，添加 4 个点，作为螺纹孔的位置并标注尺寸，结果如图 4-86 所示。单击"确定"按钮 ✔，结果如图 4-87 所示。

图4-81 阵列后的图形

图4-82 "孔规格"属性管理器

图4-83 标注的草图

图4-84 添加的柱形沉头孔

**19** 添加螺纹孔。参考上面的步骤，在底座的另一端添加螺纹孔，"孔规格"属性管理器如图 4-85 所示，螺纹孔的位置如图 4-88 所示，然后单击"确定"按钮 ✔，结果如图 4-89 所示。

图4-85 "孔规格"属性管理器

图4-86 标注尺寸的草图

图4-87 添加的螺纹孔　　　　图4-88 标注的草图　　　　图4-89 添加的螺纹孔

# 4.8 圆周阵列

圆周阵列是指绕一个轴心以圆周路径生成多个子样本特征。图4-90列举了圆周阵列的零件模型。

图4-90 圆周阵列模型

### 4.8.1 圆周阵列选项说明

单击"特征"面板上的"圆周阵列"按钮 💠 ，弹出"圆周阵列"属性管理器。

从"圆周阵列"属性管理器（如图4-91所示）中得出圆周阵列的可控参数如下：

选择圆周阵列的旋转轴：在生成圆周阵列之前，首先要生成一个中心轴。这个轴可以是基准轴或者临时轴。

➢ 在模型区域中选择轴、模型边线或角度尺寸，阵列绕此轴生成。如有必要，单击反向 ↗ 来改变圆周阵列的方向。

➢ 阵列的角度及圆周阵列的数：在所选择方向上设置要阵列的角度及要阵列的个数。这里的角度是指每个阵列实体之间的角度。阵列的数量包括原始要阵列的特征即阵列的总数。选中等间距则为设定总角度为360度。

> ➤ 要阵列的特征：使用所选择的特征作为源特征以生成阵列。
> ➤ 要阵列的面：使用构成源特征的面生成阵列。在图形区域中选择源特征的所有面。
>   这对于只输入构成特征的面而不是特征本身的模型很有用。当使用要阵列的面时，
>   阵列必须保持在同一面或边界内。它不能够跨越边界。

图4-91　"圆周阵列"属性管理器

> ➤ 要阵列的实体：在零件图中有多个实体特征，可利用阵列实体来生成多个实体。
> ➤ 设置可跳过的实例：在生成阵列时跳过在图形区域中选择的阵列实例。当将光标移
>   动到每个阵列的实例上时，指针变为🖑并且坐标也出现在图形区域中。单击以选择
>   要跳过的阵列实例。若想恢复阵列实例，再次单击图形区域中的实例标号。
> ➤ 选项：SOLIDWORKS 2018 版本中可以对圆周阵列的细部进行设置在前面线性阵列里
>   已讲述这里不再赘述。

## 4.8.2　实例——叶轮2

视频文件\动画演示\第4章\叶轮2.avi

### 绘制步骤

**01** 打开 3.5.2 节创建的叶轮 1。

**02** 创建临时轴。选择菜单栏中的"视图"→"隐藏/显示"→"临时轴"命令，显示

圆柱拉伸中的临时轴,为圆周阵列做好准备。

**03** 圆周阵列。单击"特征"面板中的"圆周阵列"按钮🕸。在圆周阵列属性管理器中单击"参数"栏下的第一个显示框,然后在图形区域中选择临时轴。选择"等间距"复选框则总角度将默认为 360 度。在阵列数输入框🕸中输入阵列的特征数为 6。单击"要阵列的特征"显示框,然后在特征管理器设计树或图形区域中选择"放样 1"作为阵列特征,如图 4-92 所示。单击"确定"按钮✔,从而生成圆周阵列。

## 4.9 镜像

如果零件结构是对称的,用户可以只创建一半零件模型,然后使用特征镜像的办法生成整个零件。如果修改了原始特征,则镜像的复制也将更新以反映其变更。图 4-93 所示为运用特征镜像生成的零件模型。

图4-92 圆周阵列

图4-93 运用特征镜像生成零件

### 4.9.1 镜像选项说明

单击"特征"面板上的"镜像"按钮 ，弹出"镜像"属性管理器。

从"镜像"属性管理器（如图 4-94 所示）中得出镜像的可控参数如下：

➢ 镜像面/基准面：如要生成镜像特征、实体或镜像面需选择镜像面或基准面来进行镜像操作。

➢ 要镜像的特征：使用所选择的特征来作为源特征以生成镜像的特征。如果选择模型上的平面，将绕所选面镜像整个模型。

➢ 要镜像的面：使用构成源特征的面生成镜像。

➢ 要镜像的实体：在单一模型或多实体零件中选择一实体来生成一镜像实体。

➢ 选项：SOLIDWORKS 2018 版本中可以对镜像进行设置：

 ☑ 几何体阵列：只使用特征的几何体（面和边线）来生成阵列，而不阵列和求解特征的每个实例。几何体阵列选项可以加速阵列的生成及重建。注：对于与模型上其他面共用一个面的特征，不能使用几何体阵列选项。

 ☑ 延伸视像属性：将 SOLIDWORKS 的颜色、纹理和装饰螺纹数据延伸给所有镜像实例的特征。

图4-94 "镜像"属性管理器

### 4.9.2 实例——机座

机座一般是用铸铁或铸钢制成的，机座是整个部件的母体，主要是起支撑、连接作用。创建机座时首先绘制大体轮廓，把基本的框架建好后，再添加筋、添加凸台、钻孔等，如图 4-95 所示。

### 绘制步骤

**01** 启动 SOLIDWORKS2018。单击"标准"工具栏中的"新建"按钮 ，在弹出的"新建 SOLIDWORKS 文件"对话框中选择"零件"按钮 ，然后单击"确定"按钮，创建一个新的零件文件。

图4-95　机座

视频文件\动画演示\第4章\机座.avi

**02** 绘制草图。在左侧的"FeatureMannger 设计树"中选择"上视基准面"作为绘图基准面。然后单击"草图"面板中的"边角矩形"按钮 □，绘制一个矩形，单击"草图"面板中的"绘制圆角"按钮 ⌐，绘制如图 4-96 所示的草图。

**03** 单击"草图"面板中的"智能尺寸"按钮 ⬠，标注草图矩形轮廓的实际尺寸，如图 4-97 所示。

图4-96　底面草图

图4-97　标注尺寸

**04** 拉伸实体。单击"特征"面板中的"拉伸凸台/基体"按钮 ⬔，拉伸生成一个 40mm 厚的实体，结果如图 4-98 所示。

**05** 设置基准面。选择上节所创实体背面作为绘图基准面。

**06** 绘制草图。单击"草图"面板中的"直线"按钮 ⟋，在草图绘制平面上绘制侧面草图轮廓，并标注尺寸，如图 4-99 所示。

**07** 拉伸实体。单击"特征"面板中的"拉伸凸台/基体"按钮 ⬔，将侧面草图拉伸生成一个长 20mm 的实体（注意拉伸方向），结果如图 4-100 所示。

**08** 设置基准面。选择底座前面部分平面作为绘图基准面。

**09** 绘制草图。单击"草图"面板中的"直线"按钮 ⟋，在草图绘制平面上绘制切除草图轮廓，并标注尺寸，如图 4-101 所示。

**10** 拉伸切除实体。单击"特征"面板中的"切除拉伸"按钮 ▣，系统弹出"拉伸-切除"属性管理器。设置终止条件为"完全贯穿"，图形窗口将高亮显示，如图 4-102 所示。单击"确定"按钮 ✔，拉伸切除后效果如图 4-103 所示。

**11** 绘制草图。选择"右视基准面"作为草图绘制平面，单击"视图"工具栏中的"正视于"按钮 ⊥，使绘图平面转为正视方向。单击"草图"面板中的"直线"按钮 ⟋，绘制图

4-104 所示的直线。

图4-98 底面实体

图4-99 机座侧面草图

图4-100 拉伸侧面

图4-101 绘制切除拉伸轮廓

图4-102 拉伸切除特征

图4-103 拉伸切除后效果

**12** 绘制筋。单击"特征"面板上的"筋"按钮 ，在弹出的属性管理器后，拾取图 4-104 中所创建的直线，在弹出筋的设置对话框中选择两侧对称按钮 。并在筋厚度输入框 中输入厚度值为 10mm，选择筋的生成方向，设置及效果如图 4-105 所示。然后单击"确定" 按钮 ，即可生成筋特征。

**13** 设置基准面。单击机座底座的上表面，然后单击"视图"工具栏中的"正视于"按 钮 ，将该表面作为绘制图形的基准面。

**14** 绘制草图。单击"草图"面板中的"圆"按钮 ，绘制图 4-106 所示的圆并标注尺 寸。

**15** 拉伸切除实体。单击"特征"面板中的"切除拉伸"按钮 ，拉伸切除深度为 5mm， 结果如图 4-107 所示。

**16** 拉伸切除安装孔。以刚拉伸切除生成孔底面平面作为基准面，绘制安装孔的草图，孔的尺寸如图4-108所示。然后进行拉伸切除,生成螺钉通孔,如图4-109所示。

图4-104 绘制生成筋所需直线

图4-105 筋特征

**17** 镜像实体。单击"特征"面板上的"镜像"按钮 ，弹出"镜像"属性管理器,在镜像面/基准面选项栏中,通过设计树选择右视基准面;镜像的特征选项栏中,在设计树中选择两个切除-拉伸特征,如图4-110所示。然后单击"确定"按钮 。

图4-106 绘制草图

图4-107 拉伸切除生成孔

图4-108 螺钉通孔尺寸

**18** 设置基准面。单击机座侧面前表面,单击"视图"工具栏中的"正视于"按钮 ，将该表面作为绘制图形的基准面。

图4-109 拉伸切除生成螺钉通孔

图4-110 镜像实体

**19** 绘制草图。单击"草图"面板中的"圆"按钮 ，绘制图4-111所示的圆并标注尺寸。

**20** 拉伸实体。单击"特征"面板中的"拉伸凸台/基体"按钮 🗐，系统弹出"凸台-拉伸"对话框，设置拉伸的终止条件为"给定深度"，并在深度输入框 🖑中输入深度值为10mm。单击"确定"按钮 ✓，结果如图4-112所示。

图4-111　绘制草图

图4-112　拉伸生成凸台

**21** 拉伸切除安装孔。以刚拉伸切除生成孔底面平面作为基准面，绘制安装孔的草图，孔的尺寸如图4-113所示。然后进行拉伸切除，生成通孔，如图4-114所示。

**22** 镜像实体。单击"特征"面板上的"镜像"按钮 ▶◀，弹出"镜像"属性管理器，在镜像面/基准面选项栏中，通过设计树选择右视基准面；镜像的特征选项栏中，在设计树中选择两个切除-拉伸特征，然后单击"确定"按钮 ✓。镜像后如图4-115所示。

**23** 圆角。单击"特征"面板上的"圆角"按钮 🗐，选择图4-116中侧面凸台与测面圆结合及筋上所有边线，角半径为2mm，单击"确定"按钮 ✓。

**24** 圆角。重复上述操作，将边线1、2、3、4倒圆角，圆角半径为1mm，结果如图4-117所示。

图4-113　通孔尺寸

图4-114　拉伸切除生成通孔

**25** 保存文件。选择菜单栏中的"文件"→"另存为"命令，将零件文件保存，文件名为"机座"，结果如图4-118所示。

图4-115　镜像实体

图4-116　圆角边线

图4-117　圆角

图4-118　机座

第 **5** 章

# 螺纹零件设计

　　螺栓和螺母是最常用的紧固件之一，这种连接构造简单、成本较低、安装方便、使用不受被连接材料限制，因而应用广泛。一般用于被连接厚度尺寸较小或能从被连接件两边进行安装的场合。

　　本章主要讲述两套紧固件的制作，螺栓和螺母。螺栓的制作使用最基础的拉伸、切除等特征方法建立基体形状，而后利用螺旋线等方法对螺纹线进行修饰。而螺母的制作则利用系列零件设计表的方法制作一个具有不同尺寸的螺母系列。当然螺纹连接中还有管接头类零件的连接。

学 习 要 点

- ◎ 螺母类零件的创建
- ◎ 螺栓类零件的创建
- ◎ 螺钉类零件的创建
- ◎ 压紧螺母类零件的创建
- ◎ 管接头类零件的创建

# 5.1 螺母类零件的创建

本例绘制齿轮泵的螺纹连接件——六角螺母 M6。图 5-1 所示为螺母 M6 的二维工程图。

图5-1　螺母M6的工程图

螺母与螺栓共同组成螺纹连接。我们先从简单的螺母来介绍。绘制螺母时首先绘制螺母的轮廓六边形，然后拉伸生成实体。采用旋转切除操作进行实体倒角。最后，使用异型孔向导生成螺纹孔，并将螺纹孔进行定位。图 5-2 所示为螺母的基本创建过程。

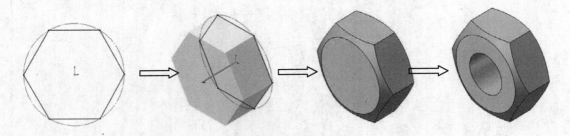

图5-2　螺母零件的建模过程

视频文件\动画演示\第5章\螺母类零件的创建.avi

**绘制步骤**

## 5.1.1 创建六边形基体

**01** 新建文件。启动 SOLIDWORKS2018。单击"标准"工具栏中的"新建"按钮 ，在弹出的"新建 SOLIDWORKS 文件"对话框中选择"零件"按钮 ，然后单击"确定"按钮，创建一个新的零件文件。

**02** 绘制草图。在左侧的"FeatureManager 设计树"中选择"前视基准面"作为绘图基准面。单击"草图"面板中的"多边形"按钮 ⬡，绘制一个多边形，多边形的中心在原点。系统弹出"多边形"属性管理器，如图5-3所示。

在属性管理器中"边数"栏中 ⬢ 输入值 6，选择"内切圆"复选框，在"圆直径"栏中输入值 12mm，然后单击"确定"按钮 ✔。

**03** 拉伸实体。单击"特征"面板中的"拉伸凸台/基体"按钮 🔲，弹出"凸台-拉伸"属性管理器，输入拉伸距离为4.8mm，单击"确定"按钮 ✔，拉伸生成一个4.8mm长的圆柱实体，结果如图5-4所示。

图5-3 "多边形"属性管理器

图5-4 生成的六方体

### 5.1.2 绘制切除棱角所用构造线

**01** 设置基准面。在左侧的"FeatureManager 设计树"中选择"上视基准面"作为绘图基准面。

**02** 绘制中心线。单击"草图"面板中的"中心线"按钮 ✐，绘制一条竖直中心线和水平中心线，结果如图5-5所示。

**03** 转换实体应用。单击"草图"面板中的"转换实体引用"按钮 🔲，将拉伸基体的右侧边线转换为草图直线，如图5-6所示。

图5-5 绘制中心线

图5-6 转换实体应用

**04** 改变直线属性。单击图5-6中的直线，弹出"线条属性"属性管理器，如图5-7所示。在属性管理器中选择"作为构造线"复选框，将直线变成一条构造线。

**05** 绘制构造线。单击"草图"面板中的"直线"按钮 ╱，在弹出的"插入线条"属性管理器中，选择"作为构造线"复选框，绘制一条构造线，标注其位置尺寸，结果如图5-8所示。

图5-7　"线条属性"属性管理器　　　　图5-8　绘制构造线

### 5.1.3　切除六边形棱角

**01** 绘制草图。单击"草图"面板中的"直线"按钮 ╱，拾取两条构造线交点，绘制三角形切除轮廓，标注尺寸，如图5-9所示。

**02** 镜像草图。按住 Ctrl 键，依次拾取图 5-9 中的三角形草图和水平中心线。单击"草图"面板中的"镜像实体"按钮 ⼱，将三角形草图以水平中心线镜像，结果如图 5-10 所示。

图5-9　绘制切除草图　　　　　　　　图5-10　镜像草图

**03** 旋转切除。单击"特征"面板中的"旋转-切除"按钮 ⼰，在弹出的属性管理器中单击"旋转轴"栏，然后拾取图 5-10 中的竖直中心线，其他设置默认，如图 5-11 所示。单击"确定"按钮 ✓。

图5-11 "切除-旋转"属性管理器

### 5.1.4 利用异形孔向导生成螺纹孔

**01** 生成螺纹孔。

❶单击"特征"面板中的"异型孔向导"按钮，弹出"孔规格"属性管理器，如图5-12所示。选择"螺纹孔"，其他设置如图5-12所示，

❷单击"位置"选项，属性管理器如图5-13所示。单击"3D草图"按钮，这时光标变为，此时"草图"面板中的"点"按钮处于被选中状态，单击螺母端面任意位置，单击"草图"面板中的"点"按钮，取消其被选中状态，拖动螺纹孔的中心到螺母端面的中心位置，或者通过标注尺寸进行定位，结果如图5-14所示。

图5-12 "孔规格"属性管理器          图5-13 "孔位置"属性管理器

❸单击"确定"按钮，完成螺纹孔的生成与定位，结果如图5-15所示。

**02** 保存文件。单击"标准"工具栏中的"保存"按钮，将零件文件保存，文件名为"螺母M6"。

图5-14　定位螺纹孔位置　　　　　　图5-15　生成螺纹孔

# 5.2　螺栓类零件的创建

学习螺栓 M6×30 的创建，图 5-16 所示为螺栓 M6×30 的二维工程图。

图5-16　螺栓M6×30的二维工程图

螺栓是连接中使用最广的标准件之一。在机械设计中经常要使用到。绘制螺栓时首先绘制螺栓帽轮廓草图并拉伸生成实体。然后绘制螺栓柱实体，再绘制螺纹牙型草图，绘制螺旋线，最后切除-扫描生成螺纹。图 5-17 所示为螺栓的基本创建过程图。

图5-17　螺栓M6×30零件的建模过程

视频文件\动画演示\第5章\螺栓类零件的创建.avi

绘制步骤

### 5.2.1 创建六边形基体

**01** 新建文件。启动 SOLIDWORKS2018。单击"标准"工具栏中的"新建"按钮□，在弹出的"新建 SOLIDWPRKS 文件"对话框中选择"零件"按钮⬤，然后单击"确定"按钮，创建一个新的零件文件。

**02** 绘制草图。在左侧的"FeatureManager 设计树"中选择"前视基准面"作为绘图基准面，单击"草图"面板中的"多边形"按钮⬡，绘制一个多边形，多边形的中心在原点。系统弹出"多边形"属性管理器，在属性管理器中"边数"栏中⬡输入值 6，选择"外接圆"复选框，在"圆直径"栏⬠中输入值 12，如图 5-18 所示。然后单击"确定"按钮✔。

**03** 拉伸实体。单击"特征"面板中的"拉伸凸台/基体"按钮⬢，此时系统弹出"凸台-拉伸"属性管理器，在"深度"栏⬠中输入 4.2mm，单击"确定"按钮✔，如图 5-19 所示。

图5-18 绘制六边形

图5-19 拉伸生成实体

### 5.2.2 绘制螺栓柱实体

**绘制步骤**

**01** 设置基准面。单击图 5-19 中远离原点的一个端面，然后单击"视图"工具栏中的"正视于"按钮↧，将该表面作为绘制图形的基准面。

**02** 绘制草图。在设置的绘图基准面上，单击"草图"面板中的"圆"按钮⬤，绘制一个圆，此圆与轴段端面六边形同心。标注圆的直径为6mm。

**03** 拉伸实体。单击"特征"面板中的"拉伸凸台/基体"按钮⬢，拉伸生成一个30mm 的实体，结果如图 5-20 所示。

图5-20　拉伸生成螺柱基体

### 5.2.3　绘制切除棱角所用构造线

**01** 设置基准面。在左侧的"FeatureManager 设计树"中选择"上视基准面"作为绘图基准面。

**02** 绘制草图。

❶单击"草图"面板中的"中心线"按钮 ，绘制一条水平中心线，标注与螺栓基体上边线距离为 0.5mm。

❷单击"草图"面板中的"转换实体引用"按钮 ，将螺栓的六角螺帽右边边线转换为草图直线，如图 5-21 中所示直线。再次单击此直线，然后在"直线"属性管理器中的"选项"栏中选择"作为构造线"复选框，将该直线作为构造线。

❸绘制一条斜线，与中心线夹角为30°，再补充绘制一个封闭的三角形，如图 5-22 所示。

图5-21　边线转换为草图直线

图5-22　绘制旋转切除草图

### 5.2.4　切除六边形棱角

**01** 显示临时轴。选择菜单栏中的"视图"→"隐藏/显示"→"临时轴"命令，将螺柱的临时轴显示出来。

**02** 旋转切除实体。单击"特征"面板中的"旋转切除"按钮 ，选择螺柱的临时轴作为旋转轴，其他选项如图 5-23 所示，然后单击"确定"按钮 。将临时轴隐藏，结果如图 5-24 所示。

### 5.2.5　绘制螺纹所用螺旋线

**01** 生成螺旋线。选择螺栓的下端面打开一张草图。单击"草图"面板中的"转换实体引用"按钮，将螺栓的底面轮廓转换为草图直线。

图5-23 旋转切除操作　　　　　　　图5-24 旋转切除后的实体

**02** 单击"特征"面板中的"螺旋线/涡状线"按钮，弹出"螺旋线/涡状线"属性管理器，如图 5-25 所示。在属性管理器中选择定义方式为"高度和圈数"，在参数栏中选择"恒定螺距"，输入高度为12，圈数为12，起始角度为0度，选择方向为"顺时针"，然后单击"确定"按钮。生成螺旋线如图 5-26 所示。

图5-25 "螺旋线/涡状线"属性管理器

图5-26 生成螺旋线

### 5.2.6 绘制扫描用轮廓

**01** 设置基准面。再次在左侧的"FeatureManager 设计树"中选择"上视基准面"作为绘图基准面。

**02** 绘制草图。绘制切除轮廓草图，如图5-27所示。单击右上角的"确定"按钮。

图5-27  切除轮廓草图

### 5.2.7  利用扫描切除生成螺纹实体

**01** 生成螺纹。单击"特征"面板中的"扫描-切除"按钮，弹出"切除-扫描"属性管理器，如图 5-28 所示。在轮廓按钮一栏中选择图形区域中的牙型草图；在路径按钮一栏中选择螺旋线作为路径草图，单击"确定"按钮，结果如图 5-29 所示。

图5-28  "切除-扫描"属性管理器　　　　图5-29  生成螺纹实体

**02** 保存文件。选择菜单栏中的"文件"→"另存为"命令，将零件文件保存，文件名为"螺栓 M6×30"。

## 5.3  螺钉类零件的创建

内六角螺钉的创建与螺栓的创建原理基本相同。下面学习内六角螺钉的创建。图 5-30

所示为内六角螺钉 M6×16 的二维工程图。

图5-30　内六角螺钉的工程图

螺钉在机械零件中最常见了。一般紧固都离不开它。螺钉具有装配拆卸方便，精度高等优点得到广泛应用，是连接中不可缺少的标准件。

螺钉可以看作由两段轴段组成的实体特征。首先绘制螺钉头部轮廓草图并拉伸生成实体。然后绘制螺钉内六角轮廓草图，拉伸切除生成空腔。最后，绘制螺钉的螺柱部分及螺纹。图 5-31 所示为内六角螺钉 M6×16 的基本创建过程。

图5-31　内六角螺钉M6×16的基本创建过程

视频文件\动画演示\第5章\螺钉类零件的创建.avi

绘制步骤

### 5.3.1 创建圆柱形基体

**01** 启动 SOLIDWORKS2018。单击"标准"工具栏中的"新建"按钮 □，在弹出的"新建 SOLIDWORKS 文件"对话框中选择"零件"按钮 ，然后单击"确定"按钮，创建一个新的零件文件。

**02** 绘制草图。在左侧的"FeatureManager 设计树"中选择"前视基准面"作为绘图基准面，单击"草图"面板中的"圆"按钮 ⊙，绘制一个圆，圆的直径为10mm，圆的中心在原点。

**03** 拉伸实体。单击"特征"面板中的"拉伸凸台/基体"按钮 ，拉伸生成一个 6mm 长的圆柱实体。

### 5.3.2 切除生成孔特征

**01** 设置基准面。单击圆柱实体的端面，如图 5-32 所示，然后单击"视图"工具栏中的"正视于"按钮 ，将该表面作为绘制图形的基准面。

**02** 绘制草图。在绘图基准面上，绘制一个圆，圆的直径为5.8mm，与圆柱体同心，如图 5-33 所示。

**03** 拉伸切除实体。单击"特征"面板中的"切除拉伸"按钮 ，此时系统弹出"切除-拉伸"属性管理器，在"深度"一栏中 输入值 3mm，然后单击"确定"按钮 。

图5-32　设置基准面

图5-33　生成草图

### 5.3.3 创建切除圆锥面

**01** 设置基准面。单击刚生成切除拉伸的底面，然后单击"视图"工具栏中的"正视于"按钮 ，将该表面作为绘制图形的基准面并打开一张草图。

**02** 转换实体应用。单击"草图"面板中的"转换实体引用"按钮 ，将拉伸切除生成的内腔的底面边线转换为草图圆，如图 5-33 中所示。

**03** 拉伸切除实体。单击"特征"面板中的"切除-拉伸"按钮 📄，在系统弹出"切除-拉伸"属性管理器，按下"拔模"开关按钮 📦，分别进行图 5-34 所示时设置，然后单击"确定"按钮 ✔，生成切除的圆锥面，结果如图 5-35 所示。

图5-34 "切除-拉伸"属性管理器　　　　图5-35 切除拉伸生成的圆锥面

## 5.3.4 创建内六角孔

**01** 设置基准面。单击螺钉帽的顶面，然后单击"视图"工具栏中的"正视于"按钮 ⬇，将该表面作为绘制图形的基准面并打开一张草图。

**02** 转换实体应用。单击"草图"面板中的"转换实体引用"按钮 📄，将螺钉帽顶面的内侧圆边线转换为草图圆，如图 5-36 中所示。

图5-36 生成草图

**03** 绘制六边形草图。单击"草图"面板中的"多边形"按钮 ⬡，绘制一个多边形，多边形的中心在原点。系统弹出"多边形"属性管理器，在属性管理器中"边数"栏中 ⬡ 输入值 6，选择"内切圆"复选框，在"圆直径" ⬡ 栏中输入值 5mm。然后单击"确定"按钮 ✔。

**04** 拉伸实体。单击"特征"面板中的"拉伸凸台/基体"按钮，在"深度"一栏中输入值 4mm，按下"反向"按钮，然后单击"确定"按钮✔，结果如图 5-37 所示。

**05** 圆角。单击"特征"面板"圆角"按钮，选择螺钉帽顶面的边线，圆角半径设置为 1mm，单击"确定"按钮✔，结果如图 5-38 所示。

图5-37 生成内六角孔

图5-38 圆角

### 5.3.5 创建螺柱部分

**01** 设置基准面。单击螺钉帽的底面，然后单击"前导视图"工具栏中的"正视于"按钮，将该表面作为绘制图形的基准面。

**02** 绘制草图。在基准面上绘制一个圆，圆的直径为 6mm。

**03** 拉伸实体。将圆草图拉伸生成螺钉轮廓实体，拉伸长度为 16mm，结果如图 5-39 所示。

**04** 设置基准面。在左侧的"FeatureManager 设计树"中选择"上视基准面"作为绘图基准面。

### 5.3.6 生成螺纹实体

**01** 绘制草图。绘制切除牙型轮廓草图，如图 5-40 所示。单击右上角的"确定"按钮。

图5-39 螺钉轮廓实体

图5-40 牙型轮廓草图

**02** 转换实体引用。单击"草图"面板中的"转换实体引用"按钮，如图 5-41 所示。将螺钉的底面轮廓转换为草图直线。

**03** 生成螺旋线。单击"特征"面板中的"螺旋线/涡状线"按钮，弹出"螺旋线/

涡状线"属性管理器，在属性管理器中选择定义方式为"高度和螺距"，输入高度为16mm，螺距为1mm，起始角度为0度，选择方向为"顺时针"，然后单击"确定"按钮✔。生成螺旋线如图 5-42 所示。

**04** 生成螺纹。单击"特征"面板中的"扫描切除"按钮⚙，弹出"切除-扫描"属性管理器。在轮廓按钮 ⚙ 一栏中选择图形区域中的牙型草图；在路径按钮 C 一栏中选择螺旋线作为路径草图，单击"确定"按钮⚙，结果如图 5-43 所示。

**05** 保存文件。选择菜单栏中的"文件"→"保存"命令，将零件文件保存，文件名为"螺钉 M6×16"。

图5-41 生成草图　　　　图5-42 生成螺旋线　　　　图5-43 生成螺纹

# 5.4 压紧螺母类零件的创建

下面要做一个管接头类零件——三通，图 5-44 所示为压紧螺母的二维工程图。

图5-44 压紧螺母工程图

压紧螺母在机械中不仅起到压紧的作用，还用于微调等其他用途，广泛应用于密封件上。

压紧螺母兼具有螺母类零件的特点，也具有它自己的特点。一般螺纹孔不是完全贯穿的。首先绘制压紧螺母的轮廓实体，然后利用异型孔向导绘制螺纹孔，绘制内部退刀槽；最后利用圆周阵列绘制 4 个安装孔，绘制通孔，倒角等操作。

整个零件的基本制作过程如图 5-45 所示。

图5-45　压紧螺母零件的建模过程

视频文件\动画演示\第5章\压紧螺母类零件的创建.avi

绘制步骤

### 5.4.1　创建圆柱形基体

**01** 启动 SOLIDWORKS2018。单击"标准"工具栏中的"新建"按钮 ，在弹出的"新建 SOLIDWORKS 文件"对话框中选择"零件"按钮 ，然后单击"确定"按钮，创建一个新的零件文件。

**02** 绘制草图。在左侧的"FeatureManager 设计树"中选择"前视基准面"作为绘图基准面，单击"草图"面板中的"圆"按钮 ，绘制一个圆，圆心在原点，标注其直径尺寸为 35mm。

图5-46　拉伸生成实体

**03** 拉伸实体。单击"特征"面板中的"拉伸凸台/基体"按钮 ，此时系统弹出"凸台-拉伸"属性管理器，在"深度"一栏中 输入值 16mm，然后单击"确定"按钮 ，结果如图 5-46 所示。

### 5.4.2 利用异形孔向导生成螺纹孔

**01** 生成螺纹孔。单击"特征"面板中的"异型孔向导"按钮，弹出"孔规格"属性管理器，如图 5-47 所示。选择"螺纹孔"，其他设置如图 5-47 所示。

**02** 单击"位置"选项，属性管理器如图 5-48 所示。单击"3D 草图"按钮，这时光标变为，此时"草图"面板中的"点"按钮处于被选中状态，单击拉伸实体左端面任意位置，单击"草图"面板中的"点"按钮，取消其被选中状态，结果如图 5-49 所示。

图5-47 "孔规格"属性管理器　　　图5-48 "孔位置"属性管理器　　　图5-49 放置螺纹孔

**03** 添加螺纹孔几何关系。单击"草图"面板中的"添加几何关系"按钮，选择图 5-50 中绘制的螺纹孔的中心点和实体端面的边线，在"添加几何关系"属性管理器中单击"同心"，定位螺纹孔的位置在拉伸实体的中心。然后单击"确定"按钮。

由于螺纹孔是盲孔，在底部存在一个圆锥孔，如图 5-51 所示。在后面设计过程中会将圆锥孔消除掉。

图5-50　添加螺纹孔几何关系

图5-51　螺纹孔底部的圆锥孔

### 5.4.3　创建螺纹孔底面

**01** 绘制草图。单击拉伸实体的另一个端面，将其作为绘图基准面。单击"草图"面板中的"转换实体引用"按钮，将其边线转换为草图，如图5-52所示。

**02** 拉伸实体。单击"特征"面板中的"拉伸凸台/基体"按钮，在"凸台-拉伸"属性管理器中单击"反向"按钮，在"深度"一栏中输入值 4mm，然后单击"确定"按钮。

为了清晰看到实体内部轮廓，单击"视图"工具栏中的"隐藏线可见"按钮，可以显示实体所有边线，如图 5-53 所示。

图5-52　实体转换为草图

### 5.4.4　旋转生成退刀槽

**01** 设置基准面。在左侧的"FeatureManager 设计树"中选择"右视基准面"作为绘图基准面。

**02** 绘制草图。单击"草图"面板中的"边角矩形"按钮，绘制一个矩形，如图5-54所示。拉伸矩形的长度将圆锥面覆盖。

**03** 添加矩形几何关系。单击"草图"面板"显示/删除几何关系"下拉列表中的"添加几何关系"按钮，分别添加图 5-54 中的矩形边线与实体内部边线"共线"几何关系，如图 5-54 所示。

图5-53　显示实体所有边线

图5-54　绘制矩形

**04** 显示临时轴。选择菜单栏中的"视图"→"隐藏/显示"→"临时轴"命令，将实体的临时轴显示出来。

**05** 旋转切除实体。单击"特征"面板中的"旋转切除"按钮🔲，选择实体的中心临时轴作为旋转轴，利用"矩形"草图进行旋转切除。单击"确定"按钮✔，结果如图5-55所示。

**06** 恢复实体上色。单击"视图"工具栏中的"带边线上色"按钮🔲，将实体上色。如图5-56所示。

图5-55 旋转切除

图5-56 实体带边线上色

## 5.4.5 打孔

**01** 设置基准面。在左侧的"FeatureManager 设计树"中再次选择"右视基准面"作为绘图基准面。

**02** 绘制草图。单击"草图"面板中的"圆"按钮⊙，绘制一个圆，如图5-57所示。

**03** 拉伸切除实体。单击"特征"面板中的"拉伸切除"按钮🔲，在弹出"切除-拉伸"属性管理器中 "终止条件"一栏中选择"完全贯通"，然后单击"确定"按钮✔，结果如图5-58所示。

图5-57 绘制圆草图

图5-58 拉伸切除实体

## 5.4.6 阵列孔特征

单击"特征"面板中的"圆周阵列"按钮🎮。在"圆周阵列"属性管理器中的选择"阵列轴"栏，然后选择零件实体的压紧螺母实体中心的临时轴；在实例数栏中🎮输入值4；选择"等间距"复选框；选择"要阵列的特征"栏，然后选择图 5-58 中的拉伸切除实体，进行圆周阵列，如图5-59所示。然后单击"确定"按钮✔。

图5-59　圆周阵列

### 5.4.7　绘制通孔、倒角

**01** 绘制压紧螺母通孔。在压紧螺母底面绘制一个圆，直径为 16mm，进行拉伸切除操作，结果如图 5-60 所示。

**02** 倒角。单击"特征"面板"倒角"按钮，依次选择零件的两条外边线进行倒角操作，如图 5-61 所示。然后单击"确定"按钮。

图5-60　绘制中间通孔　　　　　　　　　　图5-61　倒角

**03** 隐藏临时轴。选择菜单栏中的"视图"→"隐藏/显示"→"临时轴"命令，将实体的临时轴隐藏。

**04** 保存文件。单击"标准"工具栏中的"保存"按钮📋，将零件文件保存，文件名为"压紧螺母"，结果如图 5-62 所示。

图5-62 压紧螺母

## 5.5 管接头类零件的创建

下面要做一个管接头类零件——三通，图 5-63 所示为三通的二维工程图。

三通是机械产品中经常用到的零件，作为一种转接结构广泛用于水气管路中。

三通是非常典型的拉伸类零件，三通的所有基本造型用拉伸的方法可以很容易地创建。拉伸特征是将一个用草图描述的截面，沿指定的方向（一般情况下是沿垂直于截面方向）延伸一段距离后所形成的特征。拉伸是 SOLIDWORKS 模型中最常见的类型，具有相同截面、有一定长度的实体，如长方体、圆柱体等都可以由拉伸特征来形成。

图5-63 三通工程图

整个零件的基本制作过程如图 5-64 所示。

图5-64 三通零件的建模过程

视频文件\动画演示\第5章\管接头类零件的创建.avi

绘制步骤

### 5.5.1 创建长方形基体

**01** 启动 SOLIDWORKS2018。单击"标准"工具栏中"新建"按钮，在弹出"新建 SOLIDWORKS 文件"对话框中选择"零件"按钮，单击"确定"按钮，创建一个新的零件文件。

**02** 绘制草图。在"FeatureManager 设计树"中选择"前视基准面"作为绘图基准面，单击"草图"面板中的"草图绘制"按钮，将其作为草绘平面。

**03** 绘制草图。单击"草图"面板中的"中心矩形"按钮，绘制一个矩形，尽量以坐标原点为中心，不必追求绝对的中心，只要几何关系正确就行。

图5-65 长方形基体的拉伸草图轮廓　　　　图5-66 设置拉伸参数

**04** 标注尺寸。单击"草图"面板中的"智能尺寸"按钮，标注草图矩形轮廓的实际尺寸，如图 5-65 所示。这里以坐标原点作为矩形的中心，是将坐标原点作为一个基准，在将来的拉伸建模过程中可以带来很大的方便。

**05** 拉伸实体。单击"特征"面板中的"拉伸凸台/基体"按钮 ，设置拉伸终止条件为"两侧对称"；在按钮 右侧的微调框中指定拉伸深度为 23mm，其他选项保持不变，如图 5-66 所示。单击"确定"按钮 ，完成长方形基体的创建，如图 5-67 所示。

### 5.5.2 创建通径10mm的喇叭口基体

**01** 选择长方形基体上 34mm×24mm 面，单击"草图"面板中的"草图绘制"按钮 ，在其上创建草图。

图5-67 长方形基体

**02** 绘制草图。单击"草图"面板中的"圆" 按钮 ，以坐标原点为中心绘制一圆。这时，就可以认识到坐标原点实际上也是矩形 34mm×24mm 的中心点。

**03** 标注尺寸。单击"草图"面板中的"智能尺寸"按钮 ，标注圆的直径尺寸为 16mm。

**04** 拉伸实体。单击"特征"面板中的"拉伸凸台/基体"按钮 ，设置终止条件为"给定深度"，在按钮 右侧的微调框中指定拉伸深度为 2.5mm，其他选项保持不变，如图 5-68 所示。单击"确定"按钮 ，从而生成退刀槽。

**05** 选择退刀槽的平面，单击"草图"面板中的"草图绘制"按钮 ，在其上新建一草图。

**06** 绘制草图。单击"草图"面板中的"圆"按钮 ，以坐标原点为圆心绘制一圆。

**07** 标注尺寸。单击"草图"面板"显示/删除几何关系"下拉列表中的"智能尺寸"按钮 ，标注圆的直径尺寸为20mm。

**08** 拉伸实体。单击"特征"面板中的"拉伸凸台/基体"按钮 ，设置终止条件为给定深度；在按钮 右侧的微调框中指定拉伸深度为 12.5mm，其他选项保持不变。单击"确定"按钮 ，生成喇叭口的基体，如图 5-69 所示。

### 5.5.3 创建通径4mm的喇叭口基体

**01** 选择长方形基体上的 24mm×23mm 的面，单击"草图"面板中的"草图绘制" 按钮 ，在其上创建草图。

**02** 绘制草图。单击"草图"面板中的"圆"按钮 ⊙ ，以坐标原点为中心绘制一圆。

**03** 标注尺寸。单击"草图"面板中的"智能尺寸"按钮 ◆ ，标注圆的直径尺寸为10mm。

**04** 拉伸实体。单击"特征"面板中的"拉伸凸台/基体"按钮 ⊚ ，设置终止条件为"给定深度"，在按钮 ⏁ 右侧的微调框中指定拉伸深度为 2.5mm，其他选项保持不变。单击"确定"按钮 ✔ ，生成退刀槽，如图 5-70 所示。

**05** 选择退刀槽的平面，单击"草图"面板中的"草图绘制"按钮 ⌐ ，在其上新建一草图。

图5-68　设置拉伸参数　　　　　　　　　　　　　图5-69　喇叭口基体

**06** 绘制草图。单击"草图"面板中的"圆"按钮 ⊙ ，以坐标原点为圆心绘制一圆。

**07** 标注尺寸。单击"草图"面板中的"智能尺寸"按钮 ◆ ，标注圆的直径尺寸为12mm。

**08** 拉伸实体。单击"特征"面板中的"拉伸凸台/基体"按钮 ⊚ ，设置终止条件为给定深度；在按钮 ⏁ 右侧的微调框中指定拉伸深度为 11.5mm，其他选项保持不变。单击"确定"按钮 ✔ ，生成喇叭口的基体，如图 5-71 所示。

图5-70　退刀槽　　　　　　　　　　　　　图5-71　喇叭口基体

### 5.5.4　创建通径10mm的球头基体

**01** 选择长方形基体上的 24mm×23mm 的另一个面，单击"草图"面板中的"草图绘制"按钮 ⌐ ，在其上创建草图。

**02** 绘制草图。单击"草图"面板中的"圆"按钮⊙，以坐标原点为中心绘制一圆。

**03** 标注尺寸。单击"草图"面板中的"智能尺寸"按钮❮，标注圆的直径尺寸为17mm。

**04** 拉伸实体。单击"特征"面板中的"拉伸凸台/基体"按钮⬛，设置终止条件为"给定深度"，在按钮❄右侧的微调框中指定拉伸深度为 2.5mm，其他选项保持不变。单击"确定"按钮✔，生成退刀槽，如图 5-72 所示。

**05** 选择退刀槽的平面，单击"草图"面板中的"草图绘制"按钮⌐，在其上新建一草图。

**06** 绘制草图。单击"草图"面板中的"圆"按钮⊙，以坐标原点为圆心绘制一圆。

**07** 标注尺寸。单击"草图"面板中的"智能尺寸"按钮❮，标注圆的直径尺寸为20mm。

**08** 拉伸实体。单击"特征"面板中的"拉伸凸台/基体"按钮⬛，设置终止条件为给定深度；在按钮❄右侧的微调框中指定拉伸深度为 12.5mm，其他选项保持不变。单击"确定"按钮✔，生成球头螺柱的基体，如图 5-73 所示。

图5-72　退刀槽

图5-73　螺柱基体

**09** 选择球头螺柱基体的外侧面，单击"草图"面板中的"草图绘制"按钮⌐，在其上新建一草图。

**10** 绘制草图。单击"草图"面板中的"圆"按钮⊙，以坐标原点为圆心绘制一圆。

**11** 标注尺寸。单击"草图"面板中的"智能尺寸"按钮❮，标注圆的直径尺寸为15mm。

**12** 拉伸实体。单击"特征"面板中的"拉伸凸台/基体"按钮⬛，设置终止条件为给定深度；在按钮❄右侧的微调框中指定拉伸深度为 5mm，其他选项保持不变。单击"确定"按钮✔，生成球头的基体，如图 5-74 所示。

图5-74　球头基体

### 5.5.5 打孔

**01** 新建草图。选择通径 10mm 的喇叭口的基体平面，单击"草图"面板中的"草图绘制"按钮 □，在其上新建草图。

**02** 绘制草图。单击"草图"面板中的"圆"按钮 ⊙，以坐标原点为圆心绘制一圆，作为拉伸切除孔的草图轮廓。

**03** 标注尺寸。单击"草图"面板中的"智能尺寸"按钮 ◆，标注圆的直径尺寸为 10mm。

**04** 拉伸切除实体。单击"特征"面板中的"拉伸切除"按钮 ⑩，系统弹出"切除-拉伸"属性管理器，设定终止条件为"给定深度"，在按钮 ⑩右侧的微调框中指定拉伸深度为 26mm，其他选项保持不变，如图 5-75 所示。单击"确定"按钮 ✔，完成通径 10mm 拉伸切除孔的生成。

**05** 新建草图。选择球头上直径为 15mm 的端面，单击"草图"面板中的"草图绘制"按钮 □，在其上新建一草图。

**06** 绘制草图。单击"草图"面板中的"圆"按钮 ⊙，以坐标原点为圆心绘制一圆，作为拉伸切除孔的草图轮廓。

**07** 标注尺寸。单击"草图"面板中的"智能尺寸"按钮 ◆，标注圆的直径尺寸为 10mm。

**08** 拉伸切除实体。单击"特征"面板中的"拉伸切除"按钮 ⑩，系统弹出"切除-拉伸"属性管理器，设定终止条件为"给定深度"，在按钮 ⑩右侧的微调框中指定拉伸深度为 39mm，其他选项保持不变。单击"确定"按钮 ✔，完成通径 10mm 拉伸切除孔的生成，如图 5-76 所示。

图5-75  设置拉伸切除参数          图5-76  通径为10mm的孔

**09** 新建草图。选择通径 12mm 喇叭口的端面，单击"草图"面板中的"草图绘制"按钮凵，在其上新建一草图。

**10** 绘制草图。单击"草图"面板中的"圆"按钮 ⊙，以坐标原点为圆心绘制一圆，作为拉伸切除孔的草图轮廓。

**11** 标注尺寸。单击"草图"面板中的"智能尺寸"按钮 ⚲，标注圆的直径尺寸为4mm。

**12** 拉伸切除实体。单击"特征"面板中的"拉伸切除"按钮 ▣，系统弹出"切除-拉伸"属性管理器。设定终止条件为"完全贯穿"，其他选项保持不变，如图 5-77 所示。单击"确定"按钮✔，完成通径 4mm 拉伸切除孔的生成。

到此，孔的建模就完成了。为了更好地观察所打孔的正确性，用剖视来观察三通模型。单击"视图布局"工具栏中的"剖面视图"按钮 ▥，在"剖面视图"属性管理器中选择"上视基准面"作为"参考剖面"，其他选项保持不变，如图 5-78 所示。单击"确定"按钮✔，从而完成以剖面视图观察模型的效果。完成效果图如图 5-79 所示。

图5-77 设置切除拉伸参数          图5-78 设置剖面观察

图5-79 剖视图

### 5.5.6  创建喇叭口的工作面

**01** 生成倒角特征 1。在图形区域中选择通径 10mm 喇叭口的内径边线。单击"特征"面板中的"倒角"按钮⬦，在按钮🔧右侧的微调框中设置倒角的距离度为 3mm；在按钮↘右侧的微调框中设置倒角角度为 60°；其他选项保持不变，单击"确定"按钮✔，从而创建通径 10mm 的密封工作面。图 5-80 所示为倒角设置参数及倒角特征完成后效果图。

**02** 生成倒角特征 2。在图形区域中选择通径 4mm 喇叭口的内径边线。单击"特征"面板中的"倒角"按钮⬦，在按钮🔧右侧的微调框中设置倒角的距离度为 2.5mm；在按钮↘右侧的微调框中设置倒角角度为 60°；其他选项保持不变，如图 5-81 所示。单击"确定"按钮✔，从而创建通径 4mm 的密封工作面。

图5-80  设置倒角参数及倒角后图

图5-81  设置倒角参数

### 5.5.7  创建球头的工作面

**01** 新建草图。在"FeatureManager 设计树"中选择"上视基准面"，单击"草图"面板中的"草图绘制"按钮⌐，在其上新建一草图。

**02** 绘制中心线。单击"视图"工具栏中的"正视于"按钮↧，从而正视于该草绘平面。单击"草图"面板中的"中心线"按钮🖊，绘制一条通过坐标原点的水平中心线，作为旋转中心轴。

**03** 创建剖面视图。单击"视图布局"工具栏中的"剖面视图"按钮▦，取消剖面视图观察。这样做是为了可以将模型中的边线投影到草绘平面上，剖面视图上的边线是不能被转换实体应用的。

**04** 选择球头上最外端的拉伸凸台的左上角的两条轮廓线，单击"草图"面板中的"转换实体引用"按钮⬠，将该轮廓线投影到草图中。

**05** 绘制草图。单击"草图"面板中的"圆"按钮⊙，绘制一圆。

**06** 标注尺寸。单击"草图"面板中的"智能尺寸"按钮↖，为该圆定位，并标注圆的直径为 12mm，草图如图 5-82 所示。

图5-82　草图

**07** 裁剪图形。单击"草图"面板中的"剪裁实体"按钮 ⚒，将草图中的部分多余线段剪裁掉，留下的旋转切除轮廓如图 5-82 所示。

**08** 单击"特征"面板中的"旋转切除"按钮 🔟，其参数设置如图 5-83 所示。单击"确定"按钮 ✔，从而生成球头的工作面。

图5-83　设置旋转切除参数

### 5.5.8　创建工艺倒角和圆角特征

**01** 创建剖面视图。单击"视图布局"工具栏中的"剖面视图"按钮 🔲，选择"上视基准面"作为参考剖面观察视图。

**02** 生成倒角特征。单击"特征"面板中的"倒角"按钮 🔷，在按钮 🔷 右侧的微调框中设置倒角距离为 1mm；在按钮 📐 右侧的微调框中设置倒角角度为 45 度，其他选项保持不变。选择三通中需要倒 C1 角的边线，如图 5-84 所示。单击"确定"按钮 ✔，生成倒角。

**03** 生成圆角特征。单击"特征"面板中的"圆角"按钮 🔷，在按钮 ⟋ 右侧的微调框中设置圆角的半径为 0.8mm；其他选项如图 5-85 所示。在图形区域中选择要生成 R0.8mm 圆角的三条边线。单击"确定"按钮 ✔，生成圆角。

### 5.5.9　创建螺纹特征

螺纹是轴的常见结构。对于标准的三角齿螺纹，SOLIDWORKS 有很好的直接生成功能；对于特种螺纹（如梯形、矩形或者锯齿形螺纹）则需要用扫描-切除的方法专门创建。

标准螺纹是没有必要"造型"的，因为相关的装配、配合和连接，已经极其成熟可靠，不必重新设计、也不必对现有规则作验证。所以在 SOLIDWORKS 中，这样的螺纹仅仅是确定设计数据，在显示表达上作了"螺纹贴图"，看起来像，而没有真正"切削"出螺纹牙齿。这样做是相当合理的。在 SOLIDWORKS 中，这种螺纹贴图称为"装饰螺纹线"。

图5-84　设置倒角参数　　　　　　　　图5-85　设置圆角参数

**01** 创建剖面视图。单击"视图布局"工具栏中的"剖面视图"按钮，取消剖面视图观察。

**02** 创建装饰螺纹线。选择菜单栏中的"插入"→"注解"→"装饰螺纹线"命令，弹出"装饰螺纹线"属性管理器。选择通径 10mm 喇叭口的直径为 20mm 的外廓圆边线作为螺纹的圆形边线；在终止条件下拉菜单中选择"成形到下一面"；在按钮右侧的微调框中设置装饰螺纹线的次要直径为18.5mm，其他选项如图5-86所示。单击"确定"按钮，生成装饰螺纹线。

**03** 创建装饰螺纹线。选择菜单栏中的"插入"→"注解"→"装饰螺纹线"命令，选择球头中直径为 20mm 的外廓圆边线作为螺纹的圆形边线；在终止条件下拉菜单中选择"成形到下一面"；在按钮右侧的微调框中设置装饰螺纹线的次要直径为 18.5mm，其他选项如图 5-87 所示。单击"确定"按钮，生成装饰螺纹线。

**04** 创建装饰螺纹线。选择菜单栏中的"插入"→"注解"→"装饰螺纹线"命令，选择通径 4mm 的喇叭口中直径为 12mm 的外廓圆边线作为螺纹的圆形边线；在终止条件下拉菜单中选择"成形到下一面"；在按钮右侧的微调框中设置装饰螺纹线的次要直径为

11mm。单击"确定"按钮✓生成装饰螺纹线,如图 5-88 所示。

图5-86　设置装饰螺纹线参数　　　　　　　图5-87　设置装饰螺纹线参数

图5-88　设置装饰螺纹线参数

## 5.5.10　创建保险孔

**01** 创建基准面1。单击"特征"面板中的"基准面"按钮🗔,在右侧的图形区域中选择图 5-89 示的长方体面和边线;单击"两面夹角"按钮🗔,在右侧的微调框中设置角度为 45 度。单击"确定"按钮✓,创建通过所选长方体边线并与所选基面成 45 度角的参考基准面。

**02** 新建草图。选择生成的"基准面 1",单击"草图"面板中的"草图绘制"按钮💢,在其上新建草图。

**03** 绘制草图。单击"视图"工具栏中的"正视于"按钮⬦,正视于草图平面,方便草图绘制。单击"草图"面板中的"圆"按钮⊙,绘制两圆。

**04** 标注尺寸。单击"草图"面板中的"智能尺寸"按钮⬦,为圆标注直径为 1.2mm 并定位,如图 5-90 所示。

**05** 拉伸切除实体。单击"特征"面板中的"拉伸切除"按钮🗔,系统弹出"切除-拉伸"属性管理器,选择终止条件为"两侧对称";在按钮🗔右侧的微调框中设置拉伸深度为 20mm;如图 5-91 所示。单击"确定"按钮✓,创建两个保险孔。

**06** 镜像特征。单击"特征"面板中的"镜像"按钮🗔,弹出"镜像"属性管理器。

在 "镜像面/基准面" 文本框中选择 "前视基准面" 作为镜像面；点击按钮 右侧的显示栏，在右侧图形区域中选择生成保险孔作为要镜像的特征；其他选项如图 5-92 所示。单击 "确定" 按钮 。

图5-89　设置参考基准面

图5-90　保险孔草图

**07** 镜像特征。单击 "特征" 面板中的 "镜像" 按钮 ，弹出 "镜像" 属性管理器，在 "镜像面/基准面" 选项框中选择 "上视基准面" 作为镜像面；点击按钮 右侧的显示栏，在右侧图形区域中选择保险孔特征和对应的镜像特征，如图 5-93 所示。单击 "确定" 按钮 ，完成保险孔特征的镜像。

**08** 单击 "标准" 工具栏中的 "保存" 按钮 ，将零件保存为 "三通.sldprt"。使用旋转观察功能，最后结果如图 5-94 所示。

图5-91　设置拉伸切除参数

图5-92　设置镜像参数

图5-93　设置镜像参数

图5-94　三通

第 **6** 章

## 盘盖类零件设计

　　盘盖类零件是比较常见的机械零件, 其结构参数需要根据具体的情况进行设计, 有些零件, 如法兰盘, 可以通过查《机械设计手册》和具体情况结合确定基本参数。

　　本章主要介绍法兰盘、阀盖的绘制过程与标注。

◎ 齿轮泵前盖的创建

◎ 齿轮泵后盖的创建

◎ 法兰盘的创建

# 6.1 齿轮泵前盖的创建

本例绘制齿轮泵的前盖。图 6-1 所示为齿轮泵前盖的二维工程图。

图6-1 齿轮泵前盖的工程图

齿轮泵前盖属于箱体类零件。此类零件的内外形均较复杂，主要结构是由均匀的薄壁围成不同形状的空腔，空腔壁上还有多方向的孔，以达到容纳和支承的作用。另外，具有强肋、凸台、凹坑、铸造圆角、拔模斜度等常见结构。我们首先绘制齿轮泵的前盖，接下来再介绍齿轮泵的前盖。绘制前盖时首先绘制前盖的轮廓草图并拉伸实体，然后绘制齿轮安装孔，再通过圆周阵列/镜像等操作绘制螺钉通孔，最后进行圆角。图 6-2 所示为齿轮泵前盖的基本创建过程。

图6-2 齿轮泵前盖的建模过程

视频文件\动画演示\第6章\齿轮泵前盖的创建.avi

## 6.1.1 创建齿轮泵前盖基体

**01** 启动 SOLIDWORKS2018，单击"标准"工具栏中的"新建"按钮，在弹出的"新建 SOLIDWORKS 文件"对话框中选择"零件"按钮，然后单击"确定"按钮，创建一个新的零件文件。

**02** 绘制草图。在左侧的"FeatureMannger 设计树"中选择"前视基准面"作为绘图基准面，然后单击"草图"面板中的"中心矩形"按钮和"三点圆弧"按钮，绘制草图，如图 6-3 所示。

**03** 拉伸实体。单击"特征"面板中的"拉伸凸台/基体"按钮，系统弹出"拉伸"属性管理器，在"深度"一栏中输入值 9mm，单击"确定"按钮，结果如图 6-4 所示。

图6-3 绘制草图

图6-4 拉伸实体

**04** 绘制草图。

❶单击图 6-4 中拉伸实体的左端面，将其作为绘图基准面。单击"草图"面板中的"转换实体引用"按钮，将其边线转换为草图。

❷单击"草图"面板中的"等距实体"按钮，弹出"等距实体"属性管理器，在属性管理器"等距距离"栏中输入值 12mm，其他设置如图 6-5 所示。单击实体边线草图，然后单击"确定"按钮，结果如图 6-6 所示。

❸单击"草图"面板中的"剪裁实体"按钮，将实体的轮廓草图边线删除掉，只保留内部的等距线条。

**05** 拉伸实体。单击"特征"面板中的"拉伸凸台/基体"按钮，拉伸生成 7mm 的凸台，结果如图 6-7 所示。

## 6.1.2 创建齿轮安装孔

**01** 绘制草图。将实体的较大表面设置为绘图基准面，绘制两个圆，如图 6-8 所示。

**02** 添加几何关系。单击"草图"面板"显示/删除几何关系"下拉列表中的"添加几何关系"按钮，分别拾取圆草图和实体圆弧轮廓边线，在属性管理器中单击"同心"按钮，对两个圆添加同心约束，如图 6-9 所示。

图6-5 "等距实体"属性管理器　　　图6-6 绘制的等距线条　　　图6-7 拉伸实体

**03** 拉伸切除实体。单击"特征"面板中的"拉伸切除"按钮▣，在弹出的"切除-拉伸"属性管理器中设置拉伸切除深度为11mm，单击"确定"按钮✓，结果如图 6-10 所示。

图6-8 绘制圆草图　　　　图6-9 添加"同心"几何关系　　　　图6-10 拉伸切除实体

## 6.1.3 创建销孔和螺钉孔

**01** 设置基准面。单击图 6-11 中的平面，然后单击"视图"工具栏中的"正视于"按钮↓，将该表面作为绘制图形的基准面。

**02** 绘制构造线。单击"草图"面板中的"圆"按钮⊙和"直线"按钮✐，在其属性管理器中选择"作为构造线"，绘制图 6-11 所示的草图。

**03** 绘制销孔草图。单击"草图"面板中的"圆"按钮⊙，在 45°构造线和圆构造线交点绘制两个圆，如图 6-12 所示。

**04** 拉伸切除实体。单击"特征"面板中的"拉伸切除"按钮▣，进行完全贯通拉伸切除，结果如图 6-13 所示

**05** 拉伸切除安装孔。以零件实体的环形平面作为基准面，绘制安装孔的草图，孔的尺寸如图6-14所示。然后进行拉伸切除，生成螺钉通孔，如图6-15所示。

图6-11　绘制构造线草图　　　　　　　　图6-12　绘制销孔草图

图6-13　拉伸切除生成销孔　　　图6-14　螺钉通孔尺寸　　　图6-15　拉伸切除生成螺钉通孔

**06** 圆周阵列实体。选择菜单栏中的"视图"→"临时轴"命令，将实体的临时轴显示出来。单击"特征"面板"圆周阵列"按钮，弹出"圆周阵列"属性管理器，在阵列轴选项栏中，拾取相应的临时轴。输入角度值180度，输入实例数3；在要阵列的特征选项栏中，通过设计树选择螺钉通孔特征，如图6-16所示。然后单击"确定"按钮。

图6-16　圆周阵列实体　　　　　　　　　图6-17　镜像实体

**07** 镜像实体。单击"特征"面板"镜像"按钮，弹出"镜像"属性管理器，在"镜像面/基准面"选项框中，选择"FeatureManager 设计树"中的"上视基准面"选项；镜像的特征选项栏中，在设计树中选择螺钉通孔的阵列（圆周）1，如图 6-17 所示。然后单击"确定"按钮✔。

### 6.1.4　创建圆角

**01** 圆角。单击"特征"面板"圆角"按钮📦，依次选择图 6-18 中的边线 1、3，圆角半径为 2mm，单击"确定"按钮✔。

**02** 重复上述操作，将边线 2 倒圆角，圆角半径为 1.5mm，结果如图 6-19 所示。

图6-18　圆角边线

图6-19　圆角

**03** 保存文件。单击"标准"工具栏中的"保存"按钮🖫，将零件文件保存，文件名为"齿轮泵前盖"。

## 6.2　齿轮泵后盖的创建

下面学习齿轮泵后盖的创建。图 6-20 所示为齿轮泵后盖的二维工程图。

图6-20　齿轮泵后盖的工程图

齿轮泵后盖也是典型的盘盖类零件。绘制齿轮泵后盖时首先绘制后盖的主体轮廓草图并拉伸实体，然后绘制螺纹实体，再绘制切除草图进行切除实体。最后，绘制螺钉连接孔，进行阵列和镜像操作生成实体。

　　图 6-21 所示为齿轮泵后盖的基本创建过程。

图6-21　齿轮泵后盖的建模过程

视频文件\动画演示\第6章\齿轮泵后盖的创建.avi

**绘制步骤**

### 6.2.1　创建齿轮泵后盖主体

　　**01** 启动 SOLIDWORKS，单击"标准"工具栏中的"新建"按钮 □，在弹出的"新建 SOLIDWORKS 文件"属性管理器中选择"零件"按钮 ，然后单击"确定"按钮，创建一个新的零件文件。

　　**02** 绘制草图。在左侧的"FeatureMannger 设计树"中选择"前视基准面"作为绘图基准面，然后单击"草图"面板中的"圆"按钮 ⊙，绘制一个圆，圆的中心在原点。

　　**03** 标注尺寸。单击"草图"面板中的"智能尺寸"按钮 ，标注圆的直径，结果如图 6-22 所示。

　　**04** 绘制草图。单击"草图"面板中的"圆"按钮 ⊙，绘制另外一个圆，标注圆的直径为 56mm，标注两个圆的中心距为 28.76mm，结果如图 6-23 所示。

**05** 绘制切线。单击"草图"面板中的"直线"按钮 ╱，绘制两个圆的切线，结果如图 6-24 所示。

图6-22　标注的草图　　　　图6-23　绘制圆　　　　图6-24　绘制切线

**06** 剪裁草图。单击"草图"面板中"剪裁实体"按钮 ╳，弹出"剪裁"属性管理器，如图 6-25 所示。在属性管理器中选择"剪裁到最近端"选项 ┼，剪裁草图后结果如图 6-26 所示。

**07** 拉伸实体。单击"特征"面板中的"拉伸凸台/基体"按钮 ▦，此时系统弹出"拉伸"属性管理器，在"深度"一栏 ❖ 中输入值 9mm，然后单击"确定"按钮 ✓，结果如图 6-27 所示。

**08** 设置基准面。单击图 6-28 中的表面，然后单击"视图"工具栏中的"正视于"按钮 ⊥，将该表面作为绘制图形的基准面。

**09** 绘制草图。在图 6-28 中所选基准面上绘制草图，如图 6-29 所示。

**10** 拉伸实体。单击"特征"面板中的"拉伸凸台/基体"按钮 ▦，此时系统弹出"凸台-拉伸"属性管理器，在"深度"一栏 ❖ 中输入值 7mm，然后单击"确定"按钮 ✓，结果如图 6-30 所示。

图6-25　"剪裁"属性管理器　　　　图6-26　剪裁草图　　　　图6-27　拉伸实体

**11** 拉伸实体。重复上述操作，拉伸两个圆柱实体，分别为直径 25mm，高度 3mm；直径 27mm，高度 11mm，如图 6-31 所示。

图6-28 设置基准面

图6-29 绘制草图

图6-30 拉伸后的图形

### 6.2.2 创建螺纹

**01** 绘制螺旋线。

❶单击图6-31中的表面1,单击"视图"工具栏中的"正视于"按钮，将该表面作为绘制图形的基准面。单击"草图"面板中的"草图绘制"按钮，激活"转换实体引用"按钮，单击此按钮,将1面的边线转换为草图实体,如图6-32所示。

图6-31 拉伸实体

图6-32 将边线转换为草图实体

❷单击"特征"面板中的"螺旋线/涡状线"按钮，弹出"螺旋线/涡状线"属性管理器，如图6-33所示。在属性管理器中选择定义方式为"螺距和圈数",输入螺距为1.5mm,圈数为8,起始角度为270度,选择方向为"顺时针",然后单击"确定"按钮。生成螺旋线如图6-34所示。

图6-33 "螺旋线/涡状线"属性管理器

图6-34 绘制螺旋线

**02** 设置基准面。在左侧的"FeatureMannger 设计树"中选择"右视基准面"作为绘图基准面，然后单击"视图"工具栏中的"正视于"按钮⊥，将该表面作为绘制图形的基准面，如图 6-35 所示。

**03** 绘制草图。单击"视图"工具栏中的"局部放大"按钮🔍，将绘图区域局部放大，绘制螺纹牙型草图，尺寸如图 6-36 所示。单击"标准"工具栏中"重建模型"按钮●。

图6-35 设置基准面

图6-36 绘制牙型草图

**04** 绘制螺纹。单击"特征"面板中的"扫描切除"按钮🗲，弹出"切除-扫描"属性管理器，在轮廓按钮⌒一栏中选择图形区域中的牙型草图；在路径按钮⌒一栏中选择螺旋线作为路径草图，单击"确定"按钮✔，结果如图 6-37 所示。

**05** 绘制切除草图。选择"螺纹实体"端面作为绘图基准面，然后单击"视图"工具栏中的"正视于"按钮⊥，将该表面作为绘制图形的基准面。单击"草图"面板中的"圆"按钮⊙，绘制圆，标注圆的直径为 20mm，如图 6-38 所示。

**06** 拉伸切除实体。单击"特征"面板中的"拉伸切除"按钮🗔，此时系统弹出"切除-拉伸"属性管理器，在"深度"一栏🗝中输入值 11mm，然后单击"确定"按钮✔。

图6-37 绘制螺纹实体

图6-38 绘制草图

## 6.2.3 创建安装轴孔

**01** 绘制切除草图。选择此零件的大端面作为绘图基准面，然后单击"视图"工具栏中的"正视于"按钮⊥，将该表面作为绘制图形的基准面。单击"草图"面板中的"圆"按钮⊙，绘制一个圆，标注圆的直径为 16mm，如图 6-39 所示。

**02** 拉伸切除实体。单击"特征"面板中的"拉伸切除"按钮🗔，此时系统弹出"切除-拉伸"属性管理器，在"终止条件"一栏中选择"完全贯穿"，然后单击"确定"按钮✔，结果如图 6-40 所示。

**03** 绘制切除草图。绘制与圆弧外轮廓同心的圆，标注圆的直径为16mm，如图6-41所示。

**04** 拉伸切除实体。单击"特征"面板中的"拉伸切除"按钮 ⬚，此时系统弹出"切除-拉伸"属性管理器，在"深度"一栏 ⬚ 中输入值 11，然后单击"确定"按钮 ✔，结果如图6-42所示。

图6-39 绘制草图      图6-40 拉伸切除实体      图6-41 绘制草图      图6-42 切除拉伸

### 6.2.4 创建螺钉连接孔

**01** 设置基准面。选择图6-43中的外环端面，然后单击"视图"工具栏"正视于"按钮 ⬚，设置绘制图形的基准面，如图6-44所示。

**02** 绘制草图。在基准面上绘制圆，标注圆心与实体圆弧圆心距离为22mm，标注圆的直径为9mm，如图6-44所示。

**03** 拉伸切除实体。单击"特征"面板中的"拉伸切除"按钮 ⬚，此时系统弹出"切除-拉伸"属性管理器，在"深度"一栏中 ⬚ 输入值6mm，然后单击"确定"按钮 ✔。

**04** 拉伸切除实体。以上一步中拉伸切除圆孔的底面为基准面，绘制圆，与圆孔同心，标注直径为7mm。然后拉伸切除，将其贯穿整个零件实体，结果如图6-45所示。

图6-43 设置基准面          图6-44 绘制草图          图6-45 拉伸切除实体

**05** 设置基准轴。单击图6-45中的表面1，单击"特征"面板"基准轴"按钮 ⬚，单击弹出属性管理器中的"确定"按钮 ✔，出现一个基准轴，如图6-46所示。

**06** 圆周阵列实体。单击"特征"面板"圆周阵列"按钮 ⬚，弹出"圆周阵列"属性管理器，在阵列轴选项栏中，通过右侧的设计树，选择基准轴1作为阵列轴；在角度 ⬚ 一栏中输入角度值90度，在实例数 ⬚ 一栏中输入实例数2；在要阵列的特征选项栏中，通过设计树选择切除-拉伸 4 和切除-拉伸 5 特征，如图 6-47 所示。单击"确定"按钮 ✓，结果如图 6-48 所示。

图6-46　设置基准轴　　　　图6-47　　"圆周阵列"属性管理器　　　　图6-48　圆周阵列实体

**07** 圆周阵列实体。重复上一步的操作，在属性管理器中单击"反向"按钮 ⟳，改变阵列方向，进行阵列，结果如图 6-49 所示。

**08** 设置基准面。在左侧的"FeatureMannger 设计树"中选择"上视基准面"。单击"特征"面板"基准面"按钮 ▥，在弹出属性管理器中选择"偏移距离" ↔ 选项，输入值 14.38mm，单击"确定"按钮 ✓，在后盖中间部位出现一个基准面，如图 6-50 所示。

图6-49　反向圆周阵列实体　　　　　　图6-50　设置基准面

**09** 镜像实体。单击"特征"面板中的"镜像"按钮 ▯▯，弹出"镜像"属性管理器，单击"镜像面/基准面"选项框，在设计树中选择基准面 1；镜像的特征选项栏中，在设计树中选择阵列（圆周）1 和阵列（圆周）2，单击"确定"按钮 ✓，结果如图 6-51 所示。

**10** 拉伸切除实体。采用上文中的拉伸切除操作方法，绘制齿轮泵后盖上的两个销孔，其位置与尺寸如图 6-52 所示。

图6-51　镜像实体

图6-52　绘制拉伸切除草图

### 6.2.5　创建圆角

**01**　圆角。单击"特征"面板中的"圆角"按钮🔲，弹出"圆角"属性管理器，依次选择图 6-51 中的边线 1、2，圆角半径为 2mm，单击单击"确定"按钮✔。

**02**　重复上述操作，将边线 3 倒圆角，圆角半径为 1.5mm。选择菜单栏中的"视图"→"隐藏/显示"→"基准面"和"基准轴"命令将基准面和基准轴隐藏，结果如图 6-53 所示。

图6-53　圆角

**03**　保存文件。单击"标准"工具栏中的"保存"按钮💾，将零件文件保存，文件名为"齿轮泵后盖"。

## 6.3　法兰盘的创建

下面学习法兰盘的创建，图 6-54 所示为法兰盘的二维工程图。

图6-54　法兰盘的二维工程图

法兰盘主要起传动、连接、支承、密封等作用。其主体为回转体或其他平板型，厚度方向的尺寸比其他两个方向的尺寸小，其上常有凸台、凹坑、螺孔、销孔、轮辐等局部结构。这个法兰盘由于要和一段圆环焊接，所以法兰盘的根部采用压制后使用铣刀加工圆弧沟槽的方法。

图 6-55 所示为法兰盘的基本创建过程图。

图6-55 法兰盘建模过程

视频文件\动画演示\第6章\法兰盘的创建.avi

绘制步骤

### 6.3.1 创建法兰盘基体端部

**01** 启动 SOLIDWORKS2018，单击"标准"工具栏中的"新建"按钮，在弹出的"新建 SOLIDWORKS 文件"属性管理器中选择"零件"按钮，然后单击"确定"按钮，创建一个新的零件文件。

**02** 选择基准面。在"FeatureManager 设计树"中选择"前视基准面"，单击"草图"面板中的"草图绘制"按钮，将其作为草绘平面。

**03** 绘制草图。单击"草图"面板中的"中心线"按钮，绘制一条通过坐标原点的水平中心线作为基体-旋转的旋转轴。单击"草图"面板中的"直线"按钮，绘制法兰盘轮廓。

**04** 标注尺寸。单击"草图"面板中的"智能尺寸"按钮，给草图加上驱动尺寸，如图 6-56 所示。

**05** 创建旋转体。单击"特征"面板中的"旋转凸台/基体"按钮，SOLIDWORKS 会自动将草图中唯一的一条中心线作为旋转轴；设置终止条件为"给定深度"；按钮右侧的微调框中设置旋转角度为 360 度；选项如图 6-57 所示。单击"确定"按钮，生成法兰基体端部。

图6-56　旋转草图

图6-57　设置旋转参数

### 6.3.2　创建法兰盘根部

法兰根部的长圆段是从距法兰密封端面 40mm 处开始的，所以这里要先建立一个与密封端面相距 40mm 的参考基准面。

**01** 创建基准面。单击"特征"面板中的"基准面"按钮 📖，弹出"基准面"属性管理器。点击按钮 📖 右侧的显示框，然后在右面的图形区域中选择法兰最外端的密封面作为参考平面；在被自动激活的按钮 📖 右侧的微调框中设置距离为 40mm；其他选项设置如图 6-58 所示。单击"确定"按钮 ✔，创建基准面。

**02** 选择生成的基准面，单击"草图"面板中的"草图绘制"按钮 📖，在其上新建一草图。

图6-58　设置基准面参数

**03** 绘制草图。单击"草图"面板中的"圆"按钮⊙和"直线"按钮✐，绘制根部的长圆段草图，如图6-59所示。

**04** 拉伸实体。单击"特征"面板中的"拉伸凸台/基体"按钮🗔，弹出"凸台-拉伸"属性管理器。单击"反向"按钮↗，使根部向外方向拉伸；在按钮🗝右侧的微调框中设置拉伸深度为12mm。选择"薄壁特征"单选框，打开薄壁选项。单击"反向"按钮↗，使薄壁的拉伸方向向轮廓内部；选择拉伸类型为"单向"；在按钮🗝右侧的微调框中设置薄壁的厚度为2mm。具体拉伸选项如图6-60所示。单击"确定"按钮✔，从而生成法兰根部。

图6-59　长圆段草图

图6-60　设置根部拉伸选项

### 6.3.3　创建法兰盘根部长圆段与端部的过渡段

**01** 单击"特征"面板中的"放样凸台/基体"按钮🗔，弹出"放样"属性管理器。

**02** 选择法兰基体端部的外扩圆作为放样的一个轮廓；在右侧的图形区域中的"FeatureManager 设计树"中选择作为法兰根部的长圆段特征"拉伸-薄壁1"下的"草图2"作为放样的另一个轮廓。选择"薄壁特征"单选框，打开薄壁选项。点击"反向"按钮↗，使薄壁的拉伸方向向轮廓内部；

**03** 选择拉伸类型为"单向"；在按钮🗝右侧的微调框中设置薄壁的厚度为 2mm。具体放样选项如图6-61所示。单击"确定"按钮✔，创建长圆段与基体端部圆弧段的过渡。

图6-61 设置放样选项

### 6.3.4 创建法兰盘根部的圆弧沟槽

**01** 新建草图。在"FeatureManager 设计树"中选择"前视基准面",单击"草图"面板中的"草图绘制"按钮□,在其上新建草图。

**02** 绘制中心线。单击"视图"工具栏中的"正视于"按钮↓,正视于草图平面。单击"草图"面板中的"中心线"按钮,绘制一条通过坐标原点的水平直线。

**03** 绘制草图。单击"草图"面板中的"圆"按钮⊙,绘制一圆心落在中心线的圆。

**04** 标注尺寸。单击"草图"面板中的"智能尺寸"按钮,标注圆的直径为48mm。

**05** 添加几何关系。添加"重合"几何关系。单击"草图"面板"显示/删除几何关系"下拉列表中的"添加几何关系"按钮,弹出"添加几何关系"属性管理器;为圆和法兰盘根部的角点添加"重合"几何关系,如图6-62所示,定位圆的位置。

图6-62 添加"重合"几何关系

**06** 拉伸切除实体。单击"特征"面板中的"拉伸切除"按钮,弹出"切除-拉伸"

属性管理器。在"切除-拉伸"属性管理器中设置终止条件为"两侧对称";在按钮右侧的微调框中设置切除拉伸的深度为 100mm;其他选项如图 6-63 所示。单击"确定"按钮✔,创建根部的圆弧沟槽。

图6-63 设置切除拉伸选项

### 6.3.5 创建法兰盘螺栓孔

**01** 选择法兰的基体端面,单击"草图"面板中的"草图绘制"按钮▢,在其上新建一草图。

**02** 单击"视图"工具栏中的"正视于"按钮⬆,正视于草图平面。单击"草图"面板中的"圆"按钮⊙,利用 SOLIDWORKS 的自动跟踪功能绘制一圆,使其圆心与坐标原点重合。在右侧的"圆"属性管理器中选择"作为构造线"单选框,将圆设置为构造线,如图 6-64 所示。

**03** 标注尺寸。单击"草图"面板中的"智能尺寸"按钮➹,标注圆的直径为 70mm。

**04** 绘制草图。单击"草图"面板中的"圆"按钮⊙,利用 SOLIDWORKS 的自动跟踪功能绘制一圆,使其圆心落在所绘制的构造圆上并且其 X 坐标为 0。

**05** 拉伸切除实体。单击"特征"面板中的"拉伸切除"按钮▣,设置拉伸切除的终止条件为"完全贯穿";其他选项如图 6-65 所示。单击"确定"按钮✔,创建一个法兰螺栓孔。

图6-64 设置圆为构造线

**06** 显示临时轴。选择菜单栏中的"视图"→"隐藏/显示"→"临时轴"命令,显示模型中的临时轴。为进一步阵列特征作准备。

**07** 创建圆周阵列。单击"特征"面板中的"圆周阵列"按钮✿,在右侧的图形区域中选择法兰基体的临时轴作为圆周阵列的阵列轴;在按钮➹右侧的微调框中设置角度为 360度;在按钮✿右侧的微调框中设置阵列的实例数为 8;点选"等间距"单选钮;在右侧的图形区域中选择前面创建的螺栓孔;具体选项如图 6-66 所示。单击"确定"按钮✔,创建螺栓孔的圆周阵列。

图6-65　设置拉伸切除参数　　　　　　　图6-66　设置圆周阵列选项

**08** 单击"标准"工具栏中的"保存"按钮，将零件保存为"法兰盘.sldprt"。使用旋转观察功能，最后结果如图 6-67 所示。

图6-67　法兰盘的最终效果

# 第 **7** 章

## 轴类零件设计

　　轴是机器中的重要零件之一，用来支持旋转的机械零件，如齿轮、带轮等。根据所承受外部载荷的不同，轴可以分为转轴、传动轴和心轴三种。不同结构形式的轴类零件存在着一些共同特点，一般来说都是由相同或不同直径的圆柱段连接而成，由于装配齿轮、带轮等旋转零件的需要，轴类零件上一般开有键槽，同时还有轴端倒角、圆角等特征。这些共同的特征是进行实体建模的基础。

　　本章将结合上述轴类零件的特点，综合运用 SOLIDWORKS 2018中的拉伸、切除、倒角及倒圆等实体建模工具来完成两个典型轴类零件的创建。通过本章实例的学习，可以掌握轴类零件的基本创作方法，达到触类旁通的目的。

- 支撑轴零件的创建
- 传动轴零件的创建
- 花键轴的创建

## 7.1 支撑轴零件的创建

本例绘制支撑轴。图7-1所示为支撑轴的二维工程图。

图7-1 支撑轴的二维工程图

从技术发展的角度和设计需求的角度考虑，在建模过程中要实现设计构思的是表达，就必须依照"轴截面草图轮廓"，使用"旋转"创建轴这样的表达，而不能一节节地使用"拉伸"来创建轴。这样，在后面的设计配凑过程中，能够用修改轴截面草图轮廓，准确自如地修改轴的结构和尺寸。可见，"看起来"像一根轴，可是因为使用了不同的特征建模，对于设计的支持可能是有很大区别的。

在绘制支撑轴时，首先绘制支撑轴的轴向截面草图，通过标注尺寸来调整草图尺寸，然后旋转生成实体，最后绘制倒角。图7-2所示为支撑轴的基本创建过程图。

图7-2 支撑轴零件的建模过程

视频文件\动画演示\第7章\支承轴零件的创建.avi

绘制步骤

### 7.1.1 创建草图

**01** 启动SOLIDWORKS2018，单击"标准"工具栏中的"新建"按钮，在弹出的"新建SOLIDWORKS文件"对话框中选择"零件"按钮，然后单击"确定"按钮，创建一个新的零件文件。

**02** 绘制草图。在左侧的"FeatureManager设计树"中选择"前视基准面"作为绘图基准面，然后单击"草图"面板中的"中心线"按钮 ，绘制一条中心线，如图 7-3 所示。

**03** 绘制外轮廓。单击"草图"面板中的"直线"按钮 ，在绘图区域绘制支撑轴的外形轮廓线，如图 7-4 所示。

图7-3　绘制中心线　　　　　　　　　　图7-4　绘制旋转实体外形轮廓

**04** 隐藏草图几何关系。在系统默认设置下，绘制草图时，将显示草图几何关系，如果不需要显示，可以选择菜单栏中的"视图"→"隐藏/显示"→"草图几何关系"命令，将草图几何关系隐藏，如图 7-5 所示。

**05** 标注尺寸。单击"草图"面板中的"智能尺寸"按钮 ，对草图进行尺寸标注，调整草图尺寸，结果如图 7-6 所示。

图7-5　隐藏草图几何关系　　　　　　　　　图7-6　标注尺寸

## 7.1.2　创建实体

**01** 旋转生成实体。单击"特征"面板中的"旋转凸台/基体"按钮 ，系统弹出"旋转"属性管理器，如图 7-7 所示。在属性管理器中单击"旋转轴"栏，然后单击拾取草图中心线；选择"给定角度"，输入旋转角度 360 度，然后单击"确定"按钮 ，结果如图 7-8 所示。

图7-7　旋转实体参数设置　　　　　　　　图7-8　旋转生成的实体

**02** 倒角。单击"特征"面板中的"倒角"按钮 ，弹出"倒角"属性管理器，如图

7-9 所示。在属性管理器中单击"角度距离"复选框，输入距离值 📐 2mm，输入角度值 📐 45 度，单击拾取图 7-9 所示的两条边线。单击"确定"按钮 ✔，结果如图 7-10 所示。

**03** 保存文件。选择菜单栏中的"文件"→"另存为"命令，将零件文件保存，文件名为"支撑轴"。

图7-9 倒角参数设置 　　　　　　　　图7-10 支撑轴实体

## 7.2 传动轴零件的创建

下面学习传动轴的创建，图 7-11 所示为传动轴的二维工程图。

传动轴在机械中常用来传递动力和扭矩。绘制传动轴时首先绘制传动轴的一端轴径，然后根据图样尺寸依次进行拉伸生成其他轴径。然后，设置基准面，绘制键槽。最后绘制轴端的螺纹，并且进行相应倒角操作。图 7-12 所示为传动轴的基本创建过程图。

图7-11 传动轴的工程图

图7-12 传动轴的建模过程

视频文件\动画演示\第7章\传动轴零件的创建.avi

## 绘制步骤

### 7.2.1 创建轴基础造型

**01** 启动 SOLIDWORKS2018。单击"标准"工具栏中的"新建"按钮，在弹出的"新建 SOLIDWORKS 文件"对话框中选择"零件"按钮，然后单击"确定"按钮，创建一个新的零件文件。

**02** 绘制草图。在左侧的"FeatureManager 设计树"中选择"前视基准面"作为绘图基准面，然后单击"草图"面板中的"圆"按钮，绘制一个圆，圆的中心在原点。

**03** 标注尺寸。单击"草图"面板中的"智能尺寸"按钮，标注圆的直径，结果如图 7-13 所示。

**04** 拉伸实体。单击"特征"面板中的"拉伸凸台/基体"按钮，此时系统弹出"凸台-拉伸"属性管理器，在"深度"一栏中输入值 8mm，然后单击"确定"按钮，结果如图 7-14 所示。

**05** 设置基准面。单击图 7-14 中的轴段端面，然后单击"视图"工具栏中的"正视于"按钮，将该表面作为绘制图形的基准面。

**06** 绘制草图。在设置的绘图基准面上，单击"草图"面板中的"圆"按钮，绘制一个圆，此圆与轴段端面圆同心。标注圆的直径为 14mm。

**07** 拉伸实体。单击"特征"面板中的"拉伸凸台/基体"按钮，在系统弹出"凸台-拉伸"属性管理器中"深度"一栏中输入值 2mm，然后单击"确定"按钮，完成第二段轴段的绘制,结果如图 7-15 所示。

图7-13　标注的草图　　　　　　　　　　　图7-14　拉伸实体

图7-15　拉伸实体绘制第二段轴段　　　　　　图7-16　轴段尺寸

**08** 绘制其他轴段。重复上述操作步骤,依次拉伸绘制传动轴的其他轴段,各轴段的尺寸如图 7-16 所示。绘制结束后结果如图 7-17 所示。

图7-17　传动轴实体外形

### 7.2.2　创建键槽

**01** 设置键槽基准面。在左侧的"FeatureManager 设计树"中选择"上视基准面",然后单击"特征"面板"基准面"按钮 ▣ 。弹出"基准面"属性管理器,如图 7-18 所示。在属性管理器中"偏移距离"选项中 ⬩D 输入值 7mm,其余按图中所示设置,然后单击"确定"按钮 ✔ ,设置键槽绘制基准面,如图 7-19 所示。

**02** 正视基准面。单击图 7-19 中的基准面,然后单击"视图"工具栏中的"正视于"按钮 ⬩ ,正视该基准面,并且将绘图区域进行局部放大。

**03** 绘制键槽草图。使用草图绘制工具绘制键槽草图轮廓,如图 7-20 所示。

**04** 拉伸切除实体。单击"特征"面板中的"拉伸切除"按钮 ▣ ,此时系统弹出"切除-拉伸"属性管理器,在"深度"一栏中 ⬩D 输入值 3mm,然后单击"确定"按钮 ✔ ,结果如图

7-21 所示。

图7-18 "基准面"属性管理器

图7-19 键槽绘制基准面

**05** 重复步骤 **01** ~ **03** 的操作,绘制第二个键槽,尺寸如图 7-22 所示。拉伸切除深度为 3mm,结果如图 7-23 所示。

图7-20 键槽草图

图7-21 生成键槽

图7-22 第2个键槽草图

图7-23 生成第2个键槽

### 7.2.3　创建螺纹和倒角

**01** 绘制螺旋线。

❶单击图 7-23 中的表面 1，然后单击"视图"工具栏中的"正视于"按钮⊥，将该表面作为绘制图形的基准面。单击"草图"面板中的"草图绘制"按钮匚，激活"转换实体引用"按钮⬜，单击此按钮，将 1 面的边线转换为草图实体。

❷单击"特征"面板中的"螺旋线/涡状线"按钮⟆，弹出"螺旋线/涡状线"属性管理器，如图 7-24 所示。在属性管理器中选择定义方式为"螺距和圈数"，输入螺距为 2mm，圈数为 10，选择反向，起始角度为 270 度，选择方向为"顺时针"，然后单击"确定"按钮✔。生成螺旋线如图 7-25 所示。

**02** 设置基准面。在左侧的"FeatureManager 设计树"中选择"右视基准面"作为绘图基准面，然后单击"视图"工具栏中的"正视于"按钮⊥，将该表面作为绘制图形的基准面。如图 7-25 所示。

图 7-24　"螺旋线/涡状线"属性管理器　　　　　图 7-25　设置基准面

**03** 绘制草图。单击"视图"工具栏中的"局部放大"按钮🔍，将绘图区域局部放大，绘制螺纹牙型草图，尺寸如图 7-26 所示。单击"标准"工具栏中"重建模型"按钮🔘。

**04** 绘制螺纹。单击"特征"面板中的"扫描切除"按钮🗗，弹出"切除-扫描"属性管理器，在轮廓按钮◯一栏中选择图形区域中的牙型草图；在路径按钮匚一栏中选择螺旋线作为路径草图，单击"确定"按钮✔，结果如图 7-27 所示。

**05** 倒角。单击"特征"面板中的"倒角"按钮⬦，选择图 7-27 中的传动轴右端面边线，弹出"倒角"属性管理器，如图 7-28 所示。在距离选项中⬦输入值 1mm，单击"确定"按钮✔。

**06** 隐藏基准面，结果如图 7-29 所示

图7-26 绘制牙型草图

图7-27 绘制螺纹实体

**07** 保存文件。单击"标准"工具栏中的"保存"按钮▦，将零件文件保存，文件名为"传动轴"。

图7-28 "倒角"属性管理器

图7-29 传动轴

# 7.3 花键轴的创建

下面学习花键轴的创建，图 7-30 所示为花键轴的二维工程图。

视频文件\动画演示\第7章\花键轴的创建.avi

## 绘制步骤

绘制花键轴时首先绘制花键轴的草图，通过旋转生成轴的基础造型。最后绘制轴端的螺纹，再设置基准面，绘制键槽。最后绘制花键草图，通过扫描生成花键。图 7-31 所示为花键轴的基本创建过程图。

图7-30 花键轴的二维工程图

图7-31 花键轴的建模过程

### 7.3.1 创建轴基础造型

**01** 启动 SOLIDWORKS2018。单击"标准"工具栏中的"新建"按钮 □ ,在弹出的"新建 SOLIDWORKS 文件"属性管理器中选择"零件"按钮 ,然后单击"确定"按钮,创建一个新的零件文件。

**02** 绘制草图。在"FeatureManager 设计树"中选择"前视基准面",单击"草图"面板中的"草图绘制"按钮 □ ,将其作为草绘平面。单击"草图"面板中的"中心线"按钮和"直线"按钮，在绘图区域绘制轴的外形轮廓线。

**03** 标注尺寸。单击"草图"面板中的"智能尺寸"按钮，给草图加上驱动尺寸，如图 7-32 所示。应当先标注花键轴的全长 125mm，再标注细节。这样做可以有效地避免草图轮廓在添加驱动尺寸前几何关系的变化。

图7-32 花键轴截面草图轮廓

**04** 旋转生成实体。单击"特征"面板中的"旋转凸台/基体"按钮，然后选择 125mm 长度的直线作为旋转轴，如图 7-33 所示。单击"确定"按钮，完成花键轴的基础造型。

**05** 倒角。单击"特征"面板中的"倒角"按钮，弹出"倒角"属性管理器，选择倒角类型为"角度距离"；在按钮右侧的"距离"微调框中输入倒角距离为 1mm；在"角度"微调框中输入倒角角度为 45 度，在图形区域中选择各轴截面的棱线。单击"确定"按钮，生成倒角 1×45°的倒角，如图 7-33 所示。

图7-33 花键轴的基础造型

## 7.3.2 创建键槽

**01** 创建基准面。单击"特征"面板中的"基准面"按钮，选择"前视基准面"作为第一参考，选择直径 25mm 的轴段圆柱面为第二参考，如图 7-34 所示。单击"确定"按钮，从而生成与所选轴段圆柱面相切，并垂直于"前视基准面"的基准面。

**02** 选择基准面。选择前面生成的"基准面 1"，单击"草图"面板中的"草图绘制"按钮，从而在该面上创建草图。单击"视图"工具栏中的"正视于"按钮。

**03** 绘制键槽草图。使用草图绘制工具绘制键槽草图轮廓，如图 7-35 所示。

**04** 拉伸切除实体。单击"特征"面板中的"拉伸切除"按钮，此时系统弹出"切除-拉伸"属性管理器，设置"终止条件"为"给定深度"；在按钮右侧的深度微调框中设置切除拉伸的深度为 4mm。单击"确定"按钮，完成键槽的创建，如图 7-36 所示。

图7-34　设置基准面

图7-35　键槽草图轮廓

图7-36　键槽效果

## 7.3.3　创建花键

**01** 选择基准。选择直径 32mm 轴段的左端面，单击"草图"面板中的"草图绘制"按钮，将其作为草绘平面创建草图。单击"视图布局"工具栏中的"剖面视图"按钮，保持默认选项，如图 7-37 所示。单击"确定"按钮✔，完成剖视观察。

**02** 在剖视观察下，在草图上绘制过圆心的 3 条构造线，其中一条是竖直直线，另两条标注角度驱动尺寸为30º。

**03** 绘制草图。

❶以剖切面的前端面作为绘图基准面，然后单击"草图"面板中的"圆"按钮，绘制一与轴同心圆，并将其设置为构造线，标注尺寸为23mm，作为键侧空刀的定位线，如图 7-38 所示。

❷单击"草图"面板中的"直线"按钮和"圆"按钮，绘制切削截面形状的初始草

图，如图 7-39 所示。

图7-37　设置剖面观察

❸添加几何关系。单击"草图"面板"显示/删除几何关系"下拉列表中的"添加几何关系"按钮上，为所绘制的初始图线添加与构造线的"平行"等几何关系。

图7-38　构造线

图7-39　切削截面的初始草图

❹标注尺寸。单击"草图"面板中的"智能尺寸"按钮，为草图添加驱动尺寸。

❺绘制圆角。单击"草图"面板中的"绘制圆角"按钮，为键侧空刀截形添加 0.5mm 的圆角。

❻单击"草图"面板"显示/删除几何关系"下拉列表中的"添加几何关系"按钮上，为键侧空刀截形添加 0.5mm 的圆角和直径 23mm 的构造圆添加"相切"几何关系，切削截面的效果如图 7-40 所示。

❼单"草图"面板中的"退出草图"按钮。结束"切除-扫描"特征中轮廓草图的绘制。

**04** 绘制前视草图。

❶新建草图。选择 FeatureManager 设计树中的"前视基准面",作为草图绘制平面。单击"草图"面板中的"草图绘制"按钮⌐,新建一张草图。之所以选择该面是因为"前视"基准面垂直于前面绘制的轮廓草图,并与草图轮廓相交。

❷绘制扫描路径。单击"草图"面板中的"直线"按钮✓,绘制"切除-扫描"的路径。注意:扫描路径与作为轮廓的草图必须要有一个交点。

❸标注尺寸。单击"草图"面板"显示/删除几何关系"下拉列表中的"智能尺寸"按钮$\overset{\text{\tiny$\vee$}}{\curvearrowleft}$,标注扫描路径的水平尺寸为 52mm,圆弧大小根据刀具实际尺寸为 R30mm。注意,弧部分一定要超出直径 38mm 的轴径表面,这才反映了实际的加工状态。扫描路径的草图如图 7-41 所示。

图7-40 切削截面的最后效果

图7-41 扫描路径草图

**05** 创建花键。单击"特征"面板中的"扫描切除"按钮⌐。选择作为切除-扫描轮廓的"草图 3"作为轮廓草图,选择"草图 4"作为扫描路径,如图 7-42 所示。单击"确定"按钮✓,完成一个花键的创建。

图7-42 设置"切除-扫描"参数

**06** 单击"视图布局"工具栏中的"剖面视图"按钮⌐,取消剖面观察。零件的状态如图 7-43 所示。

**07** 创建临时轴。选择菜单栏中的"视图"→"隐藏/显示"→"临时轴"命令,显示轴线,作为圆周阵列中的中心轴。

**08** 圆周阵列。单击"特征"面板中的"圆周阵列"按钮⌐,弹出"圆周阵列"属性管理器。选择轴线作为圆周阵列的中心轴;在按钮⌐右侧的微调框中设置要阵列的实例数为 6;点击按钮⌐右侧的显示框,然后在图形区域中选择"扫描-切除"特征生成的花键作为要阵列的特征，其他参数如图 7-44 所示。单击"确定"按钮✔，从而完成圆周阵列。

图7-43 花键效果

**09** 保存文件。单击"标准"工具栏中的"保存"按钮🖫，将零件文件保存，文件名为
"花键轴"。使用旋转观察功能，最后结果如图 7-45 所示。

图7-44 设置圆周阵列参数

图7-45 花键轴的最后效果

# 第 **8** 章

## 齿轮零件设计

　　齿轮是现代机械制造和仪表制造等工业中的重要零件，齿轮传动应用很广，类型也很多，主要是圆柱齿轮传动，锥齿轮传动，齿轮、齿条传动和蜗杆传动等，而最常用的是渐开线齿轮、圆柱齿轮传动（包括直齿、斜齿和人字齿齿轮）。

　　本章中的齿轮建模主要通过拉伸特征建立基体，使用三点圆弧的方法模拟渐开线齿轮的外廓；并通过圆周阵列的方法阵列齿轮，从而实现多齿轮的效果；齿轮的键槽和通孔则通过切除-拉伸特征来实现。

　　○　直齿圆柱齿轮零件的创建

　　○　斜齿圆柱齿轮零件的创建

　　○　锥齿轮零件的创建

## 8.1 直齿圆柱齿轮零件的创建

本例为直齿圆柱齿轮。可以同时生成两个相互啮合的齿轮。图 8-1 所示为两直齿圆柱齿轮的各项参数和两直齿圆柱齿轮的二维工程图。

| 模数 | m | 1.5 |
|---|---|---|
| 齿数 | z | 19 |
| 齿形角 | α | 20° |
| 齿顶高系数 | h | 1 |
| 径向变位系数 | x | 0 |
| 精度等级 | 7-GB10095-2008 | |
| 公法线平均长度变动公差 | WiEw | $30.283^{-0.088}_{-0.176}$ |
| 公法线长度变动公差 | FW | 0.036 |
| 径向综合偏差 | Fi″ | 0.090 |
| 一齿径向综合偏差 | fi″ | 0.032 |
| 齿向公差 | Fβ | 0.011 |

图8-1　直齿圆柱齿轮的各项参数和工程图

在造型过程中，齿轮的渐开线齿面造型是其中最重要的问题。有很多人研究如何在 CAD 软件中创建渐开线齿轮。在 CAD 软件中创建齿轮，既不必进行装配啮合仿真，也没必要用什么软件进行这种啮合过程的应力分析。即使在 CAD 软件的支持下，也不太可能找到经典齿轮设计理论和设计标准的漏洞。所以这里使用三点圆弧的方法模拟渐开线齿轮的外廓；并通过圆周阵列的方法阵列齿轮，从而实现多齿轮的效果；齿轮的键槽和通孔则通过切除-拉伸特征来实现。

整个零件的建模过程如图 8-2 所示。

视频文件\动画演示\第8章\直齿圆柱齿轮零件的创建.avi

图8-2　直齿圆柱齿轮的建模过程

### 8.1.1　绘制齿根圆

**01** 新建文件。启动 SOLIDWORKS2018。 单击"标准"工具栏中的"新建"按钮，在弹出的"新建 SOLIDWORKS 文件"对话框中选择"零件"按钮，然后单击"确定"按钮，创建一个新的零件文件。

**02** 绘制草图。在本节中介绍圆柱齿轮的绘制方法，圆柱齿轮的模数为 m=1.5，齿数 z=19。经过计算可知齿轮的齿根圆直径为 φ24.75mm，齿顶圆直径为 φ31.50mm，分度圆直径为 φ28.50mm。在"FeatureManager 设计树"中选择"前视基准面"作为绘图基准面，然后单击"草图"工具栏中的"圆"按钮，绘制一个圆，圆的中心在原点。

**03** 标注尺寸。单击"草图"工具栏中的"智能尺寸"按钮，标注圆的直径，结果如图 8-3 所示。

**04** 拉伸实体。单击"特征"工具栏中的"拉伸凸台/基体"按钮，此时系统弹出"凸台-拉伸"属性管理器，在"深度"一栏中输入值 24mm，单击"确定"按钮，结果如图 8-4 所示。

图8-3　标注的草图

图8-4　拉伸实体

**05** 设置基准面。单击图 8-4 中的轴段端面，然后单击"视图"工具栏中的"正视于"按钮，将该表面作为绘制图形的基准面。

### 8.1.2 创建齿形

**01** 绘制齿形草图。

❶绘制分度圆。在设置的绘图基准面上，单击"草图"工具栏中的"圆"按钮 ⊙，绘制一个圆，在弹出的"圆"属性管理器中，勾选"作为构造线"复选框，如图8-5所示。标注此圆的直径为28.50mm。作为圆柱齿轮的分度圆。结果如图8-6所示。

图8-5 拉伸实体

图8-6 绘制分度圆

❷选择圆柱基体的外圆，单击"草图"工具栏中的"转换实体引用"按钮 ⬡，将外圆边线转换为草图实体。颜色变为黑色。

❸单击"草图"工具栏中的"中心线"按钮 ✏，通过原点绘制一条竖直中心线。

继续绘制一条中心线，此中心线为一条斜线，标注两条中心线的角度为4.73°，结果如图8-7所示。

❹单击"草图"工具栏中的"圆"按钮 ⊙，绘制一个圆作为齿顶圆，标注其尺寸如图8-8所示。

❺单击"草图"工具栏中的"直线"按钮 ✏，在"直线"属性管理器中勾选"作为构造线"复选框，绘制两条竖直构造线，标注其与中心线距离为图8-9所示。

❻单击"草图"工具栏中的"点"按钮 ▫，在斜线与分度圆交点处绘制一个点，如图8-10所示。通过原点绘制一条竖直中心线。

❼单击"草图"工具栏中的"三点圆弧"按钮 ⌒，单击圆弧的起点位置，即与中心线相距0.5mm的竖直构造线和齿顶圆的交点；拖动鼠标，单击圆弧终点位置，即与中心线相距1.3mm的竖直构造线和齿根圆的交点；当光标变为 ⌐◻✕ 按钮时，表示捕捉到交点。拖动鼠标单击任意位置确定圆弧的直径，如图8-11所示。

图8-7　绘制中心线和角度线

图8-8　绘制齿顶圆

图8-9　绘制两条构造线

图8-10　绘制点

图8-11　绘制三点圆弧

❽单击"尺寸/几何关系"工具栏中的"添加几何关系"按钮 ⊥，单击选择图 8-11 中绘制的圆弧和斜线与分度圆的交点，在"添加几何关系"属性管理器中单击"重合"选项，将三点圆弧完全定义，其颜色变为黑色，从而确定其直径，结果如图 8-12 所示。

❾镜像圆弧。按住 Ctrl 键，选择三点圆弧和通过原点的竖直中心线。单击"草图"工具栏中的"镜像实体"按钮 ⼁⼁，将三点圆弧以竖直中心线镜像复制，如图 8-13 所示。

❿单击"草图"工具栏中的"剪裁实体"按钮 ⟂⟂，将齿型草图的多余线条裁剪掉，结果如图 8-14 所示。

图8-12　添加"重合"几何关系

图8-13　镜像

图8-14　裁剪后的草图

**02** 拉伸实体。单击"特征"工具栏中的"拉伸凸台/基体"按钮 🗐，在系统弹出"凸台-拉伸"属性管理器中"深度"一栏中 🖮 输入值 24mm，按下方向按钮 ↗，进行反向拉伸，然后单击"确定"按钮 ✔。结果如图 8-15 所示。

**03** 圆周阵列齿条。

❶显示临时轴。选择菜单栏中的"视图"→"临时轴"命令，显示出零件实体的临时轴，如图 8-16 所示。对于每一个圆柱体和圆锥面都有一条轴线，称为临时轴。

❷圆周阵列实体。单击"特征"工具栏中的"圆周阵列"按钮 。在"圆周阵列"属性管理器中的选择"阵列轴"栏，然后选择零件实体的圆柱基体的临时轴；在实例数栏中  输入值 19；勾选"等间距"复选框；选择"要阵列的特征"栏，然后选择齿型实体即拉伸 2，进行圆周阵列，如图 8-17 所示。单击"确定"按钮 ✔。最后将临时轴隐藏，结果如图 8-18 所示。

图8-15 拉伸齿型　　　　　　　　　　　图8-16 显示临时轴

图8-17 进行圆周阵列操作

图8-18 圆周/阵列实体

## 8.1.3 拉伸切除创建齿轮安装孔

**01** 设置基准面。单击图 8-18 中的圆柱齿轮端面，然后单击"视图"工具栏中的"正视于"按钮 ⬇，将该表面作为绘制图形的基准面。

**02** 绘制轴孔和键槽草图。单击"草图"工具栏中的"圆"按钮 ⊙和"直线" ╱ 按钮，在基准面上绘制图 8-19 所示的草图,作为拉伸切除草图。

**03** 拉伸切除实体。单击"特征"工具栏中的"拉伸切除"按钮 ,在弹出"切除-拉伸"属性管理器中 "终止条件"一栏中选择"完全贯穿",然后单击"确定"按钮 ,结果如图 8-20 所示。

图8-19 绘制轴孔和键槽草图 　　　　　　　　图8-20 圆柱齿轮实体

**04** 保存文件。单击"标准"工具栏中的"保存"按钮 ,将零件文件保存,文件名为"圆柱齿轮 1"。

## 8.1.4 创建另一个齿轮实体

**01** 编辑草图。鼠标右击"FeatureManager 设计树"中"切除-拉伸 1",在弹出的菜单中选择"编辑草图"选项,如图 8-21 所示。对"切除-拉伸 2"实体的草图进行修改,删除键槽,结果如图 8-22 所示。

图8-21 编辑草图菜单

**02** 重新建模。单击"标准"工具栏中的"重新建模"按钮 ,对实体进行重新建模,结果如图 8-23 所示。

**03** 另存文件。单击"标准"工具栏中的"保存"按钮🔲，将零件文件另存，文件名为"圆柱齿轮 2"，作为装配零件使用。

图8-22　修改草图

图8-23　圆柱齿轮2

## 8.2　斜齿圆柱齿轮零件的创建

本例绘制斜齿圆柱齿轮。图 8-24 所示为斜齿圆柱齿轮的各项参数。图 8-25 所示为此斜齿圆柱齿轮的二维工程图。

| 模数 | m | 10 |
|---|---|---|
| 齿数 | z | 25 |
| 齿形角 | α | 20° |
| 螺旋角 | β | 8 |
| 齿顶高系数 | h | 1 |
| 径向变位系数 | x | 0 |
| 精度等级 | | 7-GB10095-2008 |
| 公法线平均长度偏差 | WiEw | $256.52_{-0.176}^{-0.088}$ |
| 公法线长度变动公差 | Fw | 0.0360 |
| 径向综合公差 | Fi″ | 0.0900 |
| 一齿径向综合公差 | fi″ | 0.0320 |
| 齿向公差 | Fβ | 0.0110 |

图8-24　斜齿圆柱齿轮的参数

图8-25　斜齿圆柱齿轮的工程图

在这里介绍齿轮的另一种创建方法。首先绘制斜齿圆柱齿轮的齿形再复制旋转齿形。然后用放样特征来生成一个齿。再旋转和圆周阵列来生成多齿。最后拉伸切除。

图 8-26 所示为斜齿圆柱齿轮的基本创建过程图。

视频文件\动画演示\第8章\斜齿圆柱齿轮零件的创建.avi

图8-26　斜齿圆柱齿轮的建模过程

### 8.2.1　绘制齿形

**01** 新建文件。启动 SOLIDWORKS2018。单击"标准"工具栏中的"新建"按钮，在弹出的"新建 SOLIDWORKS 文件"属性管理器中选择"零件"按钮，然后单击"确定"按钮，创建一个新的零件文件。

**02** 选择"前视基准面"作为草图绘制平面，单击"草图"工具栏中的"草图绘制"按钮，进入草图编辑状态。

❶单击"草图"工具栏中的"圆"按钮，以原点为圆心绘制三个同心圆。

❷单击"草图"工具栏中的"智能尺寸"按钮，标注三个圆的直径分别为227.5mm（齿根圆）、250mm（分度圆）、270mm（齿顶圆）。

❸单击"草图"工具栏中的"中心线"按钮，绘制两条通过原点的水平和竖直中心线，草图如图 8-27 所示。

❹单击"草图"工具栏中的"点"按钮，在直径250mm 的分度圆上绘制一点，单击"草图"工具栏中的"智能尺寸"按钮标注尺寸为8mm，该尺寸作为半齿宽度。

❺单击"草图"工具栏中的"点"按钮，在直径270mm 的齿顶圆上绘制一点，单击"草图"工具栏中的"智能尺寸"按钮标注尺寸为3.5mm，该尺寸作为齿顶宽度。

❻单击"草图"工具栏中的"点"按钮，在直径227.5mm 的齿根圆上绘制一点，单击"草图"工具栏中的"智能尺寸"按钮标注尺寸为12mm，该尺寸作为齿根宽度，草图如图8-28 所示。

❼单击"草图"工具栏中的"三点圆弧"按钮，绘制齿形，并标注尺寸，如图 8-29 所示。

❽单击"草图"工具栏中的"剪裁实体"按钮，裁剪掉与齿形无关的线条，如图 8-30 所示。

图8-27　草图

图8-28　绘制作为齿形关键点

❾单击"草图"工具栏中的"镜像实体"按钮，镜像修剪后的齿形，形成一完整的齿廓，如图 8-31 所示。

❿单击"草图"工具栏中的"退出草图"按钮，完成草图的绘制并退出草图。

图8-29　齿形曲线

图8-30　裁剪后的齿形

图8-31　完整齿形

## 8.2.2　创建齿条

**01** 创建基准面。单击"特征"工具栏中的"基准面"按钮，选择"前视基准面"作为参考实体。单击"偏移距离"按钮，在输入框中输入等距距离为80mm，单击"确定"按钮创建与齿形草图所在平面距离为80mm的"基准面1"。

**02** 绘制草图。选择"基准面1"作为草图平面，单击"草图"工具栏中的"草图绘制"按钮，进入草图编辑状态。选择在"前视基准面"上绘制的齿形，单击"转换实体引用"按钮将齿形投影到"基准面1"上。

**03** 旋转齿形。选择转换为"基准面1"的草图轮廓，单击"草图"工具栏中的"旋转实体"按钮；选择图形区域中的原点作为"基准点"；在"旋转"栏目中的"角度"微调框中输入8度，从而将齿形轮廓以原点为旋转中心旋转8度，如图 8-32 所示。单击"确定"按钮，完成草图旋转。

完成斜齿轮的另一个轮廓，如图 8-33 所示。

**04** 放样齿条。单击"特征"工具栏中的"放样凸台/基体"按钮，选择两个齿形轮廓草图作为放样轮廓。单击"确定"按钮，完成齿条的放样特征，如图 8-34 所示。

**05** 齿条倒角。

❶选择"右视基准面"作为草图绘制平面，单击"草图"工具栏中的"草图绘制"按钮

进入草图编辑状态。单击"草图"工具栏中的"点"按钮 ᵒ ，绘制两个点。单击"草图"工具栏中的"直线"按钮 ／ ，绘制图 8-35 所示的图形。

图8-32　设置齿形的旋转

图8-33　斜齿轮的两个齿形轮廓　　　　　　　　图8-34　放样齿条

图8-35　点的位置和图形绘制

❷添加几何约束。单击"草图"工具栏中的"添加几何关系"按钮 ⊥ ，弹出"添加几何约束"对话框，设置"点"与"直线"的重合关系。如图 8-36 所示。单击"确定"按钮 ✓ 完成几何关系的添加。

图8-36 "添加几何约束"对话框

❸设置尺寸。单击"草图"工具栏中的"智能尺寸"按钮，设置倒角宽度尺寸均为1mm。

❹创建基准轴1。单击"草图"工具栏中的"中心线"按钮，过原点绘制一条水平直线，退出草图绘制。单击"特征"工具栏中的"基准轴"按钮，选择"草图3"中的水平直线作为基准轴，单击"确定"按钮，完成基准轴1的创建。

❺生成基体。单击"特征"工具栏中的"旋转-切除"按钮，选择"基准轴1"作为旋转轴，其他选项如图8-37所示。单击"确定"按钮，完成齿轮基体创建。

❻创建基准面2。单击"特征"工具栏中的"基准面"按钮，弹出"基准面"对话框，设置如图8-38所示。单击确定按钮，基准面2创建完成。

❼单击"特征"工具栏中的镜像按钮，弹出"镜像"对话框，设置如图8-39所示。单击"确定"按钮，完成另一倒角创建完成。

图8-37 "旋转-切除"对话框

图8-38  "基准面"对话框          图8-39  "镜像"对话框

### 8.2.3  创建齿轮基体

**01** 绘制草图。选择"上视基准面"作为草图绘制平面，单击"草图"工具栏中的"草图绘制"按钮，进入草图编辑状态。单击"草图"工具栏中的"直线"按钮，绘制作为齿轮基体的旋转草图。

**02** 标主尺寸。单击"草图"工具栏中的"智能尺寸"按钮，标注齿轮基体草图，如图 8-40 所示。

图8-40  旋转草图

**03** 生成基体。单击"特征"工具栏中的"旋转凸台/基体"按钮，选择"基准轴1"作为旋转轴，其他选项如图 8-41 所示。单击"确定"按钮，创建齿轮基体。

**04** 镜像实体。单击"特征"工具栏"镜像"按钮，选择前面步骤创建的齿轮基体作为镜像特征；选择齿轮基体的内侧平面作为镜像面；其他选项如图 8-42 所示。单击"确定"

按钮，创建齿轮基体的另一半，完成齿轮基体的创建。

图8-41　设置旋转参数　　　　　　　　　　　　图8-42　设置特征的镜像

**05** 圆周阵列实体。单击"特征"工具栏"圆周阵列"按钮，选择作为齿条的放样特征作为要阵列的特征；选择 "基准轴 1"作为阵列轴；在"实例数"微调框中输入要阵列的实例个数为 25，其他选项如图 8-43 所示。单击"确定"按钮，完成实体齿形的阵列复制。

图8-43　设置圆周阵列参数

### 8.2.4　创建齿轮安装孔

**01** 绘制草图。选择"前视基准面"作为草图绘制平面，单击"草图"工具栏中的"草图绘制"按钮，进入草图编辑状态。单击"草图"工具栏中的"圆"按钮和"直线"按钮，绘制齿轮安装孔的草图。

**02** 标注尺寸。单击"草图"工具栏中的"剪裁实体"按钮，裁剪掉多余部分，单击"草图"工具栏中的"智能尺寸"按钮，标注安装孔尺寸，如图 8-44 所示。

**03** 拉伸切除实体。单击"特征"工具栏中的"拉伸切除"按钮，在"切除-拉伸"属性管理器中设置终止条件为"完全贯穿"，其他选项如图 8-45 所示。单击"确定"按钮，完成齿轮安装孔的创建。

图8-44　齿轮安装孔草图　　　　　　　　　图8-45　设置拉伸切除参数

**04** 安装孔倒角。执行"特征"工具栏中的"倒角"命令，弹出"倒角"对话框，设置如图 8-46 所示。单击确定按钮完成安装孔单面倒角。重复此步骤完成另一面的倒角，结果如图 8-47 所示。

图8-46　"倒角"对话框　　　　　　　　　图8-47　斜齿圆柱齿轮

**05** 保存文件。单击"标准"工具栏中的"保存"按钮，将零件文件保存，文件名为"斜齿轮"。

## 8.3　锥齿轮零件的创建

　　下面学习锥齿轮的创建。锥齿轮一般用于相交轴之间的传动，锥齿轮按齿向分为直齿、斜齿，曲线齿一般节圆锥与分度圆锥重合。锥齿轮加工用范成法切削锥齿轮利用平面齿轮与直齿圆锥啮合原理，将平面齿轮直线齿廓作为刀刃来加工锥齿轮。图 8-48 所示为锥齿轮的二维工程图。

图8-48　锥齿轮的工程图

　　锥齿轮也是齿轮系零件之一。在机械设计中经常要使用到。在本例中将近似地绘制齿轮泵中的锥齿轮，绘制锥齿轮时首先绘制锥齿轮的轮廓草图并旋转生成实体，然后绘制锥齿轮的齿型草图，对草图进行放样切除生成实体。对生成的齿型实体进行圆周阵列，生成全部齿型实体，最后绘制键槽轴孔实体。图 8-49 所示为锥齿轮的基本创建过程图。

图8-49　锥齿轮的建模过程

　　视频文件\动画演示\第8章\锥齿轮零件的创建.avi

绘制步骤

### 8.3.1 创建基本实体

**01** 新建文件。启动 SOLIDWORKS2018。单击"标准"工具栏中的"新建"按钮，在弹出的"新建 SOLIDWORKS 文件"对话框中选择"零件"按钮，然后单击"确定"按钮，创建一个新的零件文件。

**02** 绘制锥齿轮轮廓草图。

❶在左侧的"FeatureManager 设计树"中选择"前视基准面"作为绘图基准面。单击"草图"工具栏中的"圆"按钮⊙，绘制三个同心圆，标注其尺寸如图 8-50 所示。

❷按住 Ctrl 键，依次拾取三个圆，这时在左侧弹出"属性"管理器，在"属性"管理器中选择"作为构造线"复选框，将三个圆作为构造线，结果如图 8-51 所示。

图8-50 绘制同心圆草图　　　　　　　　　图8-51 生成构造线

❸单击"草图"工具栏中的"中心线"按钮，绘制一条过原点的竖直中心线；单击"草图"工具栏中的"直线"按钮，在左边弹出的"插入线条"属性管理器中选择"作为构造线"复选框，绘制两条角度分别为 45°和 135°的构造线，结果如图 8-52 所示。

❹过直径为 70.72mm 圆与倾斜构造线的交点绘制两条构造线，与此圆相切，结果如图 8-53 所示。

图8-52 绘制倾斜构造线　　　　　　　　　图8-53 绘制相切构造线

❺单击"草图"工具栏中的"直线"按钮 ╱，绘制草图如图 8-54 所示，作为旋转生成锥齿轮轮廓实体草图。

**03** 旋转生成实体。单击"特征"工具栏中的"旋转凸台/基体"按钮 ，在属性管理器的"旋转轴"栏中选择草图中的竖直中心线，其他设置默认，单击"确定"按钮 ✔，结果如图 8-55 所示。

图8-54　绘制旋转草图

图8-55　生成锥齿轮轮廓实体

## 8.3.2　创建锥齿

**01** 设置基准面。

❶在"FeatureManager 设计树"中选择"上视基准面"作为绘图基准面。

❷绘制构造线草图。过原点在 Z 坐标方向绘制一条构造线。结果如图 8-56 所示。

❸设置基准面。单击"特征"工具栏中的"基准面"按钮 ，弹出"基准面"属性管理器，如图 8-57 所示。在属性管理器中"选择参考实体"栏中选择上视基准面和图 8-56 中的构造线草图，然后按

图8-56　绘制构造线

下"两面夹角"按钮 ，输入角度 45 度，单击"确定"按钮 ✔，生成新的基准面，结果如图 8-58 所示。

❹显示草图。鼠标右击"FeatureManager 设计树"中的旋转特征草图 1，弹出菜单如图 8-59 所示，选择"显示"选项，使草图显示出来，便于后面的绘制操作。

❺设置基准面。选择"基准面 1"作为绘图基准面。然后单击"视图"工具栏中的"正视于"按钮 两次，将该表面作为绘制图形的基准面，如图 8-60 所示。

**02** 绘制齿形草图。

❶过原点绘制一条竖直中心线，如图 8-61 所示的直线 1。

❷绘制两条竖直构造直线 2、3，其位置如图 8-61 所示。

❸过原点绘制一条倾斜构造直线 4，其夹角如图 8-61 所示。

❹单击"草图"工具栏中的"圆"按钮 ，绘制三个圆，直径分别为 65.72mm、70.72mm、75mm，并将直径为 70.7mm 的圆设置为构造线，如图 8-62 所示。

❺单击"草图"工具栏中的"点"按钮 ⁏ ，在图 8-63 所示交点处绘制一个点。

图8-57 "基准面"属性管理器

图8-58 生成基准面

图8-59 显示草图

图8-60 设置基准面

图8-61 绘制构造线草图

图8-62 绘制草图

图8-63 绘制点

❻单击"草图"工具栏中的"三点圆弧"按钮 ⌒，在图 8-64 中单击圆弧的起点位置和圆弧终点位置，拖动鼠标单击任意位置确定圆弧的直径。

图8-64 绘制三点圆弧

❼单击"尺寸/几何关系"工具栏中的"添加几何关系"按钮 ⊥，单击选择图 8-64 中绘制的圆弧和图 8-63 绘制的交点，在"添加几何关系"属性管理器中单击重合选项，将三点圆弧完全定义，其颜色变为黑色，从而确定其直径。

❽按住 Ctrl 键，选择三点圆弧和通过原点的竖直中心线。单击"草图"工具栏中的"镜像实体"按钮 ▷◁，将三点圆弧以竖直中心线镜像复制，如图 8-65 所示。

❾单击"草图"工具栏中的"剪裁实体"按钮 ⵣ，将齿型草图的多余线条裁剪掉，结果如图 8-66 所示。

图8-65　绘制三点圆弧

图8-66　裁剪草图

**03** 放样切除创建齿形。

❶绘制点草图。设置前视基准面为绘图基准面，在图 8-67 所示位置绘制一个点草图，然后退出草图编辑状态。

❷放样切除实体。单击"特征"工具栏中的"放样切割"按钮🔲，弹出"切除—放样"属性管理器，在"轮廓"栏中分别拾取图 8-56 中所示的齿型草图和图 8-67 中所示的点草图，如图 8-68 所示。然后单击"确定"按钮✅。

图8-67　绘制点

**04** 圆周阵列生成多齿。

❶显示临时轴。选择菜单栏中的"视图"→"隐藏/显示"→"临时轴"命令，显示出零件实体的临时轴。

❷圆周阵列实体。单击"特征"工具栏中的"圆周阵列"按钮❀。在"圆周阵列"属性管理器中的选择"阵列轴"栏，然后选择锥齿轮轮廓实体临时轴；在"实例数"栏中❀输入值 25；选择"等间距"复选框；选择"要阵列的特征"栏，然后选择切除—放样实体，进行圆周阵列，然后单击"确定"按钮✅。最后将临时轴，草图，基准面均隐藏，结果如图 8-69 所示。

### 8.3.3　拉伸、切除实体生成锥齿轮

**01** 拉伸实体。将锥齿轮的底面设置为基准面，绘制直径为 25mm 的圆，将其拉伸生成高度为 3mm 的实体，结果如图 8-70 所示。

**02** 绘制草图。以锥齿轮的圆形底面为基准面，绘制草图如图 8-71 所示，作为键槽轴孔草图。

图8-68 "切除—放样"属性管理器　　　　　　　图8-69 圆周阵列生成的实体

**03** 拉伸切除实体。单击"特征"工具栏中的"拉伸切除"按钮，在弹出"切除-拉伸"属性管理器中 "终止条件"一栏中选择"完全贯穿"，然后单击"确定"按钮，结果如图 8-72 所示。

**04** 保存文件。单击"标准"工具栏中的"保存"按钮，将零件文件保存，文件名为"锥齿轮"。

图8-70 拉伸生成实体　　　　　图8-71 绘制键槽轴孔草图　　　　　图8-72 锥齿轮

第 **9** 章

## 叉架类零件设计

叉架类零件主要起连接、拨动、支承等作用，它包括拨叉、连杆、支架、摇臂、杠杆等零件。其结构形状多样，差别较大，但都是由支承部分、工作部分和连接部分组成，多数为不对称零件，具有凸台、凹坑、铸（锻）造圆角、拔模斜度等常见结构。

学 习 要 点

- ◎ 齿轮泵机座的创建
- ◎ 托架的创建
- ◎ 踏脚座

## 9.1　齿轮泵机座的创建

　　本例为齿轮泵机座的创建。齿轮泵机座为齿轮泵的主体部分。所有零件均安装在齿轮泵机座上面，机座也是齿轮泵三维造型最复杂的一个零件。图 9-1 所示为齿轮泵基座的二维工程图。

图9-1　齿轮泵机座的工程图

　　创建时首先绘制基座主体轮廓草图并拉伸实体，然后绘制内腔草图，拉伸切除实体。再绘制进出油螺纹孔，最后绘制连接螺纹孔、销轴孔、基座固定孔等结构。整个零件的建模过程如图 9-2 所示。

视频文件\动画演示\第9章\齿轮泵机座的创建.avi

　绘制步骤

图9-2  齿轮泵机座的建模过程

### 9.1.1  创建主体部分

**01** 新建文件。启动 SOLIDWORKS2018，单击"标准"工具栏中的"新建"按钮□，在弹出的"新建SOLIDWORKS文件"对话框中选择"零件"按钮🔧，然后单击"确定"按钮，创建一个新的零件文件。

**02** 绘制草图。在左侧的"FeatureMannger 设计树"中选择"前视基准面"作为绘图基准面。单击"草图"面板中的"草图绘制"按钮└，进入草图编辑状态。然后单击"草图"面板中的"边角矩形"按钮□，绘制一个矩形，通过标注智能尺寸使矩形的中心在原点，结果如图9-3所示。

**03** 绘制草图。单击"草图"面板中的"圆"按钮⊙，绘制两个圆，圆心分别在矩形两条水平边的中点，圆直径与水平边长度相同。注意，当光标变为🖉按钮时，说明捕捉到边中点，结果如图9-4所示。

**04** 剪裁草图。单击"草图"面板中"剪裁实体"按钮⚄，弹出"剪裁"属性管理器。在属性管理器中选择"剪裁到最近端"选项，进行剪裁草图。当剪裁水平边线时，系统弹出图9-5所示的提示，说明剪裁此边线将删除相应的几何关系，单击"是"按钮，将其剪裁，结果如图9-6所示

**05** 添加几何关系。在图9-6所示的草图中，圆弧没有被完全定义。单击"草图"面板"显示/删除几何关系"下拉列表中的"添加几何关系"按钮┻，弹出"添加几何关系"属

性管理器，然后单击选择两个圆弧，单击添加几何关系选项中的"固定"按钮，将圆弧固定从而完全定义。圆弧颜色变为黑色。

图9-3 绘制矩形草图

图9-4 绘制圆草图

图9-5 剪裁系统提示

图9-6 剪裁后的草图

**06** 拉伸实体。单击"特征"面板中的"拉伸凸台/基体"按钮，此时系统弹出"凸台-拉伸"属性管理器，选择"方向2"复选框，填写属性管理器，如图9-7所示。然后单击"确定"按钮，进行双向拉伸。

图9-7 双向拉伸实体

**07** 绘制草图。选择"前视基准面"，单击"草图"面板中的"边角矩形"按钮，绘制一个矩形，标注智能尺寸，如图 9-8 所示。

**08** 拉伸实体。重复操作步骤 **06** 的操作，将拉伸深度设置为 8mm，进行双向拉伸，结果如图 9-9 所示。

图9-8　绘制底座草图

图9-9　齿轮泵轮廓实体

**09** 设置基准面。单击齿轮泵端面，然后单击"视图"工具栏中的"正视于"按钮，将该表面作为绘制图形的基准面。

**10** 绘制内腔草图。单击"草图"面板中的"直线"按钮 和"圆心/起/终点画弧"按钮 。绘制齿轮泵内腔草图，如图 9-10 所示。注意，绘制过程中，当光标拖动到齿轮泵端面圆弧边线处时，将自动捕捉圆弧圆心。

**11** 拉伸切除实体。单击"特征"面板中的"拉伸切除"按钮，在"终止条件"一栏中选择"完全贯穿"，然后单击"确定"按钮，结果如图 9-11 所示。

图9-10　绘制内腔草图

图9-11　拉伸切除实体

## 9.1.2　进出油孔部分创建

**01** 设置基准面。单击齿轮泵一个侧面，然后单击"视图"工具栏中的"正视于"按钮，将该表面作为绘制图形的基准面。

**02** 绘制草图。利用绘图工具绘制图 9-12 所示的草图。

**03** 拉伸实体。单击"特征"面板中的"拉伸凸台/基体"按钮，拉伸生成实体，拉伸深度为 7mm。

**04** 重复操作步骤 **02** 、 **03** 的操作，在齿轮泵另一个侧面绘制相同草图，拉伸生成实体，结果如图 9-13 所示。

图9-12 绘制草图　　　　　　　　　　　　　　　图9-13 绘制进出油孔实体

**05** 添加进出油孔螺纹孔。单击"特征"面板中的"异型孔向导"按钮，系统弹出"孔规格"属性管理器，按照图 9-14 所示进行设置后单击"位置"按钮，分别单击拾取两个侧面圆柱表面的圆心，最后单击"确定"按钮，结果如图 9-15 所示。

图9-14 "孔规格"属性管理器　　　　　　　　　　图9-15 添加进出油孔螺纹孔

### 9.1.3 连接螺纹孔部分的创建

**01** 改变视图方向。单击"视图"工具栏中的"前视"按钮，改变零件实体的视图方向。

**02** 添加连接螺纹孔。单击"特征"面板中的"异型孔向导"按钮，在"孔规格"属性管理器中"大小"栏中选择"M6"规格，"终止条件"栏中选择"完全贯通"。其他设置不变，然后选中"位置"按钮，单击 3D草图 按钮，然后单击端面上任意位置，如图 9-16 所示。

**03** 按下 Esc 键，终止点自动捕捉状态。单击拾取螺纹孔中心点，这时在左侧弹出"点"属性管理器，通过改变属性管理器中点的坐标值（x=-22；y=14.38；z=12），可以调整螺纹孔位置，如图 9-17 所示，最后单击"确定"按钮 ✔。

图9-16 添加连接螺纹孔

图9-17 编辑螺纹孔位置

**04** 显示临时轴。选择菜单栏中的"视图"→"隐藏/显示"→"临时轴"命令，将隐藏的临时轴显示出来。

**05** 圆周阵列实体。单击"特征"面板中的"圆周阵列" ✿ 按钮，单击图 9-18 中的临时轴 1，输入角度值 🔄180 度，输入实例数 ✳ 3；在"要阵列的特征"选项栏中，通过设计树选择 M6 螺纹孔 1 特征，单击"确定"按钮 ✔。

**06** 镜像实体。单击"特征"面板"镜像"按钮 ▯◁，系统弹出"镜像"属性管理器。在"镜像面"选项栏中，选择上视基准面作为镜像面；在"镜像的特征"选项栏中，鼠标选择阵列（圆周）1 特征，如图 9-19 所示。最后单击"确定"按钮 ✔。

图9-18　圆周阵列实体　　　　　　　　　　图9-19　镜像实体

## 9.1.4　定位销孔部分的创建

**01** 绘制草图。以齿轮泵的一个端面作为基准面，单击"草图"面板中的"直线"按钮
，在"插入线条"属性管理器中选择"作为构造线"复选框，绘制 4 条构造线（图 9-20
中点画线）。单击"草图"面板中的"圆"按钮⊙绘制一个圆，圆心在倾斜的构造线上，标注
尺寸如图 9-20 所示。

**02** 拉伸切除实体。单击"特征"面板中的"拉伸切除"按钮⊡，在"终止条件"一栏
中选择"完全贯穿"，单击"确定"按钮✓，结果如图 9-21 所示。

图9-20　绘制销孔草图　　　　　　　　　图9-21　拉伸切除实体

**03** 绘制草图。以齿轮泵底面作为基准面，绘制两个圆，其尺寸与位置如图 9-22 所示。

**04** 拉伸切除实体。单击"特征"面板中的"拉伸切除"按钮⊡，在"深度"一栏中🔾

输入值 10mm，然后单击"确定"按钮✓。

### 9.1.5　底座部分的创建及倒圆角

**01** 绘制草图。再次以齿轮泵底面作为基准面，绘制一个矩形，尺寸如图 9-23 所示。

图9-22　绘制草图　　　　　　　　　　　　　　　图9-23　绘制草图

**02** 拉伸切除实体。单击"特征"面板中的"拉伸切除"按钮🗐，在"深度"一栏中输入值 4mm，然后单击"确定"按钮✓。

**03** 圆角。单击"特征"面板"圆角"按钮🗐，依次选择图 9-24 中的边线，圆角半径为 3mm，单击"确定"按钮✓。重复上述操作，选择图 9-25 中的边线倒圆，圆角半径为 5mm，单击"确定"按钮✓，最后结果如图 9-26 所示。

**04** 保存文件。选择菜单栏中的"文件"→"保存"命令，将零件文件保存，文件名为"齿轮泵基座"。

图9-24　圆角边线1　　　　　　图9-25　圆角边线2　　　　　　图9-26　齿轮泵基座

## 9.2　托架的创建

下面制作一个托架零件，工程图如图 9-27 所示。

叉架类零件主要起支撑和连接作用。其形状结构按功能的不同常分为 3 部分：工作部分、安装固定部分和连接部分。整个零件的建模过程如图 9-28 所示。

视频文件\动画演示\第9章\托架的创建.avi

图9-27　托架工程图

图9-28　托架零件的建模过程

绘制步骤

### 9.2.1 固定部分基体的创建

**01** 新建文件。启动 SOLIDWORKS2018，单击"标准"工具栏中的"新建"按钮 ，在弹出的"新建 SOLIDWORKS 文件"属性管理器中选择"零件"按钮 ，然后单击"确定"按钮，创建一个新的零件文件。

**02** 绘制草图。选择"前视基准面"作为草图绘制平面，单击"草图"面板中的"草图绘制"按钮 ，进入草图编辑状态。

**03** 绘制草图。单击"草图"面板中的"中心矩形"按钮 ，以坐标原点为中心绘制一矩形。不必追求绝对的中心，只要大致几何关系正确就行。

**04** 单击"草图"面板中的"智能尺寸"按钮 ，为所绘制矩形添加几何尺寸和几何关系，如图 9-29 所示。

**05** 拉伸实体。单击"特征"面板中的"拉伸凸台/基体"按钮 ，设置拉伸的类型为"给定深度"；在按钮 右侧的微调框中设置拉伸深度为 24mm；其余选项如图 9-30 所示。单击"确定"按钮 ，创建固定部分基体。

图9-29 添加尺寸和几何关系后的矩形草图

图9-30 设置固定部分基体的拉伸参数及拉伸后效果图

### 9.2.2 创建工作部分基体

**01** 选择"右视基准面"作为草图绘制平面，单击"草图"面板中的"草图绘制"按钮 ，进入草图编辑状态。

**02** 绘制草图。单击"草图"面板中的"圆"按钮 ，绘制一圆。

**03** 单击"草图"面板中的"智能尺寸"按钮 ，为圆标注直径尺寸和定位几何关系，如图 9-31a 所示。

**04** 拉伸实体。单击"特征"面板中的"拉伸凸台/基体"按钮 🗊，设置拉伸的终止条件为"两侧对称";在按钮 🔄 右侧的微调框中设置拉伸深度为 50mm;其余选项如图 9-31b 所示。单击"确定"按钮 ✔，创建拉伸基体。

a)                                                        b)

图9-31　绘制草图和设置拉伸参数

**05** 创建基准面。单击"特征"面板中的"基准面"按钮 📕，在右侧图形区域中的 FeatureManager 设计树中选择"上视基准面"作为参考实体;在"偏移距离"按钮 🔄 右侧的微调框中设置距离为 105mm，具体选项如图 9-32 所示。单击"确定"按钮 ✔，创建基准面。

图9-32　设置基准面参数

**06** 选择生成的"基准面 1"，单击"草图"面板中的"草图绘制"按钮 🗔，在其上新建一草图。单击"视图"工具栏中的"正视于"按钮 ⬇，正视于该草图。

**07** 绘制草图。单击"草图"面板中的"圆"按钮 ⊙，绘制一圆，使其圆心的 X 坐标为

0。

**08** 单击"草图"面板中的"智能尺寸"按钮 ，标注圆的直径尺寸并对其进行定位。

**09** 拉伸实体。单击"特征"面板中的"拉伸凸台/基体"按钮 ，在"方向 1"栏中设置拉伸的终止条件为"给定深度"；在按钮 右侧的微调框中设置拉伸深度为 12mm；在"方向 2"栏中设置拉伸的终止条件为"给定深度"；在按钮 右侧的微调框中设置拉伸深度为 9mm；具体参数如图 9-33 所示。单击"确定"按钮 ，生成工作部分的基体。

图9-33  设置拉伸参数

### 9.2.3  连接部分基体的创建

**01** 选择"右视基准面"，单击"草图"面板中的"草图绘制"按钮 ，在其上新建一草图。点击"正视于"按钮 ，正视于该草图平面。

**02** 按住 Ctrl 键，选择固定部分的轮廓（投影形状为矩形）和工作部分中的支撑孔基体（投影形状为圆形），单击"草图"面板中的"转换实体引用"按钮 ，将该轮廓投影到草图上。

**03** 单击"草图"面板中的"直线"按钮 ，绘制一条由圆到矩形的直线，直线的一个端点落在矩形直线上。

**04** 按住 Ctrl 键，选择所绘直线和轮廓投影圆。在出现的"属性"属性管理器中单击"相切"按钮 ，为所选元素添加"相切"几何关系，如图 9-34 所示。单击"确定"按钮 ，完成几何关系的添加。

**05** 单击"草图"面板中的"智能尺寸"按钮 ，标注落在矩形上的直线端点到坐标原点的距离为 4mm。

**06** 选择所绘直线，单击"草图"面板中的"等距实体"按钮 ⌐。在"等距实体"属性管理器中设置等距距离为 6mm，其他选项如图 9-35 所示。单击"确定"按钮 ✓，完成等距直线的绘制。

**07** 单击"草图"面板中的"剪裁实体"按钮 ☀，剪裁掉多余的部分，完成 T 形肋中截面为 40×6 的肋板轮廓，如图 9-36 所示。

图9-34 添加"相切"几何关系　　图9-35 设置等距实体选项　　图9-36 草图轮廓

**08** 拉伸实体。单击"特征"面板中的"拉伸凸台/基体"按钮 ⬜，设置拉伸的终止条件为"两侧对称"；在按钮 ⬚ 右侧的微调框中设置拉伸深度为 40mm；其余选项如图 9-37 所示。单击"确定"按钮 ✓，创建 T 形肋中一个肋板。

**09** 选择"右视基准面"，单击"草图"面板中的"草图绘制"按钮 ⌐，在其上新建一草图。单击"视图"工具栏中的"正视于"按钮 ↥，正视于该草图平面。

**10** 按住 Ctrl 键，选择固定部分（投影形状为矩形）的左上角的两条边线、工作部分中的支撑孔基体（投影形状为圆形）和肋板中内侧的边线，单击"草图"面板中的"转换实体引用"按钮 ⬜，将该轮廓投影到草图上。

**11** 单击"草图"面板中的"直线"按钮 ✏，绘制一条由圆到矩形的直线，直线的一个端点落在矩形的左侧边线上，另一个端点落在投影圆上。

**12** 单击"草图"面板中的"智能尺寸"按钮 ⬦，为所绘直线标注尺寸定位，如图 9-38 所示。

**13** 单击"草图"面板中的"剪裁实体"按钮 ☀，剪裁掉多余的部分，完成 T 形肋中另一肋板。

**14** 拉伸实体。单击"特征"面板中的"拉伸凸台/基体"按钮 ⬜，设置拉伸的终止条件为"两侧对称"；在按钮 ⬚ 右侧的微调框中设置拉伸深度为 8mm；其余选项如图 9-39 所示。单击"确定"按钮 ✓，创建肋板。

### 9.2.4 切除固定部分基体

**01** 选择固定部分基体的侧面，单击"草图"面板中的"草图绘制"按钮 ⌐，在其上新建一草图。

**02** 单击"草图"面板中的"边角矩形"按钮，绘制一矩形作为拉伸切除的草图轮廓。

图9-37　设置拉伸选项　　　　　　　　　　　　图9-38　定位直线

图9-39　设置拉伸选项

**03** 单击"草图"面板中的"智能尺寸"按钮，标注矩形尺寸并定位几何关系。

**04** 拉伸切除实体。单击"特征"面板中的"拉伸切除"按钮，选择拉伸的终止条件为"完全贯穿"；其他选项如图9-40所示。单击"确定"按钮，创建固定基体的切除部分。

图9-40　设置拉伸切除选项

## 9.2.5　光孔、沉头孔和圆角的创建

**01** 选择托架固定部分的正面，单击"草图"面板中的"草图绘制"按钮 □ ，在其上新建一张草图。

**02** 绘制草图。单击"草图"面板中的"圆"按钮 ⊙ ，绘制两个圆。

**03** 单击"草图"面板中的"智能尺寸"按钮 ✎ ，为两个圆标注尺寸并通过标注尺寸对其进行定位。

**04** 拉伸切除实体。单击"特征"面板中的"拉伸切除"按钮 ▥ ，选择终止条件为"给定深度"；在按钮 ✎ 右侧的微调框中设置拉伸切除深度为3mm；其他选项如图9-41所示。单击"确定"按钮 ✓ ，创建孔。

**05** 选择新创建的沉头孔的底面，单击"草图"面板中的"草图绘制"按钮 □ ，在其上新建一张草图。

**06** 绘制草图。单击"草图"面板中的"圆"按钮 ⊙ ，绘制两个圆。

**07** 单击"草图"面板"显示/删除几何关系"下拉列表中的"添加几何关系"按钮 ⊥ ，在图形区域中选择所绘制的圆和边线，单击"同心"按钮 ◎ ，为它们添加"同心"几何关系，如图9-42所示。

**08** 单击"草图"面板"显示/删除几何关系"下拉列表中的"智能尺寸"按钮 ✎ ，为两个圆标注直径尺寸为16.5mm。单击"确定"按钮 ✓ ，完成几何关系的添加。

**09** 类似步骤 **07** 、 **08** ，为另一个圆添加同样的几何关系。

**10** 拉伸切除实体。单击"特征"面板中的"拉伸切除"按钮 ▥ ，选择终止条件为"完全贯穿"；其他选项如图9-43所示。单击"确定"按钮 ✓ ，完成沉头孔的创建。

**11** 选择工作部分中高度为50mm的圆柱的一个侧面，单击"草图"面板中的"草图绘

制"按钮 ，在其上新建一草图。

**12** 绘制草图。单击"草图"面板中的"圆"按钮 ，绘制一与圆柱轮廓同心的圆。

图9-41 设置拉伸切除

图9-42 添加"同心"几何关系

**13** 单击"草图"面板中的"智能尺寸"按钮 ，标注圆的直径尺寸为16mm。

**14** 拉伸切除实体。单击"特征"面板中的"拉伸切除"按钮 ，设置终止条件为"完全贯穿"，其他选项如图9-44所示。单击"确定"按钮 ，完成孔的创建。

图9-43 设置拉伸切除选项

图9-44 设置拉伸切除选项

**15** 选择工作部分的另一个圆柱段的上端面，单击"草图"面板中的"草图绘制" 按钮 ，在其上新建一草图。

**16** 绘制草图。单击"草图"面板中的"圆"按钮 ，绘制一与圆柱轮廓同心的圆。

**17** 单击"草图"面板中的"智能尺寸"按钮 ，标注圆的直径尺寸为11mm。

**18** 拉伸切除实体。单击"特征"面板中的"拉伸切除"按钮![icon]，设置终止条件为"完全贯穿"，其他选项如图 9-45 所示。单击"确定"按钮![icon]，完成孔的创建。

**19** 选择"基准面 1"， 单击"草图"面板中的"草图绘制"按钮![icon]，在其上新建一草图。

**20** 单击"草图"面板中的"边角矩形"按钮![icon]，绘制一矩形，覆盖特定区域，如图 9-46 所示。

**21** 拉伸切除实体。单击"特征"面板中的"拉伸切除"按钮![icon]，设置终止条件为"两侧对称"，在按钮![icon]右侧的微调框中设置拉伸切除深度为 3mm，其他选项如图 9-46 所示，单击"确定"按钮![icon]，完成夹紧用间隙的创建。

图9-45 设置拉伸切除选项          图9-46 设置拉伸切除选项

**22** 圆角。单击"特征"面板中的"圆角"按钮![icon]，弹出"圆角"属性管理器。在右侧的图形区域中选择所有非机械加工边线，即图示的边线；在按钮![icon]右侧的微调框中设置圆角半径 2mm；具体选项如图 9-47 所示。单击"确定"按钮![icon]，完成铸造圆角的创建。

**23** 保存文件。选择菜单栏中的"文件"→"保存"命令，将零件文件保存，文件名为"托架"。最后结果如图 9-48 所示。

# 9.3 踏脚座

下面制作一个踏脚座零件，工程图如图 9-49 所示。

创建时首先绘制基座主体轮廓草图并拉伸实体，然后绘制内腔草图，拉伸切除实体。再绘制进出油螺纹孔，最后，绘制连接螺纹孔、销轴孔、基座固定孔等结构。整个零件的建模过程如图 9-50 所示。

图9-47 设置圆角选项

图9-48 托架零件

图9-49 踏脚座的工程图

图9-50　踏脚座的建模过程

视频文件\动画演示\第9章\踏脚座.avi

## 绘制步骤

### 9.3.1　创建脚踏座底座部分

**01** 新建文件。启动 SOLIDWORKS2018，单击"标准"工具栏中的"新建"按钮 $\square$ ，在弹出的"新建 SOLIDWORKS 文件"对话框中选择"零件"按钮 $\textcircled{}$ ，然后单击"确定"按钮，创建一个新的零件文件。

**02** 绘制草图。在左侧的"FeatureMannger 设计树"中选择"上视基准面"作为绘图基准面。单击"草图"面板中的"草图绘制"按钮 $\square$ ，进入草图编辑状态。然后单击"草图"面板中的"边角矩形"按钮 $\square$ 、"直线"按钮 $\diagup$ 绘制草图，单击"草图"面板中的"智能尺寸"按钮 $\overset{}{\smallsmile}$ ，为所绘制矩形添加几何尺寸和几何关系，单击"裁剪"按钮 $\overset{}{\searrow}$ 裁剪多余边线，结果如图 9-51 所示。

**03** 拉伸实体。单击"特征"面板中的"拉伸凸台/基体"按钮 $\textcircled{0}$ ，此时系统弹出"凸台-拉伸"属性管理器，在"方向1"中选择，设置拉伸的终止条件为"两侧对称"；在按钮 $\textcircled{0}$ 右侧的微调框中设置拉伸深度为80mm；其余选项如图 9-52 所示。然后单击"确定"按钮 $\checkmark$ ，进行双向拉伸。结果如图 9-53 所示。

**04** 设置基准面。单击刚才创建的实体侧面，然后单击"视图"工具栏中的"正视于"按钮 $\overset{}{\downarrow}$ ，将该表面作为绘制图形的基准面。

**05** 绘制草图。单击"草图"面板中的"边角矩形"按钮 $\square$ ，绘制一个矩形，单击"草图"面板中的"直槽口"按钮 $\textcircled{00}$ ，绘制草图。

**06** 标注尺寸。单击"草图"面板中的"智能尺寸"按钮 $\overset{}{\smallsmile}$ ，为所绘制草图添加几何尺寸和几何关系，如图 9-54 所示。

图9-51　绘制矩形草图　　　　　　图9-52　拉伸参数　　　　　　图9-53　双向拉伸实体

**07** 拉伸切除实体。单击"特征"面板中的"切除拉伸"按钮，选择终止条件为"完全贯穿"；其他选项如图 9-55 所示。单击"确定"按钮，创建拉伸切除基体。

### 9.3.2　工作部分基体的创建

**01** 选择"前视基准面"作为草图绘制平面，单击"草图"面板中的"草图绘制"按钮进入草图编辑状态。

**02** 绘制草图。单击"草图"面板中的"圆"按钮，绘制一圆。

**03** 单击"草图"面板中的"智能尺寸"按钮，为圆标注直径尺寸和定位几何关系，如图 9-56 所示。

图9-54　标注尺寸　　　　　　图9-55　切除特征　　　　　　图9-56　标注尺寸

**04** 拉伸实体。单击"特征"面板中的"拉伸凸台/基体"按钮 🗊，设置拉伸的终止条件为"给定深度"；在按钮 🗗 右侧的微调框中设置拉伸深度为 30mm；单击"确定"按钮 ✔，创建拉伸基体，结果如图 9-57 所示。

### 9.3.3 连接部分的创建

**01** 选择"前视基准面"作为草图绘制平面，单击"草图"面板中的"草图绘制"按钮 ，进入草图编辑状态。

**02** 绘制草图。利用草图绘制工具绘制图 9-58 所示的封闭草图（单击"草图"面板中的"等距实体"按钮 ，绘制尺寸为 8mm 的圆弧线。在绘图过程中可充分利用圆角工具，减少不必要的剪切以提高绘图效率）。

图9-57　拉伸基体　　　　　　　　图9-58　标注尺寸

**03** 单击"草图"面板中的"智能尺寸"按钮 ，为其标注尺寸和定位几何关系，如图 9-58 所示。

**04** 拉伸实体。单击"特征"面板中的"拉伸凸台/基体"按钮 🗊，设置拉伸的终止条件为"给定深度"；在按钮 🗗 右侧的微调框中设置拉伸深度为 20mm；其余选项如图 9-59 所示。单击"确定"按钮 ✔，创建拉伸基体，如图 9-60 所示。

**05** 选择"前视基准面"作为草图绘制平面，单击"草图"面板中的"草图绘制"按钮 ，进入草图编辑状态。

**06** 绘制草图。利用草图绘制工具绘制图 9-61 所示的封闭草图。

**07** 单击"草图"面板中的"智能尺寸"按钮 ，为圆标注直径尺寸和定位几何关系，如图 9-61 所示。

**08** 拉伸实体。单击"特征"面板中的"拉伸凸台/基体"按钮 🗊，设置拉伸的终止条件为"给定深度"；在按钮 🗗 右侧的微调框中设置拉伸深度为 4mm；其余选项如图 9-62 所示。单击"确定"按钮 ✔，创建拉伸基体，如图 9-63 所示。

图9-59　拉伸设置　　　　　　图9-60　拉伸实体　　　　　　图9-61　草图绘制

图9-62　草图绘制　　　　　　　　　　　　图9-63　拉伸实体

### 9.3.4　圆角、倒角的添加

**01** 圆角。单击"特征"面板中的"圆角"按钮◎，打开"圆角"属性管理器。在右侧的图形区域中选择图 9-64 所示的边线；在按钮▶右侧的微调框中设置圆角半径 10mm；具体选项如图 9-65 所示。单击"确定"按钮✔，完成底座部分圆角的创建。

**02** 倒角。单击"特征"面板中的"倒角"按钮◎，弹出"倒角"属性管理器。在右侧的图形区域中选择图 9-66 所示的边线；在按钮▶右侧的微调框中设置倒角半径 1mm；具体选项如图 9-67 所示。单击"确定"按钮✔，完成工作部分倒角的创建。

图9-64　圆角边线的选择

图9-65　设置圆角选项

图9-66　倒角边线的选择

图9-67　设置倒角选项

### 9.3.5 镜像实体

单击"特征"面板中的"镜像"按钮 ᵇᵏᵇ，系统弹出"镜像"属性管理器。在"镜像面"选项栏中，选择前视基准面作为镜像面；在"要镜像的特征"选项栏中，选择前面步骤建立的所有特征，其余参数如图 9-68 所示。单击"确定"按钮 ✓。镜像后实体如图 9-69 所示。

图9-68 镜像参数设置

图9-69 镜像后实体

### 9.3.6 创建工作部分凸台

**01** 单击"特征"面板中的"基准面"按钮 ▦，在右侧图形区域中的 FeatureManager 设计树中选择"上视基准面"作为参考实体；单击"偏移距离"按钮 ▦，在右侧的微调框中设置距离为 95mm，具体选项如图 9-70 所示。单击"确定"按钮 ✓，创建基准面。

**02** 选择生成的"基准面 1"，单击"草图"面板中的"草图绘制"按钮 ▭，在其上新建一草图。单击"视图"工具栏中的"正视于"按钮 ↧，正视于该草图。

**03** 绘制草图。单击"草图"面板中的"圆"按钮 ⊙，绘制一圆，使其圆心的 Y 坐标为 0，X 坐标与工作部分圆柱的中心线重合（绘图时充分利用自动捕捉功能）。

**04** 单击"草图"面板中"智能尺寸"按钮 ◆，标注圆的直径尺寸，如图 9-71 所示。

**05** 拉伸实体。单击"特征"面板中的"拉伸凸台/基体"按钮 ▧，在"方向 1"栏中设置拉伸的终止条件为"给定深度"；在按钮 ▧ 右侧的微调框中设置拉伸深度为 22mm；具体参数如图 9-72 所示。单击"确定"按钮 ✓，生成工作部分的凸台，如图 9-73 所示。

图9-70 设置基准面参数

图9-71 标注圆尺寸

图9-72 设置两方向上的拉伸参数

图9-73 拉伸后效果

### 9.3.7 创建安装轴孔

**01** 绘制工作部分切除草图。选择踏脚座工作部分圆柱的一端面作为绘图基准面，然后单击"视图"工具栏中的"正视于"按钮，将该表面作为绘制图形的基准面。单击"草图"面板中的"圆"按钮，绘制一个圆，标注圆的直径为20mm，如图9-74所示。

**02** 拉伸切除实体。单击"特征"面板中的"拉伸切除"按钮，此时系统弹出"切除-拉伸"属性管理器，选择终止条件为"完全贯穿"，然后单击"确定"按钮。结果如图9-75所示。

211

图9-74 绘制草图

图9-75 拉伸切除实体

**03** 使用同上的办法创建工作部分凸台的切除孔。孔的直径为 8，切除深度设为 22mm。其他设置如图 9-76 所示。单击"确定"按钮✔，最终效果图如图 9-77 所示。

图9-76 设置拉伸切除参数

图9-77 最终效果

第 **10** 章

# 箱体类零件设计

箱体类零件是机械设计中常见的一类零件，它一方面作为轴系零部件的载体，如用来支承轴承、安装密封端盖等；同时，箱体也是传动件的润滑装置——下箱体的容腔可以加注润滑油，用以润滑齿轮等传动件。

箱体类零件的内外形均较复杂，主要结构是由均匀的薄壁围成不同形状的空腔，空腔壁上还有多方向的孔，以达到容纳和支承的作用。另外，具有加强肋、凸台、凹坑、铸造圆角、拔模斜度等常见结构。

- ◎ 阀体的创建
- ◎ 壳体的创建

## 10.1 阀体的创建

减速器箱体、泵体、阀座等属于这类零件，大多为铸件，一般起支承、容纳、定位和密封等作用，内外形状较为复杂。本例为阀体的创建，图 10-1 所示为阀体的二维工程图。

图10-1 阀体的工程图

创建时首先利用拉伸和旋转命令来绘制基座主体轮廓，然后绘制内腔草图，拉伸切除实体和旋转切除实体来实现。再通过切除扫描的方式来实现绘制安装用螺纹，最后绘制螺纹孔。整个零件的建模过程如图 10-2 所示。

视频文件视频文件\动画演示\第10章\阀体的创建.avi

绘制步骤

### 10.1.1 创建主体部分

**01** 新建文件。启动 SOLIDWORKS2018，单击"标准"工具栏中的"新建"按钮，在弹出的"新建 SOLIDWORKS 文件"属性管理器中选择"零件"按钮，然后单击"确定"按钮，创建一个新的零件文件。

**02** 绘制草图。在左侧的"FeatureManager 设计树"中选择"右视基准面"作为绘图基准面。单击"草图"面板中的"草图绘制"按钮□，进入草图编辑状态。单击"草图"面板中的"中心矩形"按钮回，绘制一个矩形，使矩形的中心在原点。单击"草图"面板中的"圆角"按钮⌐，绘制矩形的圆角，结果如图 10-3 所示。

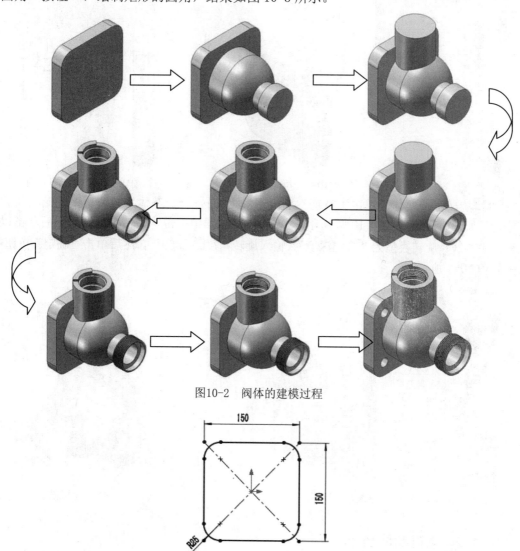

图10-2 阀体的建模过程

图10-3 绘制矩形草图

**03** 拉伸实体生成底座。单击"特征"面板中的"拉伸凸台/基体"按钮⬚，此时系统弹出"凸台-拉伸"属性管理器，参数设置如图 10-4 所示。然后单击"确定"按钮✔，拉伸后的阀体底座如图 10-5 所示。

**04** 绘制草图。在左侧的"FeatureManager 设计树"中选择"前视基准面"作为绘图基准面，然后利用草图绘制工具绘制一条中心线及图 10-6 所示的草图。单击"草图"面板中的"智能尺寸"按钮，对草图进行尺寸标注，调整草图尺寸，结果如图 10-6 所示。

图10-4　拉伸草图参数设置　　　图10-5　拉伸后结果　　　　　图10-6　绘制旋转草图

**05** 旋转生成实体。单击"特征"面板中的"旋转凸台/基体"按钮，此时系统弹出"旋转"属性管理器，如图 10-7 所示。 在属性管理器中单击"旋转轴"栏，然后单击以拾取草图中心线；旋转类型为"给定深度"，输入旋转角度360°，然后单击"确定"按钮。结果如图 10-8 所示。

图10-7　旋转实体参数设置　　　　　　　　　图10-8　旋转生成的实体

### 10.1.2　创建实体凸台

**01** 绘制草图。在左侧的"FeatureManager 设计树"中选择"上视基准面"作为绘图基准面，然后单击"草图"面板中的"圆"按钮，绘制一个 Y 轴为 0 的圆。单击"草图"面板"显示/删除几何关系"下拉列表中的"智能尺寸"按钮，标注圆的直径及距圆点的距离，结果如图 10-9 所示。

**02** 拉伸实体。单击"特征"面板中的"拉伸凸台/基体"按钮，此时系统弹出"凸台-拉伸"属性管理器，在"方向 1"中设置拉伸的类型为"给定深度"；在按钮右侧的微调框中设置拉伸深度为 112mm；其余选项如图 10-10 所示。然后单击"确定"按钮✔，进行拉伸，结果如图 10-11 所示。

图10-9　绘制圆草图　　　图10-10　拉伸草图参数设置　　　图10-11　拉伸实体

### 10.1.3　绘制阀体内孔

**01** 绘制草图。在左侧的"FeatureManager 设计树"中选择"上视基准面"作为绘图基准面，然后利用草图绘制工具绘制一条中心线及图 10-12 所示草图。单击"草图"面板中的"智能尺寸"按钮 ✍，对草图进行尺寸标注，调整草图尺寸，结果如图 10-12 所示。

**02** 旋转切除生成实体。单击"特征"面板中的"旋转-切除"按钮 🔘，系统弹出"切除-旋转"属性管理器，如图 10-13 所示。在属性管理器中单击"旋转轴"栏，然后单击拾取草图中心线；旋转类型为"给定深度"，输入旋转角度 ⤴360°，然后单击"确定"按钮✔，结果如图 10-14 所示。

**03** 绘制草图。在左侧的"FeatureManager 设计树"中选择"前视基准面"作为绘图基准面，然后利用草图绘制工具绘制一条中心线及图 10-15 所示草图。单击"草图"面板中的"智能尺寸"按钮 ✍，对草图进行尺寸标注，调整草图尺寸，结果如图 10-15 所示。

**04** 旋转切除生成实体。单击"特征"面板中的"旋转-切除"按钮 🔘，系统弹出"切除-旋转"属性管理器，如图 10-16 所示。在属性管理器中单击"旋转轴"栏，然后单击拾取草图中心线；旋转类型为"给定深度"，输入旋转角度 ⤴360°，然后单击"确定"按钮✔，结果如图 10-17 所示。

**05** 创建凸台切除。

❶ 单击图 10-17 中凸台拉伸实体的上端面，将其作为绘图基准面。单击"草图"面板中的"转换实体引用"按钮 ⬜，将内外圆边线转换为草图。

❷ 单击"草图"面板中的"中心线"按钮 ✏ 和"直线"按钮 ✏，绘制三条过圆心的直线。单击"草图"面板中的"剪裁实体"按钮 ⬛，将齿型草图的多余线条裁剪掉，并标注角度，

结果如图 10-18 所示。

图10-12 绘制旋转切除草图　　图10-13 切除-旋转参数设置　　图10-14 旋转切除生成的实体

图10-15 绘制旋转切除草图　　图10-16 切除-旋转参数设置图　　图10-17 旋转切除生成的实体

❸拉伸切除实体。单击"特征"面板中的"切除拉伸"按钮⬜，拉伸切除深度为 4mm，然后单击"确定"按钮✔，结果如图 10-19 所示。

### 10.1.4　创建螺纹

01 绘制外螺纹。

❶单击图 10-14 中的表面 1，然后单击"前导视图"工具栏中的"正视于"按钮↧，将该表面作为绘制图形的基准面。激活"转换实体引用"按钮⬜，单击此按钮，将 1 面的外边线转换为草图实体。

❷单击"特征"面板中的"螺旋线/涡状线"按钮⚇，弹出"螺旋线/涡状线"属性管理器，如图 10-20 所示。在属性管理器中选择定义方式为"高度和螺距"，输入高度为 34mm，螺距为 3mm，选择反向，起始角度为 0 度，选择方向为"顺时针"，然后单击"确定"按钮✔。生成螺旋线如图 10-21 所示。

❸设置基准面。在左侧的"FeatureManager 设计树"中选择"上视基准面"作为绘图基准面，然后单击"前导视图"工具栏中的"正视于"按钮↧，将该表面作为绘制图形的基准面。

图10-18 切除草图　　　　　　　　图10-19 切除参数设置

图10-20 "螺旋线/涡状线"属性管理器　　　图10-21 生成螺旋线

❹绘制草图。单击"视图"工具栏中的"局部放大"按钮🔍，将绘图区域局部放大，单击"草图"面板中的"直线"按钮✐，绘制螺纹牙型草图，尺寸如图 10-22 所示。

❺绘制螺纹。单击"特征"面板中的"扫描切除"按钮🗊，弹出"切除-扫描"属性管理器，在"轮廓"按钮🗋右侧选择图形区域中的牙型草图；在"路径"按钮🗋右侧选择螺旋线作为路径草图，单击"确定"按钮✔。结果如图 10-23 所示。

**02** 绘制内螺纹。

❶单击图 10-23 中的表面 3，然后单击"视图"工具栏中的"正视于"按钮⬆，将该表面作为绘制图形的基准面。激活"转换实体引用"按钮🗍，单击此按钮，将面 3 的内边线转换为草图实体。

图10-22 绘制牙型草图

图10-23 绘制螺纹实体

❷单击"特征"面板中的"螺旋线/涡状线"按钮 ，弹出"螺旋线/涡状线"属性管理器，如图 10-24 所示。在属性管理器中选择定义方式为"高度和螺距"，输入高度为 19mm，螺距为 3mm，选择反向，起始角度为 90 度，选择方向为"顺时针"，然后单击"确定"按钮 。生成螺旋线如图 10-25 所示。

图10-24 "螺旋线/涡状线"属性管理器

图10-25 生成螺旋线

❸设置基准面。在左侧的"FeatureManager 设计树"中选择"前视基准面"作为绘图基准面，然后单击"视图"工具栏中的"正视于"按钮 ，将该表面作为绘制图形的基准面。

❹绘制草图。单击"视图"工具栏中的"局部放大"按钮 ，将绘图区域局部放大，单击"草图"面板中的"直线"按钮 ，绘制螺纹牙型草图，尺寸如图 10-26 所示。（为使草图位于正确的位置，在绘制草图前单击"视图"工具栏的"隐藏线可见"按钮 ，将隐藏线显示出来）。

❺绘制螺纹。单击"特征"面板中的"扫描切除"按钮 ，弹出"切除-扫描"属性管理器，单击轮廓按钮 ，选择图形区域中的牙型草图；单击路径按钮 ，然后选择螺旋线作为路径草图，单击"确定"按钮 ，结果如图 10-27 所示。

图10-26 绘制牙型草图

图10-27 绘制螺纹实体

### 10.1.5  创建底座螺纹安装孔

**01** 设置基准面。单击阀体的底座上表面的平面，然后单击"视图"工具栏中的"正视于"按钮 ⊥，将该表面作为绘制图形的基准面。

**02** 绘制构造线。单击"草图"面板中的"圆"按钮 ⊙ 和"直线"按钮 ✎，在其属性管理器中选择"作为构造线"，绘制如图 10-28 所示草图。

**03** 添加螺纹孔。单击"特征"面板中的"异型孔向导"按钮 ⊚，在"孔规格"属性管理器中"大小"栏中选择"M20"规格，"终止条件"栏中选择"完全贯通"。其他设置如图 10-29 所示。单击"孔规格"属性管理器中的"位置"书签。依次单击图 10-28 中构造线的 4 个交叉点，确定螺纹孔的位置，如图 10-30 所示，单击"确定"按钮 ✔，最终结果如图 10-31 所示。

图10-28  绘制构造线草图

图10-29  孔规格参数设置　　图10-30  确定螺纹孔位置　　图10-31  最终效果

# 10.2  壳体的创建

壳体类零件大多为铸件，一般起支承、容纳、定位和密封等作用，内外形状一般较为复杂。本例为壳体的创建，图 10-32 所示为壳体的二维工程图。

创建时首先利用旋转和拉伸及拉伸切除命令来绘制壳体的底座主体轮廓，然后主要利用拉伸命令来绘制壳体上半部分，之后生成安装沉头孔及其他工作部分用孔。最后生成壳体的肋及其倒角和圆角。整个零件的建模过程如图 10-33 所示。

图10-32　壳体的工程图

视频文件\动画演示\第10章\壳体的创建.avi

绘制步骤

### 10.2.1　创建底座部分

**01** 新建文件。启动 SOLIDWORKS2018，单击"标准"工具栏中的"新建"按钮，在弹出的"新建 SOLIDWORKS 文件"对话框中选择"零件"按钮，单击"确定"按钮，创建一个新的零件文件。

**02** 绘制中心线。在左侧的"FeatureManager 设计树"中选择"前视基准面"作为绘图基准面，然后单击"草图"面板中的"中心线"按钮，绘制一条中心线。

**03** 绘制草图。单击"草图"面板中的"直线"按钮，在绘图区域绘制底座的外形轮廓线。

**04** 标注尺寸。单击"草图"面板中的"智能尺寸"按钮，对草图进行尺寸标注，调整草图尺寸，结果如图 10-34 所示。

**05** 旋转生成底座实体。单击"特征"面板中的"旋转凸台/基体"按钮，系统弹出"旋转"属性管理器，如图 10-35 所示。在属性管理器中单击"旋转轴"栏，然后单击拾取草图中心线；旋转类型为"给定深度"，输入旋转角度360°，单击"确定"按钮，结果如图 10-36 所示。

图10-33  壳体的建模过程

图10-34  绘制底座轮廓草图

图10-35 拉伸草图参数设置

图10-36 旋转生成的实体

**06** 绘制草图。在左侧的"FeatureManager 设计树"中选择"上视基准面"作为绘图基准面，然后单击"草图"面板中的"圆"按钮 ⊙，绘制图 10-37 所示的草图，并标注尺寸。

**07** 拉伸实体。单击"特征"面板中的"拉伸凸台/基体"按钮 🗍，此时系统弹出"凸台-拉伸"属性管理器，在"深度"一栏中 🗍 输入值 6mm，其他设置如图 10-38 所示，单击"确定"按钮 ✓，结果如图 10-39 所示。

**08** 设置基准面。单击刚才创建圆柱实体顶面，然后单击"视图"工具栏中的"正视于"按钮 ⌔，将该表面作为绘制图形的基准面。转换实体引用。选择圆柱的草图，然后单击"草图"面板中的"转换实体引用"按钮 🗍，生成草图。

图10-37 绘制草图　　　　图10-38 拉伸参数设置　　　　图10-39 拉伸后效果

**09** 拉伸切除实体。单击"特征"面板中的"拉伸切除"按钮 🗍，此时系统弹出"切除-拉伸"属性管理器，在"深度"一栏 🗍 中输入值 2mm，单击"反向"按钮 ⤢，然后单击"确定"按钮 ✓，结果如图 10-40 所示。

**10** 设置基准面。选择图 10-40 面 1，单击"视图"工具栏中的"正视于"按钮 ⌔，将该表面作为绘制图形的基准面。绘制如图 10-41 所示的草图并标注尺寸。

**11** 切除拉伸实体。切除拉伸 φ7 圆孔特征，设置切除终止条件为"完全贯穿"，得到切除拉伸 2 特征。

**12** 显示临时轴。选择菜单栏中的"视图"→"隐藏/显示"→"临时轴"命令，将隐藏的临时轴显示出来。

图10-40 拉伸切除特征

图10-41 绘制草图

**13** 圆周阵列实体。单击"特征"面板中的"圆周阵列"按钮 ✻，单击图 10-42 中的临时轴 1，输入角度值 360°，输入实例数为 4；在"要阵列的特征"选项栏中，通过设计树选择刚才创建的一个拉伸两个切除特征，单击"确定"按钮 ✔。

图10-42 圆周阵列实体

## 10.2.2 创建主体部分

**01** 设置基准面。单击底座实体顶面，然后单击"前导视图"工具栏中的"正视于"按钮 ↧，将该表面作为绘制图形的基准面。

**02** 绘制草图。单击"草图"面板中的"直线"按钮 ╱ 和"圆"按钮 ⊙。绘制凸台草图，如图 10-43 所示。

**03** 拉伸实体。单击"特征"面板中的"拉伸凸台/基体"按钮 🗃，拉伸生成实体，拉伸深度为 6mm，结果如图 10-44 所示。

**04** 设置基准面。单击刚才所建凸台顶面，然后单击"视图"工具栏中的"正视于"按钮⏚，将该表面作为绘制图形的基准面。

图10-43　绘制草图

**05** 绘制草图。单击"草图"面板中的"直线"按钮✏和"圆"按钮⊙，绘制图 10-45 所示的凸台草图，单击"草图"面板中的"智能尺寸"按钮✎，对草图进行尺寸标注，调整草图尺寸，结果如图 10-45 所示。

**06** 拉伸实体。单击"特征"面板中的"拉伸凸台/基体"按钮◉，拉伸生成实体，拉伸深度为36mm，结果如图 10-46 所示。

**07** 设置基准面。单击刚才所建凸台顶面，然后单击"视图"工具栏中的"正视于"按钮⏚，将该表面作为绘制图形的基准面。

**08** 绘制草图。单击"草图"面板中的"圆"按钮⊙，绘制图 10-47 所示的凸台草图，单击"草图"面板中的"智能尺寸"按钮✎，对草图进行尺寸标注，调整草图尺寸，结果如图 10-47 所示。

**09** 拉伸实体。单击"特征"面板中的"拉伸凸台/基体"按钮◉，拉伸生成实体，拉伸深度为16mm，结果如图 10-48 所示。

**10** 设置基准面。单击刚才所建凸台顶面，然后单击"视图"工具栏中的"正视于"按钮⏚，将该表面作为绘制图形的基准面。

**11** 绘制草图。利用草图绘制工具绘制图 10-49 所示的凸台草图，单击"草图"面板"添加/删除几何关系"下拉列表中的"智能尺寸"按钮✎，对草图进行尺寸标注，调整草图尺寸，结果如图 10-49 所示。

图10-44　拉伸实体

图10-45　绘制草图

图10-46　拉伸实体

**12** 拉伸实体。单击"特征"面板中的"拉伸凸台/基体"按钮◉，拉伸生成实体，拉伸深度为8mm，结果如图 10-50 所示。

图10-47 绘制草图

图10-48 拉伸实体

图10-49 绘制草图

图10-50 拉伸实体

### 10.2.3 生成顶部安装孔

**01** 设置基准面。单击图 10-50 中的面 2，然后单击"视图"工具栏中的"正视于"按钮，将该表面作为绘制图形的基准面。

**02** 绘制草图。单击"草图"面板中的"直线"按钮和"圆"按钮。绘制凸台草图，单击"草图"面板中的"智能尺寸"按钮，对草图进行尺寸标注，调整草图尺寸，如图 10-51 所示。

**03** 拉伸切除实体。单击"特征"面板中的"拉伸切除"按钮，拉伸切除深度为 2mm，单击"确定"按钮，结果如图 10-52 所示

图10-51 绘制草图

图10-52 拉伸切除实体

**04** 设置基准面。单击图 10-52 中的沉头孔底面，然后单击"前导视图"工具栏中的"正

视于"按钮⊥，将该表面作为绘制图形的基准面。

**05** 显示隐藏线。单击"视图"工具栏中的"隐藏线可见"按钮🗔。单击"草图"面板中的"圆"按钮⊙和自动捕捉功能绘制安装孔草图，单击"草图"面板中的"智能尺寸"按钮ぐ，对圆进行尺寸标注如图 10-53 所示。

**06** 拉伸切除实体。单击"特征"面板中的"拉伸切除"按钮▣，拉伸切除深度为 6mm，然后单击"确定"按钮✓。生成的沉头孔，单击"视图"工具栏中的"带边线上色"按钮🗔，结果如图 10-54 所示。

图10-53　绘制草图 　　　　　　　　　　　图10-54　拉伸切除实体

**07** 镜像实体。单击"特征"面板中的"镜像"按钮▯◁▷▯，系统弹出"镜像"属性管理器。在"镜像面"选项栏中，选择右视基准面作为镜像面；在"镜像的特征"选项栏中，鼠标选择前面步骤建立的所有特征，其余参数如图 10-55 所示。单击"确定"按钮✓，完成顶部安装孔特征的镜像。

图10-55　镜像实体

### 10.2.4  壳体内部孔的生成

**01** 设置基准面。单击所建壳体底面作为绘图基准面，然后单击"草图"面板中的"圆"按钮⊙，绘制一个圆。单击"草图"面板中的"智能尺寸"按钮✎，标注圆的直径，结果如图 10-56 所示。

**02** 拉伸切除实体。单击"特征"面板中的"拉伸切除"按钮⑩，拉伸切除深度为 2mm，单击"确定"按钮✔，结果如图 10-57 所示

图10-56  绘制草图

图10-57  生成底孔

**03** 设置基准面。单击所建底孔底面作为绘图基准面，然后单击"草图"面板中的"圆"按钮⊙，绘制一个圆。单击"草图"面板中的"智能尺寸"按钮✎，标注圆的直径 30mm，结果如图 10-58 所示。

**04** 拉伸切除实体。单击"特征"面板中的"拉伸切除"按钮⑩，拉伸选项为"完全贯穿"，单击"确定"按钮✔，结果如图 10-59 所示。

图10-58  绘制草图

图10-59  生成通孔

### 10.2.5  创建其余工作用孔

**01** 设置基准面。单击图 10-57 中的侧面 3，然后单击"前导视图"工具栏中的"正视于"按钮↧，将该表面作为绘制图形的基准面。

**02** 绘制草图。单击"草图"面板中的"圆"按钮⊙，绘制一个圆。单击"草图"面板中的"智能尺寸"按钮✎，标注圆的直径 30mm，结果如图 10-60 所示。

**03** 拉伸实体。单击"特征"面板中的"拉伸凸台/基体"按钮 ，拉伸生成实体，拉伸深度为16mm，结果如图 10-61 所示。

图10-60 绘制草图　　　　　　　　　　图10-61 拉伸侧面凸台孔

**04** 设置基准面。单击壳体的上表面的平面，然后单击"视图"工具栏中的"正视于"按钮 ，将该表面作为绘制图形的基准面。

**05** 添加孔。单击"特征"面板中的"异型孔向导"按钮 ，选择普通孔，在"孔规格"属性管理器中"大小"栏中选择 φ12 规格，"终止条件"栏中选择"给定深度"，深度设为40mm。其他设置如图 10-62 所示。单击"孔规格"属性管理器中的"位置"选项卡。利用草图绘制工具确定孔的位置，如图 10-63 所示，最后单击"确定"按钮 ，结果如图 10-64 所示（利用钻孔工具添加的孔具有加工时生成的底部倒角）。

**06** 设置基准面。单击如图 10-61 中所示的正面 4，然后单击"视图"工具栏中的"正视于"按钮 ，将该表面作为绘制图形的基准面。

**07** 绘制草图。单击"草图"面板中的"圆"按钮 ，绘制一个圆。单击"草图"面板中的"智能尺寸"按钮 ，标注圆的直径 12mm，结果如图 10-65 所示。

**08** 拉伸切除实体。单击"特征"面板中的"拉伸切除"按钮 ，拉伸生成实体，拉伸深度为 10mm。结果如图 10-66 所示。

**09** 设置基准面。单击刚才建立 φ12 孔的底面的，然后单击"视图"工具栏中的"正视于"按钮 ，将该表面作为绘制图形的基准面。

**10** 绘制草图。单击"草图"面板中的"圆"按钮 ，绘制一个圆。单击"草图"面板中的"智能尺寸"按钮 ，标注圆的直径 8mm，结果如图 10-67 所示。

**11** 拉伸实体。单击"特征"面板中的"拉伸切除"按钮 ，拉伸生成实体，拉伸深度为 12mm，结果如图 10-68 所示。

**12** 设置基准面。单击所建壳体的顶面，然后单击"视图"工具栏中的"正视于"按钮 ，将该表面作为绘制图形的基准面。

**13** 添加孔。单击"特征"面板中的"异型孔向导"按钮 ，选择普通螺纹孔，在"孔规格"属性管理器中"大小"栏中选择"M6"规格，"终止条件"栏中选择"给定深度"，深度设为18mm。其他设置如图 10-69 所示。单击"确定"按钮 。在左侧的"FeatureManager 设计树"中右击选择"M6 螺纹孔 1"中的第一个草图，在弹出的快捷菜单中选择"编辑草图"，利用草图绘制工具确定孔的位置，如图 10-70 所示。单击确定完成草图修改。

图10-62 孔规格参数设置

图10-63 孔位置设置

图10-64 添加孔后效果

图10-65 绘制草图

图10-66 创建正面φ12孔

图10-67 绘制草图

**(14)** 设置基准面。单击如图 10-61 中所示正面 4，然后单击"视图"工具栏中的"正视于"按钮↓，将该表面作为绘制图形的基准面。

**(15)** 添加孔。单击"特征"面板中的"异型孔向导"按钮⬡，选择普通螺纹孔，在"孔规格"属性管理器中"大小"栏中选择"M6"规格，"终止条件"栏中选择"给定深度"，深度设为15mm。其他设置如图 10-71 所示。点击"孔规格"属性管理器中的"位置"选项卡。在添加孔的所建平面上适当位置单击左键，再添加一 M6 孔，利用草图绘制工具确定两孔的位置，如图 10-72 所示。单击"孔规格"属性管理器中的"确定"按钮✔，结果如图 10-73 所示。

图10-68　创建正面φ18孔

图10-69　孔规格参数设置

图10-70　确定孔位置

图10-71　孔规格参数设置

图10-72　绘制草图

图10-73　添加孔后效果

### 10.2.6 筋的创建及倒角、圆角的添加

**01** 创建筋。

❶在"FeatureManager 设计树"中选择"右视基准面",然后单击"视图"工具栏中的"正视于"按钮↥,将该表面作为绘制图形的基准面。单击"特征"面板中的"筋"按钮🗔,系统自动进入草图绘制状态。

❷单击"草图"面板中的"直线"按钮╱,在绘图区域绘制筋的轮廓线,如图 10-74 所示。单击"确定"按钮✔,完成筋草图的生成,如图 10-75 所示。

❸系统弹出"筋"属性管理器,在属性管理器中单击"两侧"按钮▤,然后输入距离为3mm;其余选项如图 10-76 所示。在绘图区域选择图 10-76 所示的拉伸方向。然后单击"确定"按钮✔。

图10-74 绘制筋草图

图10-75 绘制草图

图10-76 生成筋

图10-77 圆角边线选择

**02** 圆角。单击"特征"面板中的"圆角"按钮🗔,弹出"圆角"属性管理器。在右侧的图形区域中选择图 10-77 所示的边线;在按钮╲右侧的微调框中设置圆角半径 5mm;具体选项如图 10-78 所示。单击"确定"按钮✔,完成底座部分圆角的创建。

**03** 倒角 1。单击"特征"面板中的"倒角"按钮🗔,弹出"倒角"属性管理器。在右侧的图形区域中选择图 10-79 所示的顶面与底面的两条边线;在按钮🗔右侧的微调框中设置倒角距离 2mm;具体选项如图 10-80 所示。单击"确定"按钮✔,完成 2mm 倒角的创建。

图10-78　设置圆角选项　　　图10-79　倒角1边线选择　　　图10-80　设置倒角选项

**04** 倒角2。单击"特征"面板中的"倒角"按钮 ，弹出"倒角"属性管理器。在右侧的图形区域中选择图 10-81 所示的边线；在按钮 右侧的微调框中设置倒角距离 1mm，具体选项如图 10-82 所示。单击"确定"按钮 ，完成 1mm 倒角的创建。

最后完成效果如图 10-83 所示。

图10-81　倒角2边线选择　　　图10-82　"倒角"属性管理器　　　图10-83　壳体最后效果图

# 第 11 章

# 装配和基于装配的设计技术

  本章介绍零件的装配，概述了配合关系，零件镜像等装配中常用的概念、方法。

  装配体是在一个文件中两个或多个零件的组合。这些零部件之间通过配合关系来确定位置和限制运动。

  SOLIDWORKS有两种设计装配体方法，即自底向上和自顶向下。自底向上的装配体设计，是利用已经建立好的零件设计装配体。装配体的设计好像一个装配车间，利用已经加工完成的零件，根据不同的位置和装配体约束关系，将一个个零件安装成部件或产品。自顶向下则是在装配环境下对零件的高级操作方式，在装配环境下建立零件或特征，零件中的这个特征可以参考装配体中其他零件的位置、轮廓，因此会建立新的外部参考。当参考发生变化时，所建立的零件或特征也发生相应的变化。

学 习 要 点

 ◎ 零部件的插入与约束关系

 ◎ 零部件阵列、镜像

 ◎ 子装配

 ◎ 干涉检查

 ◎ 爆炸视图

## 11.1　零部件的插入

零件设计完成以后，往往需要根据设计要求对零件进行装配。通过定义零件之间的位置约束关系，可以把子零件装配成一个装配体。还可以对生成的装配体进行分析、修改、干涉检查等，也可以在装配模式下根据设计的要求创建新的零件。

SOLIDWORKS2018 提供了多种零部件的插入方法。

➢ 在零件模式下，选择菜单栏中的"文件"→"从零件制作装配体"命令，可以直接创建新装配体，并将该零件插入到新建的装配体中。

➢ 在装配体模式下，单击"装配体"面板上的"插入零部件"按钮🗗，就可以将需要的零件插入到装配体中。

➢ 在装配体模式下，通过新建零件的方式将零件插入到装配体中。

## 11.2　零部件的约束关系

在装配体中，每一个零件都包含 6 个自由度：沿 X、Y、Z 轴的移动和沿这 3 个轴的旋转。通过对每一个方向的移动或旋转的限制，可以控制零件相对装配体（或相应零件）的位置。

零件的装配过程，实际上就是一个约束限位的过程。根据不同的零件模型及设计需要，选择合适的装配约束类型，从而完成零件模型的定位。一般要完成一个零件的完全定位，可能需要同时满足几种约束条件。SOLIDWORKS 2018 提供了十几种的约束类型，供用户选用。

要选择装配约束类型 ，只需要单击"装配体"面板中的"配合"按钮✎，在"配合"属性管理器（如图 11-1 所示）中选择相应的配合关系即可。

➢ 标准配合：
　　☑ 重合：如果两个平面重合、直线和平面重合等。
　　☑ 平行：如果两个平面平行。
　　☑ 垂直：两个平面垂直。
　　☑ 相切：两个圆柱面相切、平面和圆柱面相切。
　　☑ 同轴心：圆柱面和圆柱面、圆锥面和圆锥面同轴心。
　　☑ 锁定：保持两个零部件之间的相对位置和方向。
　　☑ 距离：设定两个平面之间的距离。
　　☑ 角度：设定两个平面之间的夹角。

➢ 高级配合：
　　☑ 轮廓中心：将矩形和圆形轮廓互相中心对齐，并完全定义组件。
　　☑ 对称：迫使两个相同实体绕基准面或平面对称。
　　☑ 宽度：约束两个平面之间的标签。
　　☑ 路径配合：将零部件上所选的点约束到路径。

☑ 线性/线性耦合：在一个零部件的平移和另一个零部件的平移之间之间建立几何关系。

☑ 限制：允许零部件在距离配合和角度配合的一定数值范围内移动。

➢ 机械配合：

☑ 凸轮：圆柱面和凸轮的配合。

☑ 槽口：将螺栓或槽口运动限制在槽口孔内。

☑ 铰链：将两个零部件之间的移动限制在一定旋转范围内。

☑ 齿轮：建立两个面绕所选择的轴按一定比例旋转。齿轮配合会强迫两个零部件绕所选轴相对旋转。齿轮配合的有效旋转轴包括圆柱面、圆锥面、轴和线性边线。

☑ 齿条和齿轮：一个零件（齿条）的线性平移引起另一个零件（齿轮）的周转，反之也可。

☑ 螺旋：将两个零部件约束为同心，还在一个零部件的旋转和另一个零部件的平移之间添加纵倾几何关系。

☑ 万向节：一个零部件（输出轴）绕自身轴的旋转是由另一个零部件（输出轴）绕其旋转驱动的。

图11-1 "配合"属性管理器

## 11.3　零部件阵列

利用零部件的阵列，可以在装配体中对零件进行阵列，从而插入多个相同的零件。SOLIDWORKS 有三种零部件阵列方法。

- ➢ 线性阵列
- ➢ 圆周阵列
- ➢ 阵列驱动
- ➢ 草图驱动
- ➢ 曲线驱动
- ➢ 连零部件阵列

线性阵列和圆周阵列与零件中阵列特征的方法基本一致，本节重点讲述阵列驱动。

所谓阵列驱动是指参考现有零件的阵列特征对某个零件进行阵列，因此，利用阵列零部件的方法可以非常方便地应用在标准件的装配中。需要注意的是：

- ➢ 零部件阵列的参考阵列为零件中阵列特征，因此，在零件中应合理地建立阵列特征。
- ➢ 零部件阵列时参考阵列特征的位置，因此，在插入"源"零件时应注意和"源"特征建立配合关系。

下面用一个在法兰中插入螺栓阵列的例子说明阵列驱动的使用。

### 11.3.1　插入零件

视频文件\动画演示\第11章\法兰装配体.avi

**01** 启动 SOLIDWORKS 2018，单击"文件"工具栏中的"新建"按钮 ，在打开的"新建 SOLIDWORKS 文件"对话框中，选择"装配体"按钮 ，单击"确定"按钮。

**02** 单击"装配体"面板上的"插入零部件"按钮 ，在"插入零部件"属性管理器中单击"浏览"按钮。

**03** 打开6.3节中建立的"法兰盘"零件，将其插入到装配体中。

**04** 单击"装配体"面板上的"插入零部件"按钮 ，在"插入零部件"属性管理器中单击"浏览"按钮。

**05** 打开5.2节中的标准件"螺栓"零件，将其插入到装配体中，作为"源"零件。

**06** 单击"装配体"面板中的"移动零部件"按钮 和"旋转零部件"按钮 ，把零件移动和旋转到合适的位置，如图 11-2 所示。

### 11.3.2　生成配合

**01** 单击"装配体"面板上的"配合"按钮 ，弹出"配合"属性管理器。

**02** 在图形区域中选择"螺栓"的螺杆和"法兰"的螺栓孔作为要配合的实体，并选择

"同轴心"配合关系，如图 11-3 所示。

图11-2　装配体文件

**03** 选择"螺栓"的六方底面和"法兰"的外端面作为要配合的实体，选择"重合"配合关系。单击"确认"按钮✔，完成螺栓的配合（如图 11-4 所示）。

图11-3　选择配合实体以及配合关系　　　　　图11-4　螺栓配合

### 11.3.3 特征阵列

**01** 选择菜单栏中的"插入"→"零部件阵列"→"图案驱动"命令，弹出"阵列驱动"属性管理器。

**02** 选择零件"螺栓"作为要阵列的"源"零部件。

**03** 选择零件"法兰盘"中作为螺栓孔的圆周阵列特征作为"驱动特征"，在图形区域出现的预览中可以查看零件阵列的结果，如图 11-5 所示。

**04** 零部件阵列建立后，在模型树的底部添加了""图标，如图 11-6 所示，通过这个特征可以对所有阵列的零部件进行管理，如隐藏、压缩、删除或解散阵列。

**05** 单击"标准"工具栏中的"保存"按钮，将零件保存为"法兰装配体"。

图11-5 建立阵列特征

L. 原点
▶ 🔩 (固定) 法兰盘<1> (默认<<默认>_默
▶ 🔩 (-) 螺栓M6x30<1> (默认<<默认>_
▶ ◫◫ 配合
▼ 🔡 派生圆周阵列1
  ▶ 🔩 (-) 螺栓M6x30<2> (默认<<默
  ▶ 🔩 (-) 螺栓M6x30<3> (默认<<默
  ▶ 🔩 (-) 螺栓M6x30<4> (默认<<默
  ▶ 🔩 (-) 螺栓M6x30<5> (默认<<默
  ▶ 🔩 (-) 螺栓M6x30<6> (默认<<默
  ▶ 🔩 (-) 螺栓M6x30<7> (默认<<默
  ▶ 🔩 (-) 螺栓M6x30<8> (默认<<默

图11-6 零部件阵列图标

## 11.4  零部件镜像

零部件的镜像可以在装配体中按照镜像的关系装配制定零件的另一实例，也可以产生关于指定零件在某一平面位置的镜像零件。利用镜像零部件进行装配，可以保持"源"零件与镜像零件的镜像对称关系。如果"源"零部件更改，所镜像的零部件也随之更改。

下面以一个齿轮轴装配体中轴承的装配说明零部件镜像的使用方法。

视频文件\动画演示\第11章\零部件镜像.avi

打开装配体"齿轮轴.sldasm"，在图形区域中可看到整个装配体由轴、齿轮、键、轴承组成，如图 11-7 所示。

图11-7  装配体"齿轮轴"

整个"齿轮轴"需要有两个相同的轴承零件，而且这两个轴承还对称于大齿轮。可以通过重新插入轴承的方法来创建该装配体，需要重新定义多个配合关系，而且还有再插入一次轴承装配体，这会大大加重工作量。更为巧妙的方法则是大齿轮本身的对称基准面创建镜像零部件的方法。

**01** 选择菜单栏中的"插入"→"镜像零部件"命令，打开"镜像零部件"属性管理器。

**02** 选择零件"大齿轮"中的"基准面 1"作为"镜像基准面"，在模型树中"低速轴轴承"作为要镜像的"源"零部件，如图 11-8 所示。

**03** 单击"下一步"按钮，进入"步骤 2"为"源"零部件的镜像版本指定一个新的名称"低速轴轴承-1"，如图 11-9 所示。

**04** 单击"确认"按钮，完成轴承的镜像。

图11-8　设置镜像参数

**05** 点击"标准"工具栏中的"保存"按钮🖫，将零件保存为"低速轴组件.sldasm"，效果如图 11-10 所示。

图11-9　　"步骤2"设置镜像版本的新名称　　　　图11-10　　"低速轴组件.sldasm"

## 11.5　移动和旋转零部件

在零部件放入装配体中后，可以移动、旋转零部件或固定它的位置，用这些方式可以大致确定零部件的位置。然后再使用配合关系来精确地定位零部件。使用配合关系，可相对于其他零部件来精确地定位零部件，还可定义零部件如何相对于其他的零部件移动和旋转。只有添加了完整的配合关系，才算完成了装配体模型。

首先通过移动和旋转零部件使它们处于一个比较合适的位置，为进一步添加配合关系作准备。

移动零部件只适用于没有固定关系并且没有被添加完全配合关系的零部件。

**01** 单击"装配体"面板中的"移动零部件"按钮。此时出现"移动零部件"属性管理器，并且光标指针变为✛形状。

**02** 图形区域中选择一个或多个零部件。按住 Ctrl 键可以一次选取多个零部件。

**03** 在"移动零部件"属性管理器（如图 11-11 所示✛图标右侧的"移动"下拉列表框中选择以下一种移动方式：

➢ 自由拖动：选择零部件并沿任意方向拖动。

➢ 沿装配体 XYZ：选择零部件并沿装配体的 X、Y 或 Z 方向拖动。图形区域中会显示坐标系以帮助确定方向。

➢ 沿实体：选择实体，然后选择零部件并沿该实体拖动。如果实体是一条直线、边线或轴，则所移动的零部件具有一个自由度。如果实体是一个基准面或平面，则所移动的零部件具有两个自由度。

➢ 由 DeltaXYZ：在"移动零部件"属性管理器中键入 X、Y 或 Z 坐标，零件按指定的数值移动。

➢ 到 XYZ 位置：选择零部件的一点，在"移动零部件"属性管理器中键入 X、Y 或 Z 坐标，则零部件的点将移动到指定坐标。如果选择的项目不是顶点或点，则零部件的原点会被置于所指定的坐标处。

单击"确定"按钮✔，完成零部件的移动。

当移动零件还不能将零件放置到合适的位置，就需要旋转一个零部件。

要旋转零件，可如下操作：

**01** 单击"装配体"面板中的"旋转零部件"按钮。此时出现"旋转零部件"属性管理器，并且鼠标指针变为🔄形状。

**02** 在图形区域中选择一个或多个零部件。

**03** 从"旋转零部件"属性管理器（见图 11-12）中"旋转"栏的下拉列表框中选择旋转方式。

➢ 自由拖动：选择零部件并沿任意方向拖动。

➢ 对于实体：选择一条直线、边线或轴，然后围绕所选实体旋转零部件。

➢ 由 Detla XYZ：选择零部件，在"旋转零部件"属性管理器中键入 X、Y、Z 的值，然后零部件按照指定的角度数分别绕 X 轴、Y 轴和 Z 轴旋转。

2) 单击"确定"按钮✔，完成旋转零部件的操作。

图11-11 "移动零部件"属性管理器　　　图11-12 "旋转零部件"属性管理器

# 11.6　子装配

同一个装配中，完成上千个零件的装配关系描述，不仅是相当麻烦的，也完全是不必要的。实际设计过程中，装配总是分级完成的，这就是"子装配"的概念。也就是传统设计构思中组件、部件一类的概念的模拟。一个子装配常常是上百个零件的装配，而其中也并不全是基于装配关系而设计的零件。

对于子装配，SOLIDWORKS将它作为一个零件在装配环境中处理。因此虽然从子装配自身来说可能是相对运动的，但是进入上一级装配之后，则可能会成为不可运动的。

要由现有的零部件生成新的子装配体，只要在模型树中按住 Ctrl 键，选择想用来生成子装配体的零部件（单独的零件或子装配体），然后在一个所选零部件上单击右键，在弹出的快捷菜单中选择命令"在此生成新子装配体"（见图 11-13），然后就可以定义该子装配体的名称以及存储路径。

# 11.7　零件顺序

装配体中零部件的顺序并不影响零部件的约束关系和装配状态，但可以影响到装配体材料明细表的排列顺序。因此，有时候为了查看方便或便于组织材料明细表的零件顺序，可以在模型树中修改零部件的先后顺序。在模型树中使用拖动方法来改变零件顺序，如图 11-14

所示。在拖动过程中，注意光标形状为⊷。

图11-13　定义子装配体

图11-14　改变零部件顺序

# 11.8　干涉

在一个复杂的装配体中，如果想用视觉来检查零部件之间是否有干涉的情况，是件困难的事。SOLIDWORKS可以在零部件之间进行干涉检查，并且能查看所检查到的干涉，可以检查与整个装配体或所选的零部件组之间的碰撞与冲突。

### 11.8.1　干涉检查

视频文件\动画演示\第11章\干涉检查.avi

**01** 选择菜单栏中的"工具"→"评估"→"干涉检查"命令。

**02** 在弹出的"干涉检查"属性管理器中，单击"所选零部件"显示框。在装配体中选取两个或多个零部件，或在特征管理器设计树中选择零部件图标。所选择的零部件会显示在"所选零部件"栏中，如图11-15所示。

**03** 选择"视重合为干涉"复选框，则重合的实体（接触或重叠的面、边线或顶点）也被列为干涉的情形。否则将忽略接触或重叠的实体。

**04** 单击"确定"按钮✔。如果存在干涉，在"结果"显示框中会列出发生的干涉。

**05** 在图形区域中对应的干涉会被高亮度显示，在"干涉检查"属性管理器中还会列出相关零部件的名称。

**06** 单击"取消"按钮✕，关闭对话框。图形区域中高亮度显示的干涉也被解除。

图11-15　"干涉检查"属性管理器

## 11.8.2 碰撞检查

视频文件\动画演示\第11章\碰撞检查.avi

碰撞检查用来检查整个装配体或所选的零部件组之间的碰撞关系，利用此工具可以发现所选零部件的碰撞。

**01** 单击"装配体"面板上的"移动"按钮🎁或"旋转"按钮🎁。

**02** 选择"移动零部件"属性管理器或"旋转零部件"属性管理器"选项"栏中的"碰撞检查"单选按钮。

**03** 指定检查范围。

➢ "所有零部件之间"：如果移动的零部件接触到装配体中任何其他的零部件，都会检查出碰撞。

➢ "这些零部件之间"：单击该单选按钮后在图形区域中指定零部件，这些零部件将会出现在🎁图标右侧的显示框中。如果移动的零部件接触到该框中的零部件，就会检查出碰撞。

**04** 如果选择"仅被拖动的零件"复选框，将只检查与移动的零部件之间的碰撞。

**05** 如果选择"碰撞时停止"复选框，则停止零部件的运动以阻止其接触到任何其他实体。

**06** 单击"确定"按钮✔，完成碰撞检查。

## 11.8.3 物资动力

视频文件\动画演示\第11章\物资动力.avi

物资动力是碰撞检查中的一个选项，允许用户以现实的方式查看装配体零部件的移动。启用物资动力后，当拖动一个零部件时，此零部件就会向其接触的零部件施加一个力。结果就会在接触的零部件所允许的自由度范围内移动和旋转接触的零部件。当碰撞时，拖动的零部件就会在其允许的自由度范围内旋转或向约束的或部分约束的零部件相反的方向滑动，使拖动得以继续。

对于只有几个自由度的装配体，运用物资动力效果最佳并且也最具有意义。

要使用物资动力移动零部件，可作如下操作：

**01** 单击"装配体"面板上的"移动"按钮🎁或"旋转"按钮🎁。

**02** 在"移动零部件"属性管理器 或"旋转零部件"属性管理器"选项"中选择"物理动力学"单选按钮。

**03** 移动"敏感度"滑块来更改物资动力检查碰撞所使用的灵敏度。当调到最大的灵敏度时，当零部件每移动 0.02mm 软件就检查一次碰撞。当调到最小灵敏度时，检查间歇为 20mm。

**04** 在图形区域中拖动零部件。当物资动力检测到一碰撞时，将在碰撞的零件之间添加一个互相抵触的力。当两个零件相互接触时，力就会起作用。当两个零件不接触时，力将被移除。

**05** 单击"确定"按钮✔，完成物资动力的检查。

当以物理动力学方式拖动零部件时，一个质心符号 出现在零部件的质心位置。如果单击质心符号并拖动零部件，将在零部件的质心位置添加一个力。

如果在质心外拖动零部件，将会给零部件应用一个动量臂，使零部件可以在允许的自由度内旋转。

### 11.8.4　动态间隙的检测

视频文件\动画演示\第11章\动态间隙的检测.avi

用户可以在移动或旋转零部件时动态检查零部件之间的间隙值。当移动或旋转零部件时，系统会出现一个动态尺寸线，指示所选零部件之间的最小距离。

要检测零部件之间的动态间隙，可作如下操作：

**01** 单击"装配体"面板上的"移动"按钮 或"旋转"按钮 。

**02** 在"移动零部件"属性管理器 或"旋转零部件"属性管理器中选择"动态间隙"复选框。

**03** 单击"检查间隙范围"栏下的第一个显示框，然后在图形区域中选择要检测的零部件。

**04** 单击"在指定间隙"按钮 ，然后在右边的微调框中指定一个数值。当所选零部件之间的距离小于该数值时，将停止移动零部件。

**05** 单击"恢复拖动"按钮。

**06** 在图形区域中拖动所选的零部件时，间隙尺寸将在图形区域中动态更新，如图11-16所示。

**07** 单击"确定"按钮✔，完成动态间隙的检测。

## 11.9　爆炸视图

出于制造目的，经常需要分离装配体中的零部件，以形象地分析它们之间的相互关系。装配体的爆炸视图可让用户分离其中的零部件，以便查看这个装配体。 装配体爆炸后，就不能给装配体添加配合了。

要生成一个爆炸视图，可做如下操作：

**01** 单击"装配体"面板上的"爆炸视图"按钮 。系统弹出"爆炸"属性管理器，如图11-17所示。

**02** 在"设定"复选框中的"爆炸步骤零部件"一栏中，单击要爆炸的零件，此时装配体中被选中的零件被亮显，并且出现一个设置移动方向的坐标。

图11-16 间隙尺寸的动态更新

**03** 单击坐标的某一方向，确定要爆炸的方向，然后在"设定"复选框中的"爆炸距离"一栏中输入爆炸的距离值。

**04** 重复步骤 **01** ～ **03**，将装配体中的其他零部件爆炸出来。

**05** 如果要撤销上一个步骤，单击"撤销"按钮 。

**06** 如果要删除一个爆炸视图的步骤，右键单击爆炸步骤,在弹出的快捷菜单中单击"删除"选项，零部件恢复爆炸前的配合状态。

**07** 单击"确定"按钮 ，应用爆炸视图。

图11-17 "爆炸"属性管理器

第 **12** 章

# 轴承设计

本章将学习轴承的创作方法。轴承是机械设计中常用的零部件，本章将制作两个标准角接触球轴承。第一个将按照传统的方法进行建模和装配，而第二个轴承则是在第一个轴承的基础上通过修改特征尺寸等方法生成。

学 习 要 点

- 轴承 315 内外圈
- 保持架
- 滚珠
- 装配轴承
- 生成轴承 319

## 12.1 设计思路及实现方法

角接触球轴承用来承受径向载荷及径向和轴向同时作用的联合载荷；当加大轴承的径向间隙时，具有推力球轴承的性质；在转速较高不宜采用推力球轴承的情况下，可用此类轴承承受纯轴向力。

角接触球轴承适用于刚度较大的轴上。一般用于小功率电动机、变速器、机床齿轮箱及一般机械上。带防尘盖的角接触球轴承一般用于转速略低并且难以单独安装防尘装置以及不易对轴承进行加油荷检查的机件中。

角接触球轴承由滚球、保持架、轴承外圈、轴承内圈组成。本章将讲述两个标准角接触球轴承的的制作。

这里将轴承的内外圈作为一个零件进行三维建模；保持架作为一个零件建模；通过圆周阵列零部件功能将单个滚球阵列成滚球装配体。具体的建模和装配模型如图12-1所示。

轴承内外圈　　　　　保持架　　　　　滚球零件模型　　　　滚球装配体模型

图12-1　轴承零部件

从图中可以看出角接触球轴承的建模可以通过旋转凸台/基体、旋转切除、圆周阵列特征、圆周阵列零部件等方法。本例中两个标准轴承，其内部结构基本一致，所以本章通过特征重定义的方法建立一个零件序列从而生成两套结构一致，尺寸的不同的轴承。

本章首先讲述角接触6315型号的制作（装配后的效果如图12-2所示），然后通过特征重定义的方法生成轴承6319型号。

图12-2　完成后的轴承效果图

## 12.2 轴承 6315 内外圈

轴承内外圈都是类圆柱体结构，所以可以通过旋转命令来创建，再结合一些其他辅助命令生成辅助特征。

本例为轴承内外圈的创建。图 12-3 所示为此轴承的二维工程图。

生成一个文件夹并命名为"轴承 6315",所有轴承 6315 的零部件都将保存在该文件夹下。

图12-3　轴承的二维工程图

本例通过旋转凸台/基体特征结合圆角特征生成轴承内外圈。图 12-4 所示为轴承内外圈的基本创建过程图。

图12-4　轴承内外圈的建模过程

视频文件\动画演示\第12章\轴承6315内外圈.avi

绘制步骤

### 12.2.1　创建内外圈实体

**01** 新建文件。启动 SOLIDWORKS 2018,单击"标准"工具栏中的"新建"按钮 [[]] ,单击"零件"按钮 [] ,然后单击"确定"按钮,新建一个零件文件。

**02** 绘制草图。

❶在打开的模型树中选择"前视基准面"作为草图绘制平面,单击"草图"工具栏中的"草图绘制"按钮 [[]] ,新建一张草图。

❷利用草图绘制工具绘制基体旋转的草图轮廓,并标注尺寸,如图 12-5 所示。注意在图中通过坐标原点绘制一条水平中心线作为旋转特征的旋转轴,同时整个草图轮廓关于 Y 轴对称。

**03** 旋转生成实体。单击"特征"工具栏中的"旋转凸台/基体"按钮 🍥。在"旋转"属性管理器中设置旋转类型为"给定深度",在 📐 微调框中设置旋转角度为 360 度,如图 12-6 所示。因为在草图轮廓中只有一条中心线,所以默认的情况下该中心线作为旋转轴,该中心线出现图标 ✎ 右侧的旋转栏中。单击"确定"按钮 ✔,从而生成旋转特征,如图 12-7 所示。

图12-5 基体旋转的草图轮廓

图12-6 "旋转"属性管理器

图12-7 生成的旋转特征

**04** 创建轴承外圈圆角。选择轴承外圈的外边线,单击"特征"工具栏中的"圆角"按钮 🔲。在"圆角"属性管理器中指定"圆角类型"为"等半径";在"圆角项目"栏中的圆角半径输入栏中 📐 输入圆角半径为 3.5mm,如图 12-8 所示。单击"确定"按钮 ✔,从而生成圆角特征,如图 12-9 所示。

**05** 创建轴承内圈圆角。单击"特征"工具栏中的"倒角"按钮 🔲,在"倒角"属性管理器中指定"倒角类型"为"角度距离",输入倒角距离为 3.5mm,对轴承内圈的内边线进行倒圆角的操作,生成后的圆角特征如图 12-10 所示。

到此,整个轴承内外圈的设计建模过程就完成了。整个建模过程使用旋转基体的方法建立整个框架,然后通过倒圆角的方法对内外圈圆角进行处理。实际上也可以通过拉伸特征的方法建立整个框架结构,有心的读者可以使用该方法进行建模。需要注意的是在 SOLIDWORKS

2003 版以后的版本中，零件文件形式中模型可以存在多个互不相交的实体，这个功能的改进可以说是该模型在一个零件文件中完成的基础。

图12-8　设置圆角参数　　图12-9　生成轴承外圈外边的圆角　图12-10　完成轴承内圈内边的圆角特征

### 12.2.2　为轴承内外圈指定材质

SOLIDWORKS 2018 中提供了内置的材质编辑器对零件或者装配体进行渲染。其内置的材料编辑器还内置了新的材料数据库，使用户能够单独为零件选择材料特性，包括颜色、质地、纹理以及物理特性。

下面就为制作好的轴承内外圈模型指定材料：

**01** 右键单击"FeatureManager 设计树"中的"（材质）"选项，在弹出的快捷菜单中选择命令"编辑材料"。

**02** 在弹出的快捷菜单中单击"编辑材料"命令，弹出"材料"对话框。在材料列表框中选择"solidworks materials"选项，单击其前面的"▷"符号，展开此项。

**03** 在展开的"solidworks materials"列表中选择"钢"→"合金钢"选项，如图 12-11 所示。

**04** 单击"应用"按钮，从而为轴承内外圈指定材料为合金钢。

**05** 单击"标准"工具栏中的"保存"按钮，将零件文件保存为"轴承 315. sldprt"

在指定好材质后，轴承内外圈模型的颜色、质地、纹理以及物力特性（密度、弹性模量、伯松比等）都被确定了。指定材质后的轴承内外圈模型如图 12-12 所示。

至此轴承内外圈就制作完成了，最后的效果如图 12-13 所示，从设计树中可以清晰地看出整个零件的建模过程。

图12-11 在"材质编辑器"中指定材质

图12-12 合金钢轴承内外圈

图12-13 轴承6315内外圈最后的效果

## 12.3 保持架

保持架用来对轴承中的滚球进行限位，滚球在保持架和轴承内外圈的约束进行滚动。保持架的建模过程如图 12-14 所示。

整个的建模过程用到了拉伸、旋转、圆周阵列、切除－拉伸、旋转切除特征。在这里主要介绍圆周阵列特征功能和旋转切除特征功能。

图12-14　保持架的建模过程

视频文件\动画演示\第12章\保持架.avi

绘制步骤

### 12.3.1　创建球体

**01** 新建文件。启动 SOLIDWORKS 2018，单击"标准"工具栏中的"新建"按钮□，在弹出的"新建 SOLIDWORKS 文件"对话框中，单击"零件"按钮，然后单击"确定"按钮。

**02** 在打开的模型树中选择"前视基准面"作为草图绘制平面，单击"草图"工具栏中的"草图绘制"按钮□，新建一张草图。

**03** 绘制草图。利用草图工具以坐标原点为圆心绘制一个直径为 160mm 的圆，作为拉伸特征的草图轮廓，如图 12-15 所示。

**04** 拉伸实体。单击"特征"工具栏中的"拉伸凸台/基体"按钮，在弹出的"凸台-拉伸"属性管理器中设置拉伸类型为"两侧对称"，拉伸深度为 3mm，如图 12-16 所示。单击"确定"按钮，生成一个以"前视基准面"为对称面的前后各拉伸 1.5mm 的圆柱体，如图 12-17 所示。

**05** 在模型树中选择"上视基准面"作为草图绘制平面，单击"草图"工具栏中的"草图绘制"按钮□，新建一张草图。

**06** 绘制草图。

❶单击"草图"工具栏中的"中心线"按钮，绘制一条竖直的中心线。并标注中心线

到原点的距离为 58.75。

图12-15　拉伸草图轮廓　　　　图12-16　指定拉伸特征属性　　　　图12-17　拉伸的实体

❷单击"草图"工具栏中的"圆"按钮⊙，绘制一个以坐标（58.75，0）为圆心，直径 30 的圆。

❸单击"草图"工具栏中的"剪裁实体"按钮❄。剪裁掉中心线左侧的半圆。

❹单击"草图"工具栏中的"直线"按钮✏，绘制一条将半圆封闭的竖直直线，最后的旋转草图如图 12-18 所示。

**07** 旋转生成实体。单击"特征"工具栏中的"旋转凸台/基体"按钮🔄。由于在草图中只有一条中心线，所以被默认为旋转轴。在弹出"旋转"属性管理器中设置旋转参数如图 12-19 所示。单击"确定"按钮✔，从而生成旋转特征，如图 12-20 所示。

**08** 圆周阵列球体。

❶选择菜单栏中的"视图"→"隐藏/显示"→"临时轴"命令，显示临时轴。从图形区域中可以看到有两条临时轴，一条是圆柱基体的临时轴，该轴与坐标系中的 Z 轴重合，一条是球体的临时轴。

图12-18　旋转草图

❷单击"特征"工具栏中的"圆周阵列"按钮🔀。

❸在图形区域中选择圆柱基体的临时轴，则该轴出现在"阵列（圆周）"属性管理器中的阵列轴栏中。

❹在"圆周阵列"属性管理器中选择"等间距"复选框，则角度栏📐中的总角度将默认

为 360 度，所有的阵列特征会等角度均匀分布。

图12-19　设置旋转参数

图12-20　生成的球体

❺在阵列个数栏 ❈ 中设置圆周阵列的个数为 8，即为角接触球轴承中滚球的个数。

❻在图形区域中的模型树中选择"旋转 1"特征，或者在图形区域中选择球体特征。则选择的特征出现在"要阵列的特征"一栏中，如图 12-21 所示。单击"确定"按钮✅，从而生成圆周阵列特征，如图 12-22 所示。

图12-21　设置圆周阵列特征参数

图12-22　生成的球体阵列

### 12.3.2　切除实体

**01** 选择模型树中的"前视基准面"作为切除特征的草图平面。

**02** 绘制草图。单击"草图"工具栏中的"草图绘制"按钮 □，在前视基准面上新建一草图。单击"草图"工具栏中的"圆"按钮 ⊙，绘制一个以原点为圆心，直径 125 的圆。继续绘制一个以原点为圆心，直径 110 的圆。

**03** 切除实体。单击"特征"工具栏中的"拉伸切除"按钮 ▣，弹出"切除拉伸"属性管理器中设置切除拉伸参数，如图 12-23 所示。单击"确定"按钮✅，生成切除拉伸特征，如图 12-24 所示。

图12-23　设置切除－拉伸特征参数　　　　图12-24　生成的切除－拉伸特征

### 12.3.3　旋转切除实体

**01** 选择模型树中的"上视"作为旋转切除特征的草图平面。

**02** 绘制草图。

❶单击"草图"工具栏中的"草图绘制"按钮□，在上视基准面上新建一草图。

❷单击"草图"工具栏中的"中心线"按钮✐，绘制一条竖直的中心线。并标注中心线到原点的距离为58.75。

❸单击"草图"工具栏中的"圆"按钮⊙，绘制一个以（58.75，0）为圆心，直径 28 的圆。

❹单击"草图"工具栏中的"剪裁实体"按钮✂，剪裁掉中心线左侧的半圆。

❺单击"草图"工具栏中的"直线"按钮／，绘制一条将半圆封闭的竖直直线，最后的旋转草图如图 12-25 所示。

图12-25　旋转切除草图轮廓

**03** 旋转切除。单击"特征"工具栏中的"旋转切除"按钮⬛。由于在草图中只有一条中心线，所以被默认为旋转轴。在出现的"切除－旋转"属性管理器中设置切除－旋转参数如图 12-26 所示。单击"确定"按钮✔，从而生成切除－旋转特征，如图 12-27 所示。

图12-26　设置切除－旋转参数　　　　图12-27　生成切除－旋转特征

### 12.3.4　圆周阵列旋转-切除特征

**01** 在模型树中，单击"切除-旋转"特征。

**02** 圆周阵列旋转。

❶单击"特征"工具栏中的"圆周阵列"按钮🔁。

❷在"阵列（圆周）"属性管理器中选择阵列轴栏目，然后在图形区域中选择圆柱基体的临时轴作为阵列轴。

❸在"圆周阵列"属性管理器中选择"等间距"复选框，从而使所有的阵列特征会等角度均匀分布。

❹在阵列个数栏🌼中设置圆周阵列的个数为 8，即为角接触球轴承中滚球的个数，圆周阵列参数如图 12-28 所示。单击"确定"按钮✔，从而生成圆周阵列特征，如图 12-29 所示。

图12-28　设置圆周阵列参数　　　　图12-29　生成的圆周阵列

至此，保持架的建模就完成了。接下来通过"材料"对话框为保持架赋予"铸造不锈钢"

材质。单击"标准"工具栏中的"保存"按钮 ，将零件保存为"保持架.sldprt"。

保持架最后的效果如图 12-30 所示。从设计树中可以清晰地看出整个零件的建模过程。

图12-30　保持架的最后效果

# 12.4　滚球

滚球首先通过旋转凸台/基体特征生成单个滚球，然后通过将生成的单个滚球零件插入到新装配体中，通过圆周阵列装配体中的滚球零件生成模型。

滚球的建模过程如图 12-31 所示。

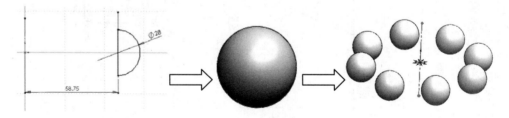

图12-31　滚球的建模过程

视频文件\动画演示\第12章\滚珠.avi

绘制步骤

## 12.4.1　滚球零件的创建

**01** 新建文件。启动 SOLIDWORKS 2018，单击"标准"工具栏中的"新建"按钮 ，在打开的"新建 SOLIDWORKS 文件"对话框中选择"零件"模型，单击"确定"按钮新建一个零件模型。

**02** 在模型树选择"前视基准面"作为草图绘制平面，单击"草图"工具栏中的"草图绘制"图标，新建草图。

**03** 绘制草图。

❶单击"草图"工具栏中的"中心线"按钮，绘制一条竖直的中心线。并标注中心线到原点的距离为 58.75。这条中心线作为旋转凸台/基体特征的旋转轴。

❷单击"草图"工具栏中的"圆"按钮，绘制一个以（58.75，0）为圆心，直径 28 的圆。

❸单击"草图"工具栏中的"剪裁实体"按钮，剪裁掉中心线左侧的半圆。

❹单击"草图"工具栏中的"直线"按钮，绘制一条将半圆封闭的竖直直线。草图如图 12-32 所示。

**04** 旋转实体。单击"特征"工具栏中的"旋转凸台/基体"按钮。在"旋转"属性管理器中单击作为旋转凸台/基体特征旋转轴的中心线则该直线出现在"中心轴"显示栏中，作为旋转轴。单击"确定"按钮，从而生成旋转基体特征。

**05** 在模型树选择"前视基准面"作为草图绘制平面，单击"草图"工具栏中的"草图绘制"按钮，新建草图。

**06** 绘制草图。单击"草图"工具栏中的"中心线"按钮，再绘制一条通过原点的竖直的中心线。这条中心线将作为装配体中的阵列轴，在零件状态中没有其他的作用。

**07** 单击"标准"工具栏中的"保存"按钮，将零件文件保存为"滚球. sldprt"。滚球的最后效果如图 12-33 所示。

图12-32 旋转凸台/基体草图轮廓

图12-33 滚球的最后效果

### 12.4.2 滚球装配体的创建

滚球装配体的制作是通过阵列滚球零件"滚球 . sldprt"的方法来实现的。通过阵列零件的方法，可以很方便地将零件沿圆周、直线生成多个相同的零件。

**01** 在"滚球. sldprt"零件的编辑模式下，单击"标准"工具栏上的"从零件/装配体制作装配体"按钮。此时系统会自动进入"插入零部件"模式中，此时鼠标指针变为形状。具体的操作模式如图 12-33 所示。当利用鼠标拖动零部件到原点时候，鼠标指针显示为图 12-34 中的右侧图所示的情况。此时释放鼠标。将会确立零部件在装配体中具有以下的状态：

➢ 零部件被固定。

➢ 零部件的原点与装配体的原点重合。

➢ 零部件和装配体基准面对齐这个过程虽非必要，但可以帮助确定装配体的起始方位。

单击"确定"按钮，将"滚球 . sldprt"零件插入到装配体中。零件的原点及坐标轴和装配体对应的原点和坐标轴重合。此时，插入的滚球零件显示在模型树中。

图12-34　拖动零部件时的指针形状

**02** 圆周阵列滚球。

❶单击模型树中"滚球"，然后单击"装配体"工具栏中的"圆周零部件阵列"按钮。

❷在弹出的"阵列（圆周）"属性管理器中单击"阵列轴"显示栏，然后在图形区域中选择通过原点的作为阵列轴的轴。

❸在"阵列（圆周）"属性管理器中选择"等间距"复选框，从而使所有的零件会等角度均匀分布。

❹在阵列个数栏中设置圆周阵列的个数为 8，即为角接触球轴承中滚球的个数，圆周阵列参数如图 12-35 所示。单击"确定"按钮，从而生成圆周阵列零件特征。

**03** 单击"标准"工具栏中的"保存"按钮，将文件保存为"滚球装配体.sldasm"，最后效果如图 12-36 所示。

图12-35　设置圆周阵列零件参数　　　　　图12-36　滚球装配体的最后效果

## 12.5　装配轴承

在轴承6315的所有零件和子装配体都制作完成后，就需要把所有的零组件组合在一起。

视频文件\动画演示\第12章\装配轴承.avi

绘制步骤

### 12.5.1　插入零部件

**01** 单击"标准"工具栏中的"新建"按钮，在弹出的"新建 SOLIDWORKS 文件"对话框中，单击"装配体"按钮。单击"确定"按钮，进入新建的装配体编辑模式下。

**02** 单击"装配体"工具栏中的"插入零部件"按钮。在"插入零部件"属性管理器中单击"浏览"按钮。在出现的"打开"对话框中浏览到"轴承6315.sldprt"所在的文件夹（见图12-37），选择该文件，单击"打开"按钮。

**03** 此时被打开的文件"轴承6315内外圈.sldprt"出现在图形区域中，光标指针变为 形状。当利用光标拖动零部件到原点时候，指针变为 形状时释放鼠标。从而将零件"轴承6315内外圈.sldprt"的原点与新装配体原点重合，并将其固定。此时的模型如图12-38所示，从中可以看到"轴承6315"被固定。

**04** 单击"装配体"工具栏中的"插入零部件"按钮。在"插入零部件"属性管理器中单击"浏览"按钮，并在出现的"打开"对话框中浏览到"保持架.sldprt"所在的文件夹，并将其打开。

图12-37 "打开"文件

图12-38 "轴承6315"被插入到装配体中并被固定

**05** 当光标指针变为 形状时，将零件"保持架．sldprt"插入到装配体中的任意位置。

**06** 用同样的办法将子装配体"滚球装配体 . sldasm"插入到装配体中的任意位置。

**07** 单击"标准"工具栏中的"保存"按钮，将零件文件保存为"轴承 6315. sldasm"。最后的效果如图 12-39 所示。

图12-39　插入零部件后的装配体

## 12.5.2　添加配合关系

移动和旋转零部件后，将装配体中的零件调整到合适的位置，如图 12-40 所示。

图12-40　在装配体中调整零件到合适的位置

下面就为轴承 6315 添加配合关系。

首先为滚转装配体和保持架添加配合关系。

**01** 单击"装配体"工具栏中的"配合"按钮。在图形区域中选择要配合的实体——保持架的内圆弧面和滚球装配体的中心轴，所选实体会出现在"配合"属性管理器中的 🔗 图标右侧的显示框中，如图 12-41 所示。在"标准配合"栏目中，选择"同心轴"按钮 ◎ 。单击"确定"按钮 ✓ ，将保持架和滚球装配体的两个中心线和轴重合。

图12-41　选择配合实体

**02** 单击"装配体"工具栏中的"配合"按钮 ⊗ ，在模型树中，选择保持架零件的"前视基准面"和滚球装配体的"上视基准面"。在"标准配合"栏目中，选择"重合"按钮 ⼈ 。单击"确定"按钮 ✓ ，将两个零部件的所选基准面赋予重合关系。

**03** 单击"装配体"工具栏中的"配合"按钮 ⊗ ，在模型树中，选择保持架零件的"右视基准面"和滚球装配体的"前视基准面"。在"标准配合"栏目中，选择"重合"按钮 ⼈ 。单击"确定"按钮 ✓ ，将两个零部件的所选基准面赋予重合关系。

至此，保持架和滚球装配体的装配就完成了，被赋予配合关系的装配体如图 12-42 所示。

图12-42　装配好的滚球装配体和保持架

**04** 单击"装配体"工具栏中的"配合"按钮 ⊗ ，在模型树中，选择保持架零件的"前视基准面"和零件"轴承 6315"的"右视基准面"。在"标准配合"栏目中，选择"重合"按钮 ⼈ 。单击"确定"按钮 ✓ ，将两个零部件的所选基准面赋予重合关系，如图 12-43 所示。

**05** 单击"装配体"工具栏中的"配合"按钮 ⊗ ，在图形区域中选择零件"轴承 6315"

的中心轴和滚球装配体的中心轴。在"标准配合"栏目中，选择"重合"按钮。使零件"轴承6315内外圈"和保持架同轴线，如图12-44所示。单击"装配体"工具栏中的"旋转零部件"按钮，可以自由的旋转保持架，说明装配体还没有被完全定义。要固定保持架，还需要再定义一个配合关系。

图12-43　基准面重合后的效果　　　　　图12-44　中心轴同轴后的效果

**06** 单击"装配体"工具栏中的"配合"按钮，在模型树中，选择保持架零件的"前视基准面"和零件"轴承6315内外圈"的"右视基准面"。在"标准配合"栏目中，选择"重合"按钮。单击"确定"按钮，将两个零部件的所选基准面赋予重合关系，从而完全定义了轴承的装配关系。

**07** 单击"标准"工具栏中的"保存"按钮，将装配体保存起来。选择菜单中的"视图"→"隐藏所有类型"命令，将所有草图或者参考轴等元素隐藏起来，最后的装配体效果如图12-45所示。

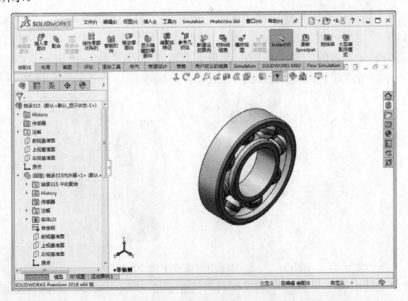

图12-45　完全定义好装配关系的装配体"轴承6315．sldasm"

## 12.6 生成轴承 6319

图 12-46 所示为轴承 6319 的二维工程图。

装配体"轴承 6319.sldasm"的生成基于装配体"轴承 6315.sldasm"及其中的零件。也就是说将装配体"轴承 6315.sldasm"中的零件通过编辑草图、特征重定义和动态修改特征的办法生成装配体"轴承 6319.sldasm"所需要尺寸的零件,然后通过更新装配体的办法生成新的装配体。

首先将装配体"轴承 6315.sldasm"及其对应的零部件文件复制到另一个文件夹,即"轴承 6319"下。这样做的目的是避免对装配体的重新装配以及由此带来的装配错误。

图12-46 轴承6319的二维工程图

视频文件\动画演示\第12章\生成轴承319.avi

### 12.6.1 利用"编辑草图"命令修改零件"滚球.sldprt"

零件生成后,如果对生成特征的草图需要进行进一步的修改就需要使用"编辑草图"命令来完成。下面就利用该命令修改零件"滚球.sldprt",从而使之成为"轴承 6319"所需的零件尺寸。

**01** 在文件夹"轴承 6319"下,打开的零件"滚球.sldprt"。

**02** 在模型树中右击要编辑的草图,在弹出的菜单命令中选择"编辑草图"。此时草图进入到编辑状态,将草图的尺寸改变为如图 12-47 所示。单击图形区域右上角的" ",从而确认对草图的修改。零件将自动更新特征。

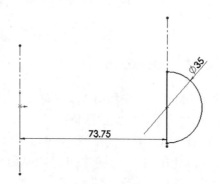

图12-47 改变草图尺寸

**03** 选择菜单栏中的"文件"→"另存为"命令,将新修改的零件保存为"滚球 -6319.sldprt"。

### 12.6.2 更新装配体"滚球装配体.sldasm"

文件夹"轴承6319"下的装配体"滚珠装配体.sldasm"中的零件只有"滚球.sldprt"，在该零件改变后，整个滚球装配体也就可以随之更新、改变。

**01** 在文件夹"轴承6319"下，打开的装配体"滚珠装配体.sldasm"。

**02** 右击模型树中的零件"滚球"，在弹出的快捷菜单中选择命令"替换零部件"。在出现的"替换"属性管理器中（如图12-48所示），单击"浏览"按钮。在"打开"对话框中选择"滚球-6319.sldprt"文件，从而用"滚球-6319.sldprt"替换"滚球.sldprt"。单击✔按钮，从而完成零件的替换。

图12-48　重建后的装配体模型

**03** 选择菜单栏中的"文件"→"另存为"命令，将新修改的装配体保存为"滚球装配体-6319.sldasm"。

### 12.6.3 特征重定义零件"轴承6315"

零件"轴承6315内外圈.sldprt"首先利用"编辑草图"命令修改旋转特征的草图轮廓尺寸，然后再利用特征重定义的办法重新定义圆角特征。

**01** 在模型树中右击"旋转"特征对应的草图，在弹出的菜单命令中选择"编辑草图"。

**02** 单击"前导视图"工具栏中的"正视"按钮，从而正视于该草图以利用编辑。

**03** 单击"草图"工具栏上的"智能尺寸"按钮，修改草图中的各个尺寸。最后的旋转轮廓尺寸如图12-49所示。单击图形区域右上角的"↳✔"，从而确认对草图的修改。零件将自动更新特征。更新草图后的模型如图12-50所示。

零件特征生成之后，用户可以对特征进行多种操作，如删除、重新定义、复制等。特征重定义是频繁使用的一项功能。一个特征生成之后，如果用户发现特征的某些地方不符合要求，通常不必删除特征，而可以通过对特征重新定义，然后修改特征的参数，如拉伸特征的深度、圆角特征中处理的边线或半径等。

图12-49　修改旋转特征草图尺寸　　　　图12-50　修改草图轮廓尺寸后的模型

下面就利用重新定义特征，对该零件的圆角特征进行如下操作：

**01** 在模型树或图形区域中，单击特征"圆角 1"。

**02** 选择菜单栏中的"编辑"→"定义"命令或右击模型树中的特征"圆角 1"并在弹出的快捷菜单中选择"编辑特征"命令。根据特征的类型，系统会出现相应的属性管理器。此时出现的"圆角 1"属性管理器。在"圆角 1"属性管理器中的"圆角半径"输入框中输入新的圆角半径值为 4mm，从而重新定义该特征，如图 12-51 所示。单击 ✔ 按钮，以接受特征的重新定义。

**03** 仿照步骤 **02**，对模型树中"倒角 2"特征进行重新定义。将倒角距离设置为 4mm。

**04** 选择菜单栏中的"文件"→"另存为"命令，将新修改的零件保存为"轴承6319.sldprt"。

图12-51　重新定义"圆角1"特征

### 12.6.4 动态修改特征修改保持架

SOLIDWORKS 2018 在零件建模完成之后，可以随时修改特征的参数（如拉伸特征的深度等），而不必回到特征的重定义状态。通过系统提供的特征修改控标可以移动、旋转和调整拉伸及旋转特征的大小。

下面就利用动态修改特征的方法修改零件"保持架.sldprt"。

**01** 单击"特征"工具栏上的"Instant3D"按钮⬈。

**02** 在模型树或图形区域中，单击要修改的特征——"凸台-拉伸 1"。此时特征修改控标就会出现在特征中，如果双击特征，则可以同时显示特征和对应特征的草图尺寸，如图 12-52 所示。

**03** 双击要修改的特征尺寸或者草图尺寸，便出现修改尺寸的对话框，如图 12-53 所示。修改拉伸的草图尺寸为 180，拉伸深度为 4。当对特征的修改满意时，在文件窗口的空白处单击，或按 Esc 键，取消选择的特征。

图12-52 显示特征修改控标和特征、草图尺寸　　　　图12-53 "修改尺寸"对话框

**04** 在模型树或图形区域中双击要修改的特征——"旋转 1"。将草图尺寸由 58.75 修改为 73.75，30 修改为 37，如图 12-54 所示。在文件窗口的空白处单击，从而确认尺寸的修改。

**05** 在模型树或图形区域中，双击要修改的特征——"切除－拉伸 1"。将草图尺寸由 110 修改为 140，120 修改为 155，拉伸深度由 30 修改为 37，如图 12-55 所示。在文件窗口的空白处单击，从而确认尺寸的修改。

**06** 在模型树或图形区域中，双击要修改的特征——"切除－旋转 1"。将草图尺寸由 58.75 修改为 73.75，28 修改为 35，如图 12-56 所示。

**07** 在全部修改完特征或者对应的草图尺寸后，系统并不会立即更新这种改变。需要单击"标准"工具栏中的"重建模型"按钮⬤。

**08** 选择菜单栏中的"文件"→"另存为"命令，将新修改的零件保存为"保持架-6319.sldprt"。最后的效果如图 12-57 所示。

图12-54　修改后的特征"旋转1"的草图尺寸　　图12-55　修改后的特征"切除－拉伸1"的草图尺寸

图12-56　修改后的特征"切除－旋转1"的草图尺寸

图12-57　修改尺寸并更新后的零件

## 12.6.5　更新装配体

在完成轴承6319中所有零件尺寸的改变后，就可以对装配体进行重建，从而更新装配体。

**01** 在文件夹"轴承6319"下，打开的装配体"轴承6315.sldasm"。

**02** 在出现的"SOLIDWORKS"警示的对话框中，单击"关闭"按钮。关闭对话框。

**03** 右击模型树中的零件"轴承6315内外圈.sldprt",在弹出的快捷菜单中选择命令"替换零部件"。将新生成的"轴承6319内外圈.sldprt"替换零件"轴承6315内外圈.sldprt"。

**04** 仿照步骤 **03**,将零件"滚球装配体.sldasm"替换为"滚球装配体-6319.sldasm";将零件"保持架.sldasm"替换为"保持架-6319.sldasm"。

**05** 选择菜单栏中的"文件"→"另存为"命令,将新修改的装配体另存为"轴承6319.sldasm"。

为了验证装配体模型是否进行了准确的更新,需要对装配体进行干涉检查和尺寸的测量。在一个复杂的装配体中,如果想用视觉来检查零部件之间是否有干涉的情况,是件困难的事。SOLIDWORKS可以在零部件之间进行干涉检查,并且能查看所检查到的干涉,可以检查与整个装配体或所选的零部件组之间的碰撞与冲突。

下面就对装配体"轴承6319.sldasm"进行干涉检查。

**01** 单击"评估"面板中的"干涉检查"按钮 。

**02** 在出现的"干涉检查"属性管理器中的"所选零部件"显示栏中显示着装配体"轴承6319.sldasm"。

**03** 在"干涉检查"属性管理器中单击"计算"按钮 计算(C) ,从而在"结果"显示栏中可以看到有0个干涉项目,说明装配体并不存在干涉问题,如图12-58所示。单击"取消"按钮 ,从而完成干涉检查。

图12-58　干涉检查结果

SOLIDWORKS不仅能完成三维设计工作,还能对所设计的模型进行简单的计算。通过这些计算工具可以测量草图、三维模型、装配体或工程图中直线、点、曲面、基准面的距离、角度、半径以及大小,以及它们之间的距离、角度、半径或尺寸。测量两点之间的距离时,两点的 x、y 和 z 距离差值会显示出来。选择顶点或草图点时，会显示其 x、y 和 z 坐标值。

下面就通过测量装配体"轴承 6319.sldasm"的尺寸来确认轴承 6319 尺寸的准确性。

**01** 单击"评估"面板中的"测量"按钮 ⟟。此时出现"测量"对话框。

**02** 单击光标指针选择模型上的测量项目，此时光标指针变为 ⟟ 形状。

**03** 使用测量工具 ⟟，选择轴承的外圈边线。选择的测量项目出现在"所选项目"显示框中，同时在"测量"显示框中显示所得到的测量结果。在其中可以看到外圈边线的周长为 628.32mm，直径为 200mm，如图 12-59 所示。单击"关闭"按钮，关闭对话框，最终结果如图 12-60 所示。

图12-59　测量轴承边线

图12-60　轴承6319装配体最后的效果

# 第 **13** 章

## 齿轮泵装配

本章将学习齿轮泵的装配。在机械设计中大多数的设备都不是由单一的零件组成，而是由许多零件装配而成，如螺栓螺母等装配而成的紧固件组合、轴类零件(轴承、轴、轴承座)所构成的传动部件等。对于大型、复杂的设备，它们的建模过程通常是先完成每一个零件的建模，然后通过装配将各个零件按照设计要求组合在一起，最后构成完整的模型。

学 习 要 点

- ◎ 齿轮泵轴组件装配
- ◎ 总装设计方法
- ◎ 创建爆炸视图

## 13.1 组件装配设计思路及实现方法

零件之间的装配关系实际上就是零件之间的位置约束关系。可以把一个大型的部件装配模型可看作是由多个子装配体组成，因而在创建大型的装配模型时，可先创建各个子装配体——即组件装配，再将各个子装配体按照它们之间的相互位置关系进行装配，最终形成完整的装配模型。

单组件的装配是整机装配的基础。进行组件装配时，合理选取第一个装配零件尤为重要。通常情况下，第一个装配零件应满足零件是整个装配体模型中最为关键的零件和用户在以后的工作中不会删除该零件两个条件。

组件装配的一般步骤如下：

**01** 建立一个装配体文件（.sldasm），进入零件装配模式。

**02** 调入第一个零件模型默认情况下装配体中的第一个零件是固定的,但是用户可以随时将其解除固定。

**03** 调入其他与装配体有关的零件模型或下一级子装配体（下一级组件）。

**04** 分析零件之间的装配关系，并建立零件之间的装配关系。

**05** 重复步骤 **03** 、 **04** ，直到完成所有的零件装配。

**06** 全部零件装配完毕后，将装配体模型保存。

## 13.2 齿轮泵轴组件装配

### 13.2.1 支撑轴组件装配

支撑轴的装配图相对简单些，只要两个组建就可装配完成，其装配过程如图 13-1 所示。

图13-1 齿轮泵支撑轴组件装配过程

视频文件\动画演示\第13章\齿轮泵轴组件装配.avi

**绘制步骤**

**01** 创建新的装配体。启动 SOLIDWORKS2018。单击"标准"工具栏中的"新建"按钮，在弹出的"新建 SOLIDWORKS 文件"对话框中选择"装配体"图标，然后单击"确定"按钮，创建一个新的装配体文件。

**02** 插入支撑轴。在弹出的"开始装配体"属性管理器中单击"浏览"按钮，选择 "支撑轴"零件，将其插入装配界面，如图 13-2 所示。

图13-2 插入支撑轴

**03** 插入圆柱齿轮2。单击"装配体"面板中的"插入零部件"按钮。在弹出的"打开"对话框中，选择"圆柱齿轮2"，将其插入装配界面中，如图 13-3 所示。

图13-3 插入圆柱齿轮2

**04** 添加配合关系。单击"装配体"面板中的"配合"按钮，添加配合关系。

❶拾取圆柱齿轮2的内孔和支撑轴的圆柱面,添加同轴心配合关系,结果如图 13-4 所示。

❷拾取圆柱齿轮 2 的端面和支撑轴轴肩面，如图 13-5 所示，添加重合配合，结果如图 13-6 所示。

图13-4　添加同轴心配合　　　图13-5　拾取配合面　　　图13-6　添加重合配合

保存文件。单击"标准"工具栏中的"保存"按钮，将装配体文件保存，文件名为"支撑轴装配"。

## 13.2.2　传动轴组件装配

在本例中将进行齿轮泵中的传动轴组件装配操作，如图 13-7 所示。首先建立一个装配体文件，将传动轴插入装配界面中，作为固定零件。再插入其他的零部件，并且进行相应的配合装配。最后将其保存为装配体文件。

图13-7　齿轮泵传动轴组件装配过程

视频文件\动画演示\第13章\传动轴组件装配.avi

绘制步骤

**01** 启动 SOLIDWORKS2018。单击"标准"工具栏中的"新建"按钮，在弹出的"新建 SOLIDWORKS 文件"对话框中选择"装配体"图标，然后单击"确定"按钮，创建一个新的装配体文件。

**02** 系统弹出 SOLIDWORKS2018 建立装配体文件界面，并且弹出"开始装配体"属性管理器，如图 13-8 所示。

**03** 单击"浏览"按钮，系统弹出"打开"对话框，选择前面创建保存的零件"传动轴"，这时属性管理器的浏览区将显示零件的预览结果，如图 13-9 所示。

图13-8 "插入零部件"属性管理器　　　　图13-9 "打开"文件属性管理器

**04** 定位传动轴。在"打开"对话框中单击"打开"按钮，系统进入装配界面，光标变为 ，选择菜单栏中的"视图"→"隐藏/显示（H）"→"原点"命令，显示坐标原点，将光标移动至原点位置，光标变为 形状，如图 13-10 所示，在目标位置单击将传动轴放入装配界面中。

 注意：

第一个调入的零部件是固定的，如图 13-11 所示。如果需要可以将其解除固定，变为浮动状态。

**05** 插入平键1到装配体。单击"装配体"面板中的"插入零部件"按钮 。在弹出的"打开"对话框中，选择"平键1"，将其插入装配界面中，结果如图 13-12 所示。

**06** 添加配合关系。单击"装配体"面板中的"配合"按钮 ，系统弹出"配合"属性管理器，在属性管理器中显示一系列标准配合，如图 13-13 所示。

❶单击拾取平键1的底面和传动轴键槽的底面作为配合面，如图 13-14 所示。在"配合"属性管理器中单击"重合"图标 ，这时系统也会自动判断配合形式。然后单击"确定"图标 ，在"配合"属性管理器中的"配合"栏中显示所添加的配合，如图 13-15 所示。

图13-10　定位传动轴　　　　　　　　　图13-11　零件装配状态

图13-12　插入平键1到装配体

❷重复上述操作，选择平键 1 的侧面和键槽的侧面重合，平键的圆弧面和键槽的圆弧面同轴心，如图 13-16 所示。这时，平键 1 将被完全定位，在设计树中的零件前的欠定位符号将去除。

**07** 插入圆柱齿轮 1 到装配体。单击"装配体"面板中的"插入零部件"按钮。在弹出的"打开"对话框中，选择"圆柱齿轮1"，将其插入装配界面中。这时，圆柱齿轮处于欠定位状态，如图 13-17 所示。

**08** 添加配合关系。单击"装配体"面板中的"配合"按钮，添加配合关系。

❶单击圆柱齿轮 1 的内孔和传动轴的圆柱面，添加同轴心配合；单击圆柱齿轮 1 键槽的侧面和传动轴上平键 1 的侧面，如图 13-18 所示，添加重合配合。结果如图 13-19 所示。

❷单击拾取圆柱齿轮 1 的端面和传动轴的轴肩面，如图 13-20 所示，添加重合配合。结果如图 13-21 所示。

**09** 插入平键 2 到装配体。单击"装配体"面板中的"插入零部件"按钮。在弹出的

"打开"对话框中，选择"平键2"，将其插入装配界面中。

图13-13 "配合"属性管理器

图13-14 选择配合面

图13-15 添加配合关系

图13-16　添加其他配合关系

图13-17　插入圆柱齿轮1到装配体

**10** 添加配合关系。单击"装配体"面板中的"配合"按钮 ，添加平键 2 和传动轴的配合关系，结果如图 13-22 所示。

图13-18　选择配合面

图13-19　圆周定位配合

图13-20　选择配合面

图13-21　齿轮轴向定位

图13-22　装配平键2

**11** 保存文件。单击"标准"工具栏中的"保存"按钮，将装配体文件保存，文件名为"传动轴装配"。

## 13.3　总装设计方法

总体装配是三维实体建模的最后阶段，也是建模过程的关键。用户可以使用配合关系来确定零件的位置和方向，可以自下而上设计一个装配体，也可以自上而下地进行设计，或者两种方法结合使用。

所谓自下而上的设计方法，就是先生成零件并将其插入到装配体中，然后根据设计要求配合零件。该方法是比较传统的方法，因为零件是独立设计的，所以可以让设计者更加专注于单个零件的设计工作，而不用建立控制零件大小和尺寸的参考关系等复杂概念。

自上而下的设计方法是从装配体开始设计工作，用户可以使用一个零件的几何体来帮助定义另一个零件，或生成组装零件后才添加加工特征。可以将草图布局作为设计的开端，定义固定的零件位置、基准面等，然后参考这些定义来设计零件。本章将以齿轮泵的总装过程为例讲述总体装配的实现过程，最后完成齿轮泵的整体建模。装配过程如图 13-23 所示。

图13-23　齿轮泵总装过程

视频文件\动画演示\第13章\总装设计方法.avi

### 13.3.1　新建装配体并插入齿轮泵基座

**01** 启动 SOLIDWORKS2018，单击"标准"工具栏中的"新建"按钮，在弹出的"新建 SOLIDWORKS 文件"对话框中选择"装配体"图标，然后单击"确定"按钮，创建一个新的装配体文件。

**02** 系统弹出 SOLIDWORKS2018 建立装配体文件界面，并且弹出"开始装配体"属性管理器，单击"浏览"按钮，系统弹出"打开"对话框，选择前面创建保存的零件"齿轮泵基座"，这时属性管理器的浏览区将显示零件的预览结果，如图 13-24 所示。

**03** 在"打开"对话框中单击"打开"按钮，系统进入装配界面，光标变为。单击，将齿轮泵基座放置入装配界面中，如图 13-25 所示。

### 13.3.2　齿轮泵后盖的装配

**01** 插入齿轮泵后盖到装配体。单击"装配体"面板中的"插入零部件"按钮。在弹出的"打开"对话框中，选择"齿轮泵后盖"，将其插入装配界面中，结果如图 13-26 所示。

图13-24    "打开"文件属性管理器

图13-25    定位齿轮泵基座

**02** 旋转零件。为了便于装配，经常需要移动或者旋转零件。其操作是单击"装配体"面板中的"移动零部件"按钮 和"旋转零部件"按钮 ，然后用光标拖动需要旋转或移动的零件即可。

**03** 添加配合关系。单击"装配体"面板中的"配合"按钮 ，系统弹出"配合"属性管理器。

图13-26　插入齿轮泵后盖

❶分别选择齿轮泵基座内腔圆弧面和齿轮泵后盖的轴孔同轴心，如图 13-27 所示。

❷拾取齿轮泵后盖的内表面和齿轮泵基座的端面，如图 13-28 所示，添加重合配合。

图13-27　选择同轴心配合面　　　　　图13-28　选择重合配合面

### 13.3.3　传动轴的装配

**01** 插入传动轴子装配体到装配体。单击"装配体"面板中的"插入零部件"按钮。在弹出的"打开"对话框中，文件类型选择"装配体（*.asm；*.sldasm）"，选择"传动轴装配"，如图 13-29 所示。将其插入装配界面中，结果如图 13-30 所示。

图13-29　插入装配体文件

**02** 添加配合关系。单击"装配体"面板中的"配合"按钮，添加配合关系。

❶单击传动轴的圆柱面和齿轮泵后盖的内孔，如图 13-31 所示，添加同轴心配合。

图13-30　插入传动轴子装配体　　　　　　　图13-31　选择同轴心配合面

❷单击传动轴装配体中的圆柱齿轮的端面和齿轮泵后盖内侧面，如图 13-32 所示，添加重合配合，结果如图 13-33 所示。

### 13.3.4　支撑轴的装配

**01** 插入支撑轴子装配体到装配体。单击"装配体"面板中的"插入零部件"按钮。在弹出的"打开"对话框中，文件类型选择"装配体（*.asm；*.sldasm）"，选择"支撑轴装配"，将其插入装配界面中，结果如图 13-34 所示。

图13-32　选择重合配合面　　　　　　　图13-33　装配传动轴子装配体结果

**02** 添加配合关系。单击支撑轴的圆柱面和齿轮泵后盖的内孔，添加同轴心配合；单击支撑轴装配体中的圆柱齿轮端面和齿轮泵后盖内侧面，添加重合配合，如图 13-35 所示，装配结果如图 13-36 所示。

图13-34　插入支撑轴子装配体　　　　图13-35　选择配合面　　　　图13-36　装配支撑轴子装配体

### 13.3.5　齿轮泵前盖的装配

**01** 插入齿轮泵前盖到装配体。单击"装配体"面板中的"插入零部件"按钮，插入齿轮泵前盖零件。

**02** 添加配合关系。单击传动轴的圆柱面和齿轮泵前盖的内孔，添加同轴心配合；单击支撑轴的圆柱面和齿轮泵前盖另外一个内孔，添加同轴心配合；单击齿轮泵前盖的内表面和齿轮泵基座端面，添加重合配合，如图 13-37 所示。装配结果如图 13-38 所示。

### 13.3.6 压紧螺母、锥齿轮的装配

**01** 插入压紧螺母到装配体。重复插入零部件的操作方法，将压紧螺母插入装配体。

**02** 添加配合关系。单击图 13-39 所示的对应表面，分别添加同轴心和重合配合，结果如图 13-40 所示。

图13-37　选择配合面

图13-38　装配齿轮泵前盖

图13-39　选择配合面

图13-40　装配压紧螺母

**03** 装配锥齿轮。将锥齿轮插入到装配体，单击如图 13-41 所示的对应表面，分别添加传动轴轴肩和锥齿轮底面的重合配合，传动轴圆柱面和锥齿轮内孔的同轴心配合，平键和键槽侧面的重合配合，结果如图 13-42 所示。

图13-41　拾取锥齿轮配合面

图13-42　装配锥齿轮

### 13.3.7 密封件、紧固件的装配

**01** 装配垫片。将垫片插入到装配体，分别添加垫片内孔和传动轴圆柱面的同轴心配合，

垫片端面和锥齿轮端面的重合配合，如图 13-43 所示。

**02** 装配螺母 M14。将螺母 M14 插入到装配体，分别添加螺母和传动轴的同轴心配合，螺母端面和垫片端面的重合配合。结果如图 13-44 所示。

**03** 装配螺钉 M6×16。将螺钉 M6×16 插入到装配体，分别添加螺钉和螺钉通孔的同轴心配合，螺钉头端面和螺钉通孔台阶面的重合配合，如图 13-45 所示。

图13-43　拾取垫片配合面

图13-44　装配螺母M14

图13-45　拾取螺钉配合面

**04** 装配其他螺钉。在设计树中，单击选择螺钉 M6×16，然后按住 Ctrl 键，将螺钉 M6×16 零件拖入装配界面中，在装配界面中将插入一个螺钉 M6×16，如图 13-46 所示。此操作与单击"装配体"面板中的"插入零部件"按钮 操作结果相同。

**05** 采用上述插入零件方法，插入 5 个螺钉，将其一一进行装配。结果如图 13-47 所示。

**06** 在齿轮泵的另一侧装配 6 个螺钉 M6×16。

**07** 装配销。将齿轮泵装配体用于定位的销零件插入装配体中，插入数量为 4 个，每侧 2 个，并且进行装配。

**08** 保存文件。单击"标准"工具栏中的"保存"按钮，将装配体文件保存，文件名为"齿轮泵总装配"，结果如图 13-48 所示。

图13-46　插入其他螺钉

图13-47　装配其他螺钉

图13-48　齿轮泵

# 13.4　创建爆炸视图

视频文件\动画演示\第13章\创建爆炸视图.avi

**绘制步骤**

**01** 执行爆炸命令。选择菜单栏中的"插入"→"爆炸视图"命令，系统弹出图 13-49 所示的"爆炸"属性管理器。单击属性管理器中"操作步骤""设定"及"选项"面板右侧的箭头，将其展开。

**02** 爆炸 M14 螺母。单击"设定"选项组"爆炸步骤零部件"按钮 右侧的选项框，然后在绘图区或"特征管理器设计树"中选择"M14 螺母"零件，按照图 13-50 所示进行参数设置，单击"应用"按钮，此时装配体中被选中的零件被亮显并且预览爆炸效果，如图 13-51 所示。单击图 13-50 中的"完成"按钮，完成"M14 螺母"零件的爆炸，并生成"爆炸步骤 1"。

图13-49 "爆炸"属性管理器

图13-50 爆炸设置1

图13-51 M14螺母爆炸预览视图

**03** 爆炸垫片。单击"设定"面板的"爆炸步骤的零部件"选项框，在绘图区或"特征管理器设计树"中选择"垫片"零件，单击绘图区显示爆炸方向坐标中水平向左的 Z 方向，如图 13-52 所示。

**04** 生成爆炸步骤。按照图 13-53 中的参数对爆炸零件进行设置，然后单击图 13-53 中的"完成"按钮，完成对"垫片"零件的爆炸操作，并生成"爆炸步骤 2"，结果如图 13-54 所示。

**05** 爆炸锥齿轮。单击"设定"面板的"爆炸步骤的零部件"选项框，在绘图区或装配体"特征管理器设计树"中选择"锥齿轮"零件，单击绘图区显示爆炸方向坐标向左的方向，如图 13-55 所示。

图13-52　设置爆炸方向1

图13-53　爆炸设置2

图13-54　垫片爆炸后的视图

**06** 生成爆炸步骤。按照图13-56所示进行参数设置，然后单击"完成"按钮，完成对"锥齿轮"零件的爆炸，并生成"爆炸步骤3"，结果如图13-57所示。

图13-55　设置爆炸方向2

图13-56　爆炸设置3

**07** 爆炸压紧螺母。单击"设定"面板的"爆炸步骤的零部件"选项框，在绘图区或装配体"特征管理器设计树"中选择"压紧螺母"零件，单击绘图区显示爆炸方向坐标的向左侧方向，如图 13-58 所示。

图13-57　锥齿轮爆炸后的视图

图13-58　设置爆炸方向3

**08** 生成爆炸步骤。按照图 13-59 所示进行参数设置，然后单击"完成"按钮，完成对"压紧螺母"零件的爆炸，并生成"爆炸步骤4"，结果如图 13-60 所示。

图13-59　爆炸设置4

图13-60　压紧螺母爆炸后的视图

**09** 爆炸齿轮泵后盖上的螺栓。单击"设定"面板的"爆炸步骤零的部件"选项框，在绘图区选择齿轮泵后盖上的 6 个螺栓及两个销钉，按照图 13-61 所示参数进行设置，单击"应用"按钮，此时装配体中被选中的零件被亮显并且预览爆炸效果，如图 13-62 所示。单击图 13-61 中的"完成"按钮，完成对齿轮泵后盖上螺栓的爆炸，并生成"爆炸步骤 5"。

**10** 爆炸齿轮泵后盖。单击"设定"操作面板的"爆炸步骤的零部件"选项框，在绘图区或装配体"特征管理器设计树"中选择"齿轮泵后盖"零件，单击绘图区显示爆炸方向坐标中水平向左的 Z 方向，如图 13-63 所示。

**11** 生成爆炸步骤。按照图 13-64 所示参数对爆炸零件进行设置，然后单击"完成"按钮，完成对"齿轮泵后盖"零件的爆炸，并生成"爆炸步骤 6"，结果如图 13-65 所示。

图13-61　爆炸设置5　　　　　　　　　　图13-62　螺栓爆炸预览视图

图13-63 设置爆炸方向4

图13-64 爆炸设置6

图13-65 齿轮泵后盖爆炸后的视图

**12** 爆炸齿轮泵前盖螺栓。单击"设定"面板的"爆炸步骤的零部件"选项框,选择齿轮泵前盖上的 6 个螺栓及两个销钉,单击绘图区显示爆炸方向坐标中水平向左的方向,如图 13-66 所示;按照图 13-67 所示进行参数设置,单击"应用"按钮,此时装配体中被选中的零件被亮显并且预览爆炸效果,单击"完成"按钮,完成对齿轮泵前盖上螺栓的爆炸,并生成"爆炸步骤7",结果如图 13-68 所示。

图13-66 设置爆炸方向5

图13-67 爆炸设置7

**13** 爆炸齿轮泵前盖。单击"设定"面板的"爆炸步骤的零部件"选项框，在绘图区或装配体"特征管理器设计树"中选择"齿轮泵前盖"零件，单击绘图区显示爆炸方向坐标中向左的方向，如图 13-69 所示。

图13-68　齿轮泵前盖螺栓爆炸后的视图

**14** 生成爆炸步骤。按照图 13-70 所示进行设置后，单击"完成"按钮，完成对"齿轮泵前盖"零件的爆炸，并生成"爆炸步骤8"，结果如图 13-71 所示。

图13-69　设置爆炸方向6

图13-70　爆炸设置8

图13-71　齿轮泵前盖爆炸后的视图

**15** 爆炸齿轮泵基座。在"设定"面板的"爆炸步骤的零部件"选项框，在绘图区或装配体"特征管理器设计树"中选择齿轮泵基座，单击绘图区显示爆炸方向坐标中水平向左的方向，如图 13-72 所示。

**16** 生成爆炸步骤。按照图 13-73 所示进行参数设置后，单击"完成"按钮，完成对"齿轮泵基座"零件的爆炸，并生成"爆炸步骤9"，结果如图 13-74 所示。

图13-72 设置爆炸方向7　　　　　　　　　图13-73 爆炸设置9

图13-74 齿轮泵基座爆炸后的视图

**17** 爆炸支撑轴装配组件。单击"设定"面板的"爆炸步骤的零部件"选项框，在绘图区或装配体"特征管理器设计树"中选择"支撑轴装配组件"零件，单击绘图区显示爆炸方向坐标中向上的方向，如图 13-75 所示。

**18** 生成爆炸步骤。按照图 13-76 所示进行参数设置后，单击"完成"按钮，完成对"支撑轴装配组件"零件的爆炸，并生成"爆炸步骤 10"，最终的爆炸视图如图 13-77 所示。

图13-75 设置爆炸方向8

图13-76 爆炸设置10          图13-77 最终爆炸视图

第 **14** 章

# 工程图基础

工程图在产品设计过程中是很重要的,它一方面体现着设计结果,另一方面也是指导生产的参考依据。在许多应用场合,工程图起到了方便设计人员之间的交流,提高工作效率的效果。在工程图方面,SOLIDWORKS系统提供了强大的功能,用户可以很方便地借助零件或三维模型创建所需的各个视图,包括剖面视图、局部放大视图等。

- 工程图的生成方法
- 生成视图
- 操纵视图
- 注解的标注
- 分离工程图

## 14.1　工程图的生成方法

默认情况下，SOLIDWORKS 系统在工程图和零件或装配体三维模型之间提供全相关的功能，全相关意味着无论什么时候修改零件或装配体的三维模型，所有相关的工程视图将自动更新，以反映零件或装配体的形状和尺寸变化；反之，当在一个工程图中修改一个零件或装配体尺寸时，系统也将自动地将相关的其他工程视图及三维零件或装配体中的相应尺寸加以更新。

在安装 SOLIDWORKS 软件时，可以设定工程图与三维模型间的单向链接关系，这样当在工程图中对尺寸进行了修改时，三维模型并不更新。如果要改变此选项的话，只有再重新安装一次软件。

此外，SOLIDWORKS 系统提供多种类型的图形文件输出格式。包括最常用的 DWG 和 DXF 格式以及其他几种常用的标准格式。

工程图包含一个或多个由零件或装配体生成的视图。在生成工程图之前，必须先保存与它有关的零件或装配体的三维模型。

要生成新的工程图，可做如下操作：

**01** 启动 SOLIDWORKS2018，单击“标准”工具栏中的“新建”按钮。

**02** 在“新建 SOLIDWORKS 文件”对话框中的“模板”选项卡中选择“工程图”按钮，如图 14-1 所示。

图14-1　新建工程图

**03** 单击“确定”按钮进入工程图编辑状态。

工程图窗口（见图 14-2）中也包括“特征管理器设计树”，它与零件和装配体窗口中的

"特征管理器设计树"相似，包括项目层次关系的清单。每张图纸有一个图标，每张图纸下有图纸格式和每个视图的图标。项目图标旁边的符号▶表示它包含相关的项目，单击它将展开所有的项目并显示其内容。

图14-2　工程图窗口

标准视图包含视图中显示的零件和装配体的特征清单。派生的视图（如局部或剖面视图）包含不同的特定视图的项目（如局部视图图标、剖切线等）。

工程图窗口的顶部和左侧有标尺，标尺会报告图纸中鼠标指针的位置。选择"视图"→"用户界面"→"标尺"命令可以打开或关闭标尺。

如果要放大到视图，右击"特征管理器设计树"中的视图名称。在弹出的快捷菜单中选择"放大所选范围"命令。

用户可以在"特征管理器设计树"中重新排列工程图文件的顺序，在图形区域中拖动工程图到指定的位置。

工程图文件的扩展名为.slddrw。新工程图使用所插入的第一个模型的名称。保存工程图时，模型名称作为默认文件名出现在"另存为"对话框中，并带有扩展名.slddrw。

## 14.2　定义图纸格式

SOLIDWORKS 提供的图纸格式不符合任何标准，用户可以自定义工程图格式以符合本单位的标准格式。

要定义工程图格式，可做如下操作：

**01** 右击工程图上的空白区域，或者右击"特征管理器设计树"中的"图纸格式"图标
。

**02** 在弹出的快捷菜单中选择"编辑图纸格式"命令。

**03** 双击标题栏中的文字，即可修改文字。同时在"注释"属性管理器的"文字格式"
栏（见图 14-3）中可以修改对齐方式、文字旋转角度和字体等属性。

图14-3 "注释"属性管理器

**04** 如果要移动线条或文字，单击该项
目后将其拖动到新的位置。

**05** 如果要添加线条，则单击"草图"
面板中的"直线"按钮，然后绘制线条。

**06** 在"特征管理器设计树"中右击"图
纸"图标，在弹出的快捷菜单中选择"属
性"按钮。

**07** 在弹出的"图纸属性"对话框（见
图 14-4）中进行如下设定：

➤ 在"名称"文本框中输入图纸的标
  题。

➤ 在"标准图纸大小"下拉列表框中
  选择一种标准纸张（如 A4、B5 等）。
  如果选择了"自定义图纸大小"，则

图14-4 "图纸属性"对话框

在下面的"宽度"和"高度"文本框中指定纸张的大小。

➢ 在"比例"文本框中指定图纸上所有视图的默认比例。

➢ 单击"浏览"按钮可以使用其他图纸格式。

➢ 在"投影类型"栏中选择"第一视角"或"第三视角"。

➢ 在"下一视图标号"文本框中指定下一个视图要使用的英文字母代号。

➢ 在"下一基准标号"文本框中指定下一个基准标号要使用的英文字母代号。

如果图纸上显示了多个三维模型文件，在"采用在此显示的模型中的自定义属性值"下拉列表框中选择一个视图，工程图将使用该视图包含模型的自定义属性。

**08** 单击"应用更改"按钮，关闭对话框。

要保存图纸格式，可做如下操作：

**01** 选择菜单栏中的"文件"→"保存图纸格式"命令。系统会弹出"保存图纸格式"对话框，如图 14-5 所示。

**02** 如果要替换 SolidWorks 提供的标准图纸格式，则单击"标准图纸格式"单选按钮，然后在下拉列表框中选择一种图纸格式。单击"确定"按钮。图纸格式将被保存在<安装目录>\data 下。

**03** 如果要使用新的名称保存图纸格式，则单击"标准图纸大小"单选按钮。单击"浏览"按钮，选择图纸格式保存的目录，然后输入图纸格式名称。

**04** 单击"保存"按钮关闭对话框。

图14-5 "保存图纸格式"对话框

# 14.3 标准三视图的生成

在创建工程图前，应根据零件的三维模型，考虑和规划零件视图，如工程图由几个视图组成，是否需要剖视图等。考虑清楚后，再进行零件视图的创建工作，否则如同用手工绘图一样，可能创建的视图不能很好地表达零件的空间关系，给其他用户的识图、看图造成困难。

标准三视图是指从三维模型的前视、右视、俯视 3 个正交角度投影生成 3 个正交视图，如图 14-6 所示。

图14-6  标准三视图

在标准三视图中，主视图与俯视图及侧视图有固定的对齐关系。俯视图可以竖直移动，侧视图可以水平移动。SOLIDWORKS 生成标准三视图的方法有多种，这里只介绍常用的两种方法。

用标准方法生成标准三视图的操作如下：

**01** 打开零件或装配体文件，或打开包含所需模型视图的工程图文件。

**02** 新建一张工程图。

**03** 单击"视图布局"面板中的"标准三视图"按钮 。此时光标指针变为 形状。

**04** 在"标准视图"属性管理器的"信息"栏中提供了 4 种选择模型的方法：

➢　选择一个包含模型的视图。

➢　从另一窗口的特征管理器设计树中选择模型。

➢　从另一窗口的图形区域中选择模型。

➢　在工程图窗口右击，在快捷菜单中选择"从文件中插入"命令。

**05** 选择"窗口"→"文件"命令，进入到零件或装配体文件中。

**06** 利用步骤 **04** 中的一种方法选择模型，系统会自动回到工程图文件中，并将三视图放置在工程图中。

如果不打开零件或装配体模型文件，用标准方法生成标准三视图的操作如下：

**01** 新建一张工程图。

**02** 单击"视图布局"面板中的"标准三视图"按钮🖵。

**03** 在弹出的"标准三视图"属性管理器中，单击"浏览"按钮。

**04** 在弹出的"打开"对话框中浏览到所需的模型文件，单击"打开"按钮，标准三视图便会放置在图形区域中。

# 14.4　模型视图的生成

标准三视图是最基本也是最常用的工程图，但是它所提供的视角十分固定，有时不能很好地描述模型的实际情况。SOLIDWORKS 提供的模型视图解决了这个问题。通过在标准三视图中插入模型视图，可以从不同的角度生成工程图。

要插入模型视图，可做如下操作：

**01** 单击"视图布局"面板中的"模型视图"按钮⬡。

**02** 和生成标准三视图中选择模型的方法一样，在零件或装配体文件中选择一个模型。

**03** 当回到工程图文件中时，光标指针变为⬡形状，用光标拖动一个视图方框表示模型视图的大小。

**04** 在"模型视图"属性管理器的"方向"栏中选择视图的投影方向。

**05** 单击，从而在工程图中放置模型视图，如图 14-7 所示。

**06** 如果要更改模型视图的投影方向，则双击"方向"栏中的视图方向。

**07** 如果要更改模型视图的显示比例，则选择"使用自定义比例"复选框，然后输入显示比例。

**08** 单击"确定"图标✔，完成模型视图的插入。

# 14.5　派生视图的生成

派生视图是指从标准三视图、模型视图或其他派生视图中派生出来的视图，包括剖面视图、辅助视图、局部视图、投影视图等。

## 14.5.1　剖面视图

剖面视图是指用一条剖切线分割工程图中的一个视图，然后从垂直于生成的剖面方向投影得到的视图，如图 14-8 所示。

要生成一个剖面视图，可做如下操作：

**01** 打开要生成剖面视图的工程图。

**02** 单击"视图布局"面板中的"剖面视图"按钮🡙。

**03** 此时会出现图 14-9 所示的"剖面视图辅助"属性管理器，在该属性管理器中选择切割线类型，此时光标显示为指针样式✎，将切割线放置到图中要剖切的位置。

图14-7 放置模型视图

图14-8 剖面视图举例

**04** 将光标移动到适当的位置单击，则剖切视图被放置在工程图中。

**05** 在"剖面视图"属性管理器中（见图14-10）设置选项。

如果选择"反转方向"复选框，则会反转切除的方向。

在 名称微调框中指定与剖面线或剖面视图相关的字母。

如果剖面线没有完全穿过视图，选择"局部剖视图"复选框将会生成局部剖面视图。

选择"只显示曲面"复选框，则只有被剖面线切除的曲面才会出现在剖面视图上。

"使用自定义比例"复选框用来定义剖面视图在工程图中的显示比例。

**06** 单击"确定"图标✔，完成剖面视图的插入。

新剖面是由原实体模型计算得来的，如果模型更改，此视图将随之更新。

图14-9 "剖面视图辅助"属性管理器　　　　图14-10 "剖面视图"属性管理器

## 14.5.2　旋转剖视图

旋转剖视图中的剖切线是由两条具有一定角度的线段组成。系统从垂直于剖切方向投影生成剖面视图，如图 14-11 所示。

图14-11　旋转剖视图举例

要生成旋转剖切视图，可做如下操作：

**01** 打开要生成剖面视图的工程图。

**02** 单击"视图布局"面板中的"剖面视图"图标 ⇥，弹出"剖面视图辅助"属性管理器。

**03** 在该属性管理器中选择"对齐"切割线 ，将切割线放到适当位置，确定旋转剖视图的中心。

**04** 确定第一条剖切线位置，然后确定第二条剖切线位置

**05** 系统会在沿第一条剖切线段的方向出现一个方框，表示剖切视图的大小。拖动这个方框到适当的位置，释放鼠标，则旋转剖切视图被放置在工程图中。

**06** 在"剖面视图"属性管理器中（见图14-12）设置选项：

如果选择"自动反转"按钮 反转方向(L) ，则会反转切除的方向。

在 名称微调框中指定与剖面线或剖面视图相关的字母。

如果剖面线没有完全穿过视图，选择"局部剖视图"复选框将会生成局部剖面视图。

选择"只显示切面"复选框，将只有被剖面线切除的曲面才会出现在剖面视图上。

"使用自定义比例"复选框用来定义剖面视图在工程图纸中的显示比例。

**07** 单击"确定"按钮 ，完成旋转剖面视图的插入。

### 14.5.3 投影视图

投影视图是通过从正交方向对现有视图投影生成的视图，如图 14-13 所示。

图14-12 "剖面视图"属性管理器

图14-13 投影视图举例

要生成投影视图，可做如下操作：

**01** 单击"视图布局"面板中的"投影视图"按钮 。

**02** 在工程图中选择一个要投影的工程视图。

**03** 系统将根据光标指针在所选视图的位置决定投影方向。可以从所选视图的上、下、左、右4个方向生成投影视图。

**04** 系统会在投影的方向出现一个方框，表示投影视图的大小。拖动这个方框到适当的位置，释放鼠标，则投影视图被放置在工程图中。

**05** 单击"确定"按钮✓，生成投影视图。

### 14.5.4 辅助视图

辅助视图类似于投影视图，它的投影方向垂直所选视图的参考边线，如图14-14所示。

要插入辅助视图，可做如下操作：

**01** 单击"视图布局"面板中的"辅助视图"按钮。

**02** 选择要生成辅助视图的工程视图上的一条直线作为参考边线，参考边线可以是零件的边线、侧影轮廓线、轴线或所绘制的直线。

**03** 系统会在与参考边线垂直的方向出现一个方框，表示辅助视图的大小，拖动这个方框到适当的位置，释放鼠标，则辅助视图被放置在工程图中。

**04** 在"辅助视图"属性管理器中（见图14-15）设置选项。

在名称微调框中指定与剖面线或剖面视图相关的字母。

如果选择"反转方向"复选框，则会反转切除的方向。

辅助视图

参考边线

A

图14-14 辅助视图举例

图14-15 "辅助视图"属性管理器

**05** 单击"确定"按钮✔，生成辅助视图。

### 14.5.5 局部视图

可以在工程图中生成一个局部视图，来放大显示视图中的某个部分，如图 14-16 所示。局部视图可以是正交视图、三维视图或剖面视图。

局部放大

B (3:1)

图14-16 局部视图举例

要生成局部视图，可做如下操作：

**01** 打开要生成局部视图的工程图。

**02** 单击"视图布局"面板中的"局部视图"按钮 Ⓐ。

**03** 此时，"草图"面板中的"圆"按钮 ⓞ 被激活。利用它在要放大的区域绘制一个圆。

**04** 系统弹出局部视图，拖动这个视图到适当的位置，则局部视图被放置在工程图中。

**05** 在"局部视图"属性管理器中（见图 14-17）设置选项。

图14-17 "局部视图"属性管理器

➤ 样式 Ⓐ：在该下拉列表框中选择局部视图图标的样式，有"依照标准""断裂圆""带引线""无引线"和"相连"5 种样式。

➢ 标号 ⒶＡ：在此文本框种输入与局部视图相关的字母。

➢ "完整外形"：选择此复选框，则系统会显示局部视图中的轮廓外形。

➢ "钉住位置"：选择此复选框，在改变派生局部视图的视图大小时，局部视图将不会改变大小。

➢ "缩放剖面线图样比例"：选择此复选框，将根据局部视图的比例来缩放剖面线图样的比例。

**06** 单击"确定"按钮✔，生成局部视图。

此外，局部视图中的放大区域还可以是其他任何的闭合图形。方法是首先绘制用来作放大区域的闭合图形，然后单击"视图布局"面板中的"局部视图"按钮Ⓐ，其余的步骤相同。

## 14.5.6 断裂视图

工程图中有一些截面相同的长杆件（如长轴、螺纹杆等），这些零件在某个方向的尺寸比其他方向的尺寸大很多，而且截面没有变化。因此可以利用断裂视图将零件用较大比例显示在工程图上，如图 14-18 所示。

要生成断裂视图，可做如下操作：

**01** 选择要生成断裂视图的工程视图。

**02** 单击"视图布局"面板中的"断裂视图"按钮，弹出"断裂视图"属性管理器，如图 14-19 所示。

：单击此按钮，设置添加的折断线为竖直方向。

：单击此按钮，设置添加的折断线为水平方向。

"缝隙大小"：设置两条折断线之间的距离。

"折断线样式"：在下拉列表中选择折断线的样式，包括"直线切断""曲线切断""锯齿线切断"和"小锯齿线切断"4 种。

图14-18　断裂视图举例

**03** 将折断线拖动到希望生成断裂视图的位置。

**04** 单击"确定"按钮✔，生成断裂视图。

此时，折断线之间的工程图都被删除，折断线之间的尺寸变为悬空状态。如果要修改折断线的形状，右击折断线，在弹出的快捷菜单中选择一种折断线样式：直线、曲线、锯齿线和小锯齿线。

图14-19　"断裂视图"视图管理器

# 14.6　操纵视图

在14.5节中的派生工程视图中，许多视图的生成位置和角度都受到其他条件的限制（如辅助视图的位置与参考边线相垂直）。有时，用户需要自己任意调节视图的位置和角度以及显示和隐藏，SOLIDWORKS就提供了这项功能。此外，SOLIDWORKS还可以更改工程图中的线型、线条颜色等。

## 14.6.1　移动和旋转视图

光标指针移到视图边界上时，光标指针变为 形状，表示可以拖动该视图。如果移动的视图与其他视图没有对齐或约束关系，可以拖动它到任意的位置。

如果视图与其他视图之间有对齐或约束关系，若要任意移动视图应作如下操作：

**01** 单击要移动的视图。

**02** 选择菜单栏中的"工具"→"对齐工程图视图"→"解除对齐关系"命令。

**03** 单击该视图，即可以拖动它到任意的位置。

SOLIDWORKS提供了两种旋转视图的方法，一种是绕着所选边线旋转视图，一种是绕视图中心点以任意角度旋转视图。

要绕边线旋转视图：

**01** 在工程图中选择一条直线。

**02** 选择菜单栏中的"工具"→"对齐工程图视图"→"水平边线"命令或"工具"→"对齐工程图视图"→"竖直边线"命令。

**03** 此时视图会旋转，直到所选边线为水平或竖直状态，如图14-20所示。

所选边线

旋转为水平

图14-20  旋转视图

要围绕中心点旋转视图：

**01** 选择要旋转的工程视图。

**02** 单击"视图前导"工具栏中的"旋转"按钮 C ，系统会出现"旋转工程视图"对话框，如图 14-21 所示。

图14-21  "旋转工程视图"对话框

**03** 使用以下方法旋转视图。在"旋转工程视图"对话框中的"工程视图角度"文本框中输入旋转的角度。使用光标直接旋转视图。

**04** 如果在"旋转工程视图"对话框中选择了"相关视图反映新的方向"复选框，则与该视图相关的视图将随着该视图的旋转做相应的旋转。

**05** 如果选择了"随视图旋转中心符号线"复选框，则中心符号线将随视图一起旋转。

### 14.6.2  显示和隐藏

在编辑工程图时，可以使用"隐藏视图"命令来隐藏一个视图。隐藏视图后，可以使用"显示视图"命令再次显示此视图。当用户隐藏了具有从属视图（如局部、剖面或辅助视图等）的父视图时，可以选择是否一并隐藏这些从属视图。再次显示父视图或其中一个从属视图时，同样可选择是否显示相关的其他视图。

要隐藏或显示视图，可做如下操作：

**01** 在特征管理器设计树或图形区域中右击要隐藏的视图。

**02** 在弹出的快捷菜单中选择"隐藏"命令，隐藏视图。

**03** 如果要查看工程图中隐藏视图的位置，但不显示它们，则选择菜单栏中的"视图"→"隐藏/显示"→"被隐藏的视图"命令。此时被隐藏的视图显示图 14-22 所示的形状。

**04** 如果要再次显示被隐藏的视图，则右击被隐藏的视图，在弹出的快捷菜单中选择命令"显示"。

图14-22  被隐藏的视图

### 14.6.3 更改零部件的线型

在装配体中为了区别不同的零件，可以改变每一个零件边线的线型。

要改变零件边线的线型，可做如下操作：

**01** 在工程视图中右击要改变线型的零件中的任一视图。

**02** 在弹出的快捷菜单中选择"零部件线型"命令，系统会出现"零部件线型"对话框。

**03** 消除选择"使用文件默认值"复选框，如图 14-23 所示。

**04** 选择一个边线样式。

**05** 在对应的"线条样式"和"线粗"下拉列表框中选择线条样式和线条粗细。

**06** 重复步骤 **04** 、 **05** ，直到为所有边线类型设定线型。

**07** 如果单击"从选择"单选按钮，则会将此边线类型设定应用到该零件视图和它的从属视图中。

**08** 如果单击"所有视图"单选按钮，则将此边线类型设定应用到该零件的所有视图。

**09** 如果零件在图层中，可以从"图层"下拉列表框中改变零件边线的图层。

**10** 单击"确定"按钮关闭对话框，应用边线类型设定。

图14-23 "零部件线型"对话框

### 14.6.4 图层

图层是一种管理素材的方法，可以将图层看作是重叠在一起的透明塑料纸，假如某一图层上没有任何可视元素，就可以透过该层看到下一层的图像。用户可以在每个图层上生成新的实体，然后指定实体的颜色、线条粗细和线型。还可以将标注尺寸、注解等项目放置在单一图层上，避免它们与工程图实体之间的干涉。SOLIDWORKS 还可以隐藏图层，或将实体从一个图层上移动到另一图层。

要建立图层，可做如下操作：

**01** 选择菜单栏中的"视图"→"工具栏"→"图层"命令，打开"图层"工具栏，如图 14-24 所示。

图14-24 "图层"工具栏

**02** 单击"图层属性"图标，打开"图层"对话框。

**03** 在"图层"对话框中单击"新建"按钮，则在对话框中建立一个新的图层，如图 14-25 所示。

**04** 双击"名称"栏中指定图层的名称。

**05** 双击"说明"栏，然后输入该图层的说明文字。

**06** 在"开关"一栏中有一个灯泡图标，要隐藏该图层，双击该图标，灯泡变为灰色，图层上的所有实体都被隐藏起来。要重新打开图层，再次双击该灯泡图标。

**07** 如果要指定图层上实体的线条颜色，单击"颜色"栏，在弹出的"颜色"对话框（见图 14-26）中选择颜色。

**08** 如果要指定图层上实体的线条样式或厚度，则单击"样式"或"厚度"栏，然后从弹出的清单中选择想要的样式或厚度。

图14-25 "图层"对话框

图14-26 "颜色"对话框

**09** 如果建立了多个图层，可以使用"移动"按钮来重新排列图层的顺序。

**10** 单击"确定"按钮，关闭对话框。

建立了多个图层后，只要在图层工具栏中的图层下拉列表框中选择图层，就可以导航到任意的图层。

## 14.7 注解的标注

如果在三维零件模型或装配体中添加了尺寸、注释或符号，则在将三维模型转换为二维工程图的过程中，系统会将这些尺寸、注释等一起添加到图中。在工程图中，用户可以添加必要的参考尺寸、注解等，这些注解和参考尺寸不会影响零件或装配体文件。

工程图中的尺寸标注是与模型相关联的，模型中的更改会反映在工程图中。通常用户在生成每个零件特征时生成尺寸，然后将这些尺寸插入各个工程视图中。在模型中更改尺寸会更新工程图，反之，在工程图中更改插入的尺寸也会更改模型。用户可以在工程图文件中添加尺寸，但是这些尺寸是参考尺寸，并且是从动尺寸；参考尺寸显示模型的测量值，但并不驱动模型，也不能更改其数值。但是当更改模型时，参考尺寸会相应更新。当压缩特征时，特征的参考尺寸也随之被压缩。

默认情况下，插入的尺寸显示为黑色，包括零件或装配体文件中显示为蓝色的尺寸（如拉伸深度）。参考尺寸显示为灰色，并带有括号。

### 14.7.1 注释

为了更好地说明工程图，有时要用到注释，如图 14-27 所示。注释可以包括简单的文字、符号或超文本链接。

图14-27　注释举例

要生成注释，可做如下操作：

**01** 单击"注解"面板中的"注释"按钮 $\boxed{\mathbf{A}}$。

**02** 在"注释"属性管理器的"箭头/引线"栏中选择引导注释的引线和箭头类型。

**03** 在"注释"属性管理器的"文字格式"栏中设置注释文字的格式。

**04** 拖动鼠标指针到要注释的位置，释放鼠标。

**05** 在图形区域中键入注释文字，如图 14-28 所示。

**06** 单击"确定"按钮 ✓，完成注释。

### 14.7.2 表面粗糙度

表面粗糙度符号 ✓ 用来表示加工表面上的微观几何形状特性，它对于机械零件表面的耐磨性、疲劳强度、配合性能、密封性、流体阻力以及外观质量等都有很大的影响。

要插入表面粗糙度符号，可做如下操作：

**01** 单击"注解"面板中的"表面粗糙度"按钮 √。

图14-28 添加注释文字

**02** 在弹出的"表面粗糙度"属性管理器中设置表面粗糙度的属性，如图 14-29 所示。

**03** 在图形区域中单击，以放置表面粗糙符号。

**04** 可以不关闭对话框，设置多个表面粗糙度符号到图形上。

**05** 单击"确定"按钮 √，完成表面粗糙度的标注。

图14-29 设置表面粗糙度

### 14.7.3 形位公差

形位公差（见图 14-30）是机械加工中一项非常重要的基础，尤其在精密机器和仪表的加工中，形位公差是评定产品质量的重要技术指标。它对于在高速、高压、高温、重载等条件下工作的产品零件的精度、性能和寿命等有较大的影响。

图14-30 形位公差举例

图14-31 "属性"对话框

要进行形位公差的标注，可做如下操作：

**01** 单击"注解"面板中的"形位公差"按钮 。系统会弹出如图 14-31 所示的"属性"对话框。

**02** 在"属性"对话框中的"符号"下拉列表中选择形位符号。

**03** 在"形位公差"属性对话框中的"公差"栏中输入形位公差值。

**04** 设置好的形位公差会在"形位公差"属性对话框中显示，如图14-32 所示。

**05** 在图形区域中单击，以放置形位公差。

**06** 可以不关闭对话框，设置多个形位公差到图形上。

**07** 单击"确定"按钮，完成形位公差的标注。

图14-32 "形位公差"属性对话框

### 14.7.4 基准特征符号

基准特征符号用来表示模型平面或参考基准面，如图 14-33 所示。

要插入基准特征符号，可做如下操作：

**01** 单击"注解"面板中的"基准特征"按钮 $\boxed{\text{A}}$。

**02** 在"基准特征"属性管理器（见图 14-34）中设置属性。

图14-33　基准特征符号　　　　图14-34　"基准特征"属性对话框

**03** 在图形区域中单击，以放置符号。

**04** 可以不关闭对话框，设置多个基准特征符号到图形上。

**05** 单击"确定"按钮 ✔，完成基准特征符号的标注。

## 14.8　分离工程图

分离格式的工程图无需将三维模型文件装入内存，即可打开并编辑工程图。用户可以将 RapidDraft 工程图传送给其他的 SOLIDWORKS 用户而不传送模型文件。分离工程图的视图在模型的更新方面也有更多的控制。当设计组的设计员编辑模型时，其他的设计员可以独立地在工程图中进行操作，对工程图添加细节及注解。

由于内存中没有装入模型文件，以分离模式打开工程图的时间将大幅缩短。因为模型数据未被保存在内存中，所以有更多的内存可以用来处理工程图数据，这对大型装配体工程图来说是很大的性能改善。

要转换工程图为分离工程图格式，可做如下操作：

**01** 单击"标准"工具栏中的"打开"按钮 $\square$。

**02** 在"打开"对话框中选择要转换为分离格式的工程图。

**03** 单击"打开"按钮，打开工程图。

**04** 单击"标准"工具栏中的"保存"按钮 $\blacksquare$，选择"保存类型"为"分离的工程图"，如图 14-35 所示。保存并关闭文件。

**05** 打开该工程图，此时工程图已经被转换为分离格式的工程图。

在分离格式的工程图中进行的编辑方法与普通格式的工程图基本相同，不再赘述了。

图14-35　保存为分离的工程图

## 14.9　打印工程图

用户可以打印整个工程图，也可以只打印图中所选的区域。

要打印整个工程图，可做如下操作：

**01** 选择菜单栏中的"文件"→"打印"命令。

**02** 在弹出的"打印"对话框中设置打印属性。在"打印范围"栏中单击"所有图纸"单选按钮，如图 14-36 所示。

**03** 单击"确定"按钮，开始打印。

**04** 选择菜单栏中的"文件"→"打印"命令。

**05** 在"打印"对话框中的"打印范围"栏中单击"当前荧屏图像"单选按钮，并勾选"选择"复选框。

**06** 单击"确定"按钮，打开"边界"对话框，如图 14-37 所示。

**07** 选择比例因子以应用于所选区域。

**08** 在图形区域中拖动选择框，选择要打印的区域。

**09** 单击"确定"按钮，开始打印所选区域。

图14-36　打印"对话框　　　　　　　　　图14-37　"边界"对话框

第 **15** 章

# 齿轮泵工程图

工程图不仅表达设计思想，还有组织生产、检验最终产品的作用，还要存档。工程图的设计虽然复杂，可它的作用却是很大的。

本章将以齿轮泵工程图绘制为例帮助读者进一步掌握工程图绘制的相关方法与技巧，体会工程图在具体工程设计中的应用。

- ◉ 支撑轴零件工程图的创建
- ◉ 齿轮泵前盖工程图的创建
- ◉ 装配工程图的创建

## 15.1 工程图的设计思路及实现方法

虽然 SOLIDWORKS 可以使用二维几何绘制生成工程图，但将三维的零件图或装配体图变成二维的工程图在应用中最普遍，这也是三维软件比二维软件的优势所在。在这里将详细讲述将三维零件图或装配体图变成二维工程图的过程。

三维工程图包含一个或多个由零件或装配体生成的视图。生成工程图之前，必须先保存与它有关的零件或装配体。通常情况下，也可以从零件或装配体文件内生成工程图。

创建二维工程图的一般步骤如下：

**01** 建立一个工程图文件（.SLDDRW），进入工程图模式。

**02** 设置"图纸格式／大小"等多种选项自定义工程图以符合公司的标准及打印机或绘图机的要求。

**03** 调入零件或装配体的模型，也就是要生成工程图的原三维零件或装配体。在 SOLIDWORKS 中调入后将自动进入"模型视图"窗口。

**04** 选择合适的表达方式来生成二维工程图，其中包括标准三视图、模型视图、相对视图等。

**05** 在创建的基本视图后进一步为工程图表达的更清楚、更准确来生成派生的视图。

**06** 添加参考尺寸、其他注解以及材料明细表。在工程图中添加的注解和参考尺寸不会影响零件或装配体文件。

下面将结合齿轮泵中的零件及装配图对工程图加以讲述。

## 15.2 支撑轴零件工程图的创建

零件是组成机器或部件的基本单位。每一台机器或部件都是由许多零件按一定的装配关系和技术要求装配起来的。要生产出合格的机器或部件，必须首先制造出合格的零件。而零件又是根据零件图来进行制造和检验的。零件图是用来表示零件结构形状、大小及技术要求的图样，是直接指导制造和检验零件的重要技术文件。机器或部件中，除标准件外，其余零件，一般均应绘制零件图。

一张完整的零件图，一般应具有下列内容：

（1）一组视图：用以完整、清晰地表达零件的结构和形状。

（2）全部尺寸：用以正确、完整、清晰、合理地表达零件各部分的大小和各部分之间的相对位置关系。

（3）技术要求：用以表示或说明零件在加工、检验过程中所需的要求。如尺寸公差、形状和位置公差、表面粗糙度、材料、热处理、硬度及其他要求。技术要求常用符号或文字来表示。

（4）标题栏：标准的标题栏由更改区、签字区、其他区、名称及代号区组成。一般填写零件的名称、材料标记、阶段标记、重量、比例、图样代号、单位名称以及设计、制图、审核、工艺、标准化、更改、批准等人员的签名和日期等内容。

本实例是将齿轮泵支撑轴(见图15-1)的机械零件转化为工程图。

图15-1　支撑轴零件图

创建支撑轴的工程图创建过程如图 15-2 所示。

图15-2　创建齿轮泵支撑轴工程图过

视频文件\动画演示\第15章\支承轴零件工程图的创建.avi

绘制步骤

### 15.2.1 创建视图

**01** 打开文件。启动 SOLIDWORKS2018，单击"标准"工具栏中的"打开"按钮，在弹出的"打开"对话框中选择将要转化为工程图的零件文件。

**02** 设置图纸。单击"文件"工具栏中的"从零件/装配图制作工程图"按钮，此时会弹出"图纸格式/大小"对话框，选择"自定义图纸大小"并设置图纸尺寸，如图 15-3 所示。单击"确定"按钮，完成图纸设置。

图15-3 "图纸格式/大小"对话框

**03** 创建前视图。此时在右侧面将出现此零件的所有视图，如图 15-4 所示。将前视图拖动到图形编辑窗口，会出现图 15-5 所示的放置框，在图纸中合适的位置放置前视图，如图 15-6 所示。

图15-4 零件视图框 　　　　　　　　　　图15-5 前视图

图15-6　正视图

图15-7　视图模型

图15-8　图纸属性对话框

**04** 创建右视图。利用同样的方法，在图形操作窗口放置侧视图（由于该零件图比较简单，故俯视图没有标出），相对位置如图 15-7 所示。

**05** 在图形窗口中的空白区域右击，在弹出的快捷菜单中选择"属性"按钮▤，此时会出现"图形属性"的设置窗口。在"比例"选项框中将比例设置成 4:1（如图 15-8 所示），单击确定将会看到此时的三视图将在图纸区域显示成放大一倍的状态。

## 15.2.2 标注基本尺寸

**01** 显示尺寸。单击"注解"面板中的"模型项目"按钮✍，弹出"模型项目"属性管理器，在属性管理器中设置各参数，如图 15-9 所示，单击"确定"按钮✔，这时会在视图中自动显示尺寸，如图 15-10 所示。

图15-9 "模型项目"属性管理器

图15-10 显示尺寸

**02** 调整前视图尺寸。在主视图中单击选取要移动的尺寸，按住鼠标左键移动光标位置，即可在同一视图中动态的移动尺寸位置。选中将要删除多余的尺寸，然后按 Delete 键即可将多余的尺寸删除，调整后的主视图如图 15-11 所示。

**03** 调整右视图尺寸。利用同样的方法可以调整侧视图，得到的结果如图 15-12 所示。

图15-11　调整尺寸

图15-12　删除尺寸后的右视图

**04** 绘制中心线。单击"草图"面板中的"中心线"图标 ，在主视图中绘制中心线，如图 15-13 所示。

图15-13　绘制中心线

**05** 标注尺寸。单击"草图"面板"显示/删除几何关系"下拉列表中的"智能尺寸"按钮 和"倒角尺寸"按钮 ，标注视图中的尺寸，在标注过程中将不符合国标的尺寸删除。在标注尺寸时将会弹出"尺寸"属性管理器，如图 15-14 所示，在这里可以修改尺寸的公差，符号等。如要在尺寸前加直径符号，只需在标注尺寸文字框内<DIM>前单击，在下面选取直径符号 即可。最终得到的结果如图 15-15 所示。

图15-14　"尺寸"属性管理器

图15-15　添加尺寸

### 15.2.3　标注表面粗糙度和形位公差

**01** 标注表面粗糙度。单击"注解"面板中的"表面粗糙度"按钮√，弹出"表面粗糙度"属性管理器，在属性管理器中设置各参数，如图15-16所示。移动光标到需要标注表面粗糙度的位置，单击即可完成标注，单击"确定" 按钮√，表面粗糙度即可标注完成。下表面的标注需要设置角度为180度，标注表面粗糙度效果如图15-17所示。

图15-16　"表面粗糙度"属性管理器　　　　　　　图15-17　标注表面粗糙度

**02** 标注基准特征。单击"注解"面板中的"基准特征"按钮 ⒶⅠ，弹出"基准特征"属性管理器，在属性管理器中设置各参数如图15-18所示。设置完成后，移动光标到需要添加基准特征的位置单击，然后拖动鼠标到合适的位置再次单击即可完成标注，单击"确定"按钮√即可在图中添加基准符号，如图15-19所示。

**03** 标注形位公差。单击"注解"面板中的"形位公差"按钮 ▭▥，弹出"形位公差"属性管理器及"属性"对话框，在属性管理器中设置各参数，如图15-20所示，在"属性"对话框中设置各参数，如图15-21所示。设置完成后，移动光标到需要添加形位公差的位置单击即可完成标注，单击"确定"按钮√即可在图中添加形位公差符号，如图15-22所示。

**04** 添加箭头。选择主视图中的所有尺寸，如图15-23所示，在"尺寸" 属性管理器中的"尺寸界线/引线显示"面板中实心箭头，如图15-24所示。单击"确定"按钮√，修改后的主视图如图15-25所示。

图15-18 "基准特征"属性管理器

图15-19 添加基准符号

图15-20 "形位公差"属性管理器

图15-21 "属性"对话框

图15-22 添加形位公差

图15-23 选择尺寸线

图15-24 "尺寸界线/引线显示"面板

**05** 利用同样的方法修改侧视图中尺寸的属性，最终可以得到图 15-26 所示的工程图。工程图的生成到此即结束。

图15-25 更改尺寸属性 　　　　　　　　　　图15-26 工程图

## 15.3 齿轮泵前盖工程图的创建

本实例是将图 15-27 所示的齿轮泵前盖零件图转化为工程图。

图15-27 齿轮泵前盖零件图

创建齿轮泵前盖的工程图创建过程如图 15-28 所示。

图15-28 创建齿轮泵前盖工程图

视频文件\动画演示\第15章\齿轮泵前盖工程图的创建.avi

**绘制步骤**

### 15.3.1 创建视图

**01** 打开文件。启动 SOLIDWORKS2018。单击"标准"工具栏中的"打开"按钮，在弹出的"打开"对话框中选择将要转化为工程图的零件文件。

**02** 图纸设置。单击"标准"工具栏中的"从零件/装配图制作工程图"图标，此时弹出"图纸格式/大小"对话框，选择"标准图纸大小"并设置图纸尺寸如图 15-29 所示。单击"确定"按钮，完成图纸设置。

图15-29 "图纸格式/大小"对话框

**03** 插入模型视图。单击"视图布局"面板中的"模型视图"按钮，弹出"模型视图"属性管理器，如图 15-30 所示，选择完成后点击"模型视图"中的"下一步"按钮，这时会进入模型视图参数设置属性管理器，参数设置如图 15-31 所示。此时在图形编辑窗口，会出现图 15-32 所示的放置框，在图纸中合适的位置放置主视图，如图 15-33 所示。

图15-30 "模型视图"对话框

图15-31 参数设置

**04** 剖切视图。单击"视图布局"面板中的"剖面视图"按钮 ⇄，在"剖面视图辅助"属性管理器中选择"切割线"类型为"对齐" ⇗，在图形区域绘制图 15-34 所示的剖切线，在图形操作窗口放置剖面图（由于该零件图比较简单，故俯视图没有标出），剖面图如图 15-35 所示。

**05** 单击"草图"面板中的"中心线"按钮 ⟋，在主视图中绘制中心线，如图 15-36 所示。

图15-32　放置框

图15-33　主视图

图15-34　视图模型

图15-35　左视图模型

### 15.3.2　标注基本尺寸

单击"草图"面板"显示/删除几何关系"下拉列表中的"智能尺寸"按钮 ✍，标注视图中的尺寸，最终得到的结果如图 15-37 所示。

 注意：

在添加或修改尺寸时，单击要标注尺寸的几何体。当在模型周围移动指针时，会显示尺寸的预览。根据指针相对于附加点的位置，系统将自动捕捉适当的尺寸类型（水平、垂直、线性、径向等）。当预览显示所需的尺寸类型时，可通过单击右键来锁定此类型。最后单击以放置尺寸。

图15-36　绘制中心线　　　　　　　　　　　　图15-37　添加尺寸

### 15.3.3　标注表面粗糙度和形位公差

**01** 标注表面粗糙度。单击"注解"面板中的"表面粗糙度"按钮√，弹出"表面粗糙度"属性管理器，在属性管理器中设置各参数,如图 15-38 所示。设置完成后，移动光标到需要标注表面粗糙度的位置，单击即可完成标注，单击"确定"√按钮，表面粗糙度即可标注完成。标注表面粗糙度效果如图 15-39 所示。

图15-38　"表面粗糙度"属性管理器　　　　　图15-39　标注表面粗糙度

**02** 修改尺寸。选择视图中的所有尺寸，如图 15-40 所示，在"尺寸"属性管理器中的"尺寸界线/引线显示"面板中实心箭头，如图 15-41 所示。单击"确定"按钮✔，修改后的视图如图 15-42 所示。

**注意：**

可以将带有引线的表面粗糙度符号拖到任意位置。如果将没有引线的符号附加到一条边线，然后将它拖离模型边线，则将生成一条延伸线。若想使表面粗糙度符号锁定到边线，从除最底部控标以外的任何地方拖动符号。

图15-40 选择尺寸线    图15-41 "尺寸界线/引线显示"面板

图15-42 更改尺寸属性

**03** 添加技术要求。单击"注解"面板中的"注释"按钮 **A**，为工程图添加注释部分，如图 15-43 所示。此工程图即完成。

图15-43　选择尺寸线

# 15.4　装配工程图的创建

装配图是表达机器或部件的图样，通常用来表达机器或部件的工作原理及零件、部件间的装配关系，是机械设计和生产中的重要技术文件之一。在产品设计中一般先根据产品的工作原理图画出装配草图，由装配草图整理成装配图，然后再根据装配图进行零件设计，并画出零件图。在产品制造中装配图是制订装配工艺规程、进行装配和检验的技术依据。在机器使用和维修时，也需要通过装配图来了解机器的工作原理和构造。

一张完整的装配图，一般应具有下列内容：

（1）一组视图：表达组成机器或部件的零件的形状及它们之间的相互位置关系，机器或部件的工作原理。

（2）必要的尺寸：标出装配体的总体尺寸、性能尺寸、装配尺寸、安装尺寸以及其他重要尺寸。

（3）技术要求：用来表示对部件质量、装配、检测、调整和安装、使用等方面的要求。

（4）标题栏：用来表示部件的名称、数量以及填写与设计和生产管理有关的内容。

（5）零件的序号和明细表：把各个零件按一定顺序编上序号，并在标题栏上方列出明细表，按序号把各个零件的名称、材料、数量、规格等项注写下来，有利于装配图的阅读和生产管理。

本实例是将齿轮泵总装配体如图 15-44 所示的机械零件转化为工程图。

图15-44　齿轮泵总装配图

　　装配图的工程图创建过程与创建支撑轴的工程图过程和一般步骤基本相同，其创建过程如图 15-45 所示。

图15-45　创建齿轮泵装配工程图过程

图15-45　创建齿轮泵装配工程图过程（续）

视频文件\动画演示\第15章\装配工程图的创建.avi

绘制步骤

### 15.4.1 创建视图

**01** 打开文件。启动 SOLIDWORKS 2018。单击"标准"工具栏中的"打开"按钮 ，在弹出的"打开"对话框中选择将要转化为工程图的总装配图文件。

**02** 图纸设置。单击"标准"工具栏中的"从零件/装配图制作工程图"按钮 ，此时会弹出"图纸格式/大小"对话框，选择"标准图纸大小"并设置图纸尺寸，如图 15-46 所示。单击"确定"按钮，完成图纸设置。

图15-46 "图纸格式/大小"对话框

**03** 创建主视图。单击"视图布局"面板中的"模型视图"按钮 ，弹出"模型视图"属性管理器（如图 15-47 所示），在属性管理器中单击"浏览"按钮，在弹出的选择对话框中选择要生成工程图的齿轮泵总装配图。选择完成后单击"模型视图"中的"下一 步" 按钮，进行模型视图参数设置，如图 15-48 所示。此时在图形编辑窗口，会出现图 15-49 所示放置框，在图纸中合适的位置放置主视图，如图 15-50 所示。在放置完主视图后将鼠标下移，会发现俯视图的预览会跟随鼠标出现。（主视图与其他两个视图有固定的对齐关系。当移动它，其他的视图也会跟着移动。其他两个视图可以独立移动，但是只能水平或垂直于主视图移动）。选择合适的位置放置俯视图，效果如图 15-51 所示。

**04** 利用同样的方法，在图形区域右上角放置轴测图，如图 15-52 所示。

图15-47 "模型视图"对话框　　　　　　图15-48　模型视图设置框

图15-49　放置框　　　　　　　　　

图15-50　主视图

图15-51　俯视图　　　　　　　

图15-52　轴测图

## 15.4.2　创建明细表

**01** 添加序号。单击"注解"面板中的"自动零件序号"按钮 ，在图形区域分别单击主视图和轴测图将自动生成零件的序号，零件序号会插入到适当的视图中，不会重复。在弹出的"自动零件序号"属性管理器中可以设置零件序号的布局、样式等，参数设置如图 15-53 所示，生成零件序号的结果如图 15-54 所示。

图15-53　自动零件序号设置框　　　　　　　图15-54　自动生成的零件序号

**02** 创建明细表。单击"表格"面板中的"材料明细表"按钮，选择刚才创建的主视图，将弹出"材料明细表"属性管理器，设置如图15-55所示。单击"确定"按钮✔，在图形区域将出现跟随光标的材料明细表表格，在图框的右下角单击确定为定位点。创建明细表后的效果如图15-56所示。

### 15.4.3　标注尺寸和技术要求

**01** 创建尺寸。单击"草图"面板"显示/删除几何关系"下拉列表中的"智能尺寸"按钮，标注视图中的尺寸，最终得到的结果如图 15-57 所示。选择视图中的所有尺寸，在"尺寸"属性管理器中的"尺寸界线/引线显示"面板中实心箭头，如图 15-58 所示。单击"确定"按钮✔，修改后的视图如图 15-59 所示。

图15-55 材料明细表设置框

图15-56 添加创建明细表

图15-57　标注尺寸

图15-58　"尺寸界线/引线显示"面板

图15-59　更改尺寸属性

**02** 添加技术要求。单击"注解"面板中的"注释"按钮 **A**。为工程图添加注释部分，如图 15-60 所示。此工程图即完成。

图15-60　添加技术要求

# 第 **16** 章

## 运动仿真

本章介绍了虚拟样机技术和运动仿真的关系，对其常用工具进行了详细介绍，并利用了一个阀门凸轮机构，说明了 SOLIDWORKS Motion 2018 的具体使用方法。

◎ 虚拟样机技术及运动仿真

◎ Motion 分析运动算例

◎ 阀门凸轮机构

# 16.1　虚拟样机技术及运动仿真

### 16.1.1　虚拟样机技术

图 16-1 所示表明了虚拟样机技术在企业开展新产品设计以及生产活动中的地位。进行产品三维结构设计的同时，运用分析仿真软件(CAE)对产品工作性能进行模拟仿真，发现设计缺陷。根据分析仿真结果，用三维设计软件对产品设计结构进行修改。重复上述仿真、找错、修改的过程，不断对产品设计结构进行优化，直至达到一定的设计要求。

虚拟产品开发有如下三个特点：

➢　以数字化方式进行新产品的开发。

➢　开发过程涉及新产品开发的全生命周期。

➢　虚拟产品的开发是开发网络协同工作的结果。

图16-1　虚拟样机设计、分析仿真、设计管理、制造生产一体化解决方案

为了实现上述的三个特点，虚拟样机的开发工具一般实现如下 4 个技术功能：

➢　采用数字化的手段对新产品进行建模。

➢　以产品数据管理（PDM）/产品全生命周期（PLM）的方式控制产品信息的表示、储存和操作。

➢　产品模型的本地/异地的协同技术。

➢　开发过程的业务流程重组。

传统的仿真一般是针对单个子系统的仿真，而虚拟样机技术则是强调整体的优化，它通过虚拟整机与虚拟环境的耦合，对产品进行多种设计方案进行测试、评估，并不断改进设计方案，直到获得最优的整机性能。而且，传统的产品设计方法是一个串行的过程，各子系统（如整机结构、液压系统、控制系统等）的设计都是独立的，忽略了各子系统之间的动态交互与协同求解，因此设计的不足往往到产品开发的后期才被发现，造成严重浪费。运用虚拟

样机技术可以快速地建立包括控制系统、液压系统、气动系统在内的多体动力学虚拟样机，实现产品的并行设计，可在产品设计初期及时发现问题、解决问题，把系统的测试分析作为整个产品设计过程的驱动。

### 16.1.2　数字化功能样机及机械系统动力学分析

在虚拟样机的基础上，人们又提出了数字化功能样机（Functional Digital Prototyping）的概念，这是在 CAD/CAM/CAE 技术和一般虚拟样机技术的基础之上发展起来的。其理论基础为计算多体系动力学、结构有限元理论、其他物理系统的建模与仿真理论，以及多领域物理系统的混合建模与仿真理论。该技术侧重于在系统层次上的性能分析与优化设计，并通过虚拟试验技术，预测产品性能。基于多体系统动力学和有限元理论，解决产品的运动学、动力学、变形、结构、强度和寿命等问题。而基于多领域的物理系统理论，解决较复杂产品的机-电-液-控等系统的能量流和信息流的耦合问题。

数字化功能样机的内容如图 16-2 所示，它包括计算多体系统动力学的运动/动力特性分析，有限元疲劳理论的应力疲劳分析，有限元非线性理论的非线性变形分析，有限元模态理论的振动和噪声分析，有限元热传导理论的热传导分析，基于有限元大变形理论的碰撞和冲击的仿真，计算流体动力学分析，液压/气动的控制仿真，以及多领域混合模型系统的仿真等。

图16-2　数字化功能样机的内容

多个物体通过运动副的连接便组成了机械系统，系统内部有弹簧、阻尼器、制动器等力学元件的作用，系统外部受到外力和外力矩的作用，以及驱动和约束。物体分柔性和刚性之分，而实际上的工程研究对象多为混合系统。机械系统动力学分析和仿真主要是为了解决系统的运动学、动力学和静力学问题。其过程主要包括：

- ➢ 物理建模：用标准运动副、驱动/约束、力元和外力等要素抽象出同实际机械系统具有一致性的物理模型。
- ➢ 数学建模：通过调用专用的求解器生成数学模型。
- ➢ 问题求解：迭代求出计算解。

实际上，在软件操作过程中数学建模和问题求解过程都是软件自动完成的，内部过程并不可见，最后系统会给出曲线显示、曲线运算和动画显示过程。

美国 MDI（Mechanical Dynamics Inc.）最早开发了 ADAMS（Automatic Dynamic Analysis of Mechanical System）软件 ADAMS，应用于虚拟方针领域，后被美国的 MSC 公司收购为 MSC.ADAMS。SolidWorks Motion 正是基于 ADAMS 解决方案引擎创建的。通过 SOLIDWORKS Motion 可以在 CAD 系统构建的原型机上查看其工作情况，从而检测设计的结果，如电动机尺寸、连接方式、压力过载、凸轮轮廓、齿轮传动率、运动零件干涉等设计中可能出现的问题。进而修改设计，得到了进一步优化了的结果。同时，SOLIDWORKS Motion 用户界面是 SOLIDWORKS 界面的无缝扩展，它使用 SOLIDWORKS 数据存储库，不需要 SOLIDWORKS 数据的复制/导出，给用户带来了方便性和安全性。

## 16.2　Motion 分析运动算例

在 SOLIDWORKS 2015 中 SOLIDWORKS Motion 比之前版本的 Cosmos Motion 大大简化了操作步骤，所建装配体的约束关系不用再重新添加，只需使用建立装配体时的约束即可，新的 SOLIDWORKS Motion 是集成在运动算例中的。运动算例是 SOLIDWORKS 中对装配体模拟运动的统称，运动算例不更改装配体模型或其属性运动算例。包括动画、基本运动与 Motion 分析，在这里我们重点讲解 Motion 分析的内容。

### 16.2.1　马达

运动算例马达模拟作用于实体上的运动，由马达所应用。

**01** 单击 MotionManager 工具栏上的"马达"按钮 ⊋ 。

**02** 弹出"马达"属性管理器，如图 16-3 所示。在属性管理器"马达类型"一栏中，选择旋转或者线性马达。

图16-3　"马达"属性管理器

**03** 在属性管理器"零部件/方向"一栏中选择要做动画的表面或零件，通过"反向"按钮 ↗ 来调节。

**04** 在属性管理器"运动"一栏中，在类型下拉菜单中选择运动类型，包括等速，距离，振荡，插值和表达式。

➤ 等速：马达速度为常量。输入速度值。

➤ 距离 ：马达以设定的距离和时间帧运行。为位移、开始时间、及 持续时间输入值，如图 16-4 所示。

➤ 振荡：为振幅和频率输入值，如图 16-5 所示。

图16-4 "距离"运动                    图16-5 "振荡"运动

➤ 线段：选定线段（位移、速度、加速度），为插值时间和数值设定值，线段"函数编制程序"对话框，如图 16-6 所示。

➤ 数据点：输入表达数据（位移、时间、立方样条曲线），数据点"函数编制程序"对话框如图 16-7 所示。

➤ 表达式：选取马达运动表达式所应用的变量（位移、速度、加速度），表达式"函数编制程序"对话框，如图 16-8 所示。

图16-6 "线段"运动

图16-7　"数据点"运动

图16-8　"表达式"运动

**05** 单击属性管理器中的"确定"按钮✔，动画设置完毕。

### 16.2.2 弹簧

弹簧为通过模拟各种弹簧类型的效果而绕装配体移动零部件的模拟单元。属于基本运动，在计算运动时考虑到质量。要对零件添加弹簧，可按如下步骤操作：

**01** 单击 MotionManager 工具栏中的"弹簧"图标按钮 ▤，弹出"弹簧"属性管理器。

**02** 在"弹簧"属性管理器中选择"线性弹簧"类型，在视图中选择要添加弹簧的两个面，如图 16-9 所示。

**03** 在"弹簧"属性管理器中设置其他参数，单击"确定"✔，完成弹簧的创建。

**04** 单击 MotionManager 工具栏中的计算图标按钮 ▦，计算模拟。MotionManager 界面如图 16-10 所示。

图16-9　选择放置弹簧面

图16-10　MotionManager界面

### 16.2.3 阻尼

如果对动态系统应用了初始条件，系统会以不断减小的振幅振动，直到最终停止。这种现象称为阻尼效应。阻尼效应是一种复杂的现象，它以多种机制（如内摩擦和外摩擦、轮转的弹性应变材料的微观热效应、以及空气阻力）消耗能量。要在装配体中添加阻尼的关系，可按如下步骤操作：

**01** 单击 MotionManager 工具栏中的"阻尼"按钮 ✎，弹出图 16-11 所示的"阻尼"属性管理器。

**02** 在"阻尼"属性管理器中选择"线性阻尼"，然后在绘图区域选取零件上弹簧或阻尼一端所附加到的面或边线。此时在绘图区域中被选中的特征将高亮显示。

**03** 在"阻尼力表达式指数"和"阻尼常数"中可以选择和输入基于阻尼的函数表达式，单击"确定"✔，完成接触的创建。

图16-11 "阻尼"属性管理器

## 16.2.4 接触

接触仅限基本运动和运动分析,如果零部件碰撞、滚动或滑动,可以在运动算例中建模零部件接触。还可以使用接触来约束零件在整个运动分析过程中保持接触。默认情况下零部件之间的接触将被忽略,除非在运动算例中配置了"接触"。如果不使用"接触"指定接触,零部件将彼此穿越。要在装配体中添加接触的关系,可按如下步骤操作:

**01** 单击 MotionManager 工具栏中的"接触"按钮 ⑧ ,弹出图 16-12 所示的"接触"属性管理器。

**02** 在"接触"属性管理器中选择"实体",然后在绘图区域选择两个相互接触的零件,添加它们的配合关系。

**03** 在"材料"栏中更改两个材料类型分别为"Steel(Dry)"与"Aluminum(Dry)"属性管理器中设置其他参数,单击"确定" ✓ ,完成接触的创建。

图16-12 "接触"属性管理器

### 16.2.5 力

力/扭矩对任何方向的面、边线、参考点、顶点和横梁应用均匀分布的力、力矩或扭矩，以供在结构算例中使用。

操作步骤如下：

**01** 单击MotionManager工具栏中的"力"按钮🢔，弹出图 16-13 所示的"力/扭矩"属性管理器。

**02** 在"力/扭矩"属性管理器中选择"力"类型，单击"作用力与反作用力"按钮⬓，在视图中选择作用力和反作用力面，如图 16-14 所示。

属性管理器选项说明：

1）类型

➢　力：指定线性力。

➢　力矩：指定扭矩。

2）方向

➢　只有作用力⬓：为单作用力或扭矩指定参考特征和方向。

➢　作用力与反作用力⬓：为作用与反作用力或扭矩指定参考特征和方向。

**03** 在"力/扭矩"属性管理器中设置其他参数，如图 16-15 所示，单击"确定"✔，完成力的创建。

**04** 在时间线视图中设置时间点为 0.1 秒，设置播放速度为 5 秒。

**05** 单击MotionManager工具栏中的计算按钮🖳，计算模拟。单击从头播放按钮▶，动画如图 16-16 所示，MotionManager界面如图 16-17 所示。

图16-13　"力/扭矩"属性管理器

图16-14　选择作用力面和反作用力面

图16-15 设置参数  图16-16 动画

图16-17 MotionManager界面

## 16.2.6 引力

引力（仅限基本运动和运动分析）为一通过插入模拟引力而绕装配体移动零部件的模拟单元。要对零件添加引力的关系，可按如下步骤操作：

**01** 单击MotionManager工具栏中的"引力"图标按钮，弹出"引力"属性管理器。

**02** 在"引力"属性管理器中选择"Z轴"，可单击"反向"按钮，调节方向，也可以在视图中选择线或者面作为引力参考，如图16-18所示。

**03** 在"引力"属性管理器中设置其他参数，单击"确定"，完成引力的创建。

**04** 单击MotionManager工具栏中的计算图标按钮，计算模拟。MotionManager界面如图16-19所示。

图16-18 "引力"属性管理器　　　　　　图16-19 MotionManager界面

# 16.3 综合实例——阀门凸轮机构

本例说明了用 SOLIDWORKS Motion 来解决间歇接触问题。并以 3D 接触的方式来保证摇杆始终与凸轮的接触。其结构如图 16-20 所示。

图16-20 "阀门凸轮机构"结构组成

视频文件\动画演示\第 16 章\阀门凸轮机构.avi

绘制步骤

## 16.3.1 调入模型设置参数

**01** 加载装配体模型。

❶加载装配体文件，"valve_cam.sldasm"。该文件位于"阀门凸轮机构"文件夹。

❷单击绘图区下部的"运动算例 1"标签，切换到运动算例界面。

❸在算例类型列表中选择"Motion 分析"。

**02** 添加马达。

❶单击 MotionManager 工具栏中的"马达"图标按钮，系统弹出"马达"属性管理器。

❷在"马达"属性管理器的"马达类型"中，单击"旋转马达"图标，为阀门凸轮机构添加旋转类型的马达。

❸首先单击"马达位置"图标右侧的显示栏，然后在绘图区单击 camshaft(凸轮轴)

向外伸出的圆柱，如图 16-21 所示，为添加的马达位置。

**④** 马达的方向采用默认的逆时针方向。

在"运动"栏内选择"马达类型"为"等速"，马达的转数为 1200 RPM。参数设置完成后的"马达"属性管理器如图 16-22 所示。

**⑤** 单击"确认"按钮✔，生成新的马达。

**03** 添加弹簧。

**①** 单击 MotionManager 工具栏中的"弹簧"图标按钮▤，系统弹出"弹簧"属性管理器。

**②** 在"弹簧"属性管理器的"弹簧类型"中，单击"线性弹簧"图标➡，为阀门凸轮机构添加线性弹簧。

图16-21　添加马达位置

图16-22　"马达"属性管理器

**③** 首先单击"弹簧端点"图标🗔右侧的显示栏，然后在绘图区分别单击 valve_guide（导筒）的外缘边线和 valve（阀）的底面，如图 16-23 所示，为添加的弹簧位置。

**④** 在"弹簧参数"栏内输入"弹簧常数"为 0.10 牛顿/mm，弹簧的"自由长度"为 60.00 mm。

**⑤** 打开"显示"栏，输入"弹簧圈直径"▤ 为 10mm，"圈数"▤ 为 5，"丝径"⊙ 为 2.5mm，参数设置完成后的"弹簧"属性管理器如图 16-24 所示。

图16-23 添加弹簧位置

图16-24 参数设置

❻单击"确认"按钮✔，生成新的弹簧。

**04** 添加实体接触。

❶单击 MotionManager 工具栏中的"接触"图标按钮❽，系统弹出 "接触"属性管理器。

❷在"接触"属性管理器的"接触类型"中，单击"实体"图标❽，为阀门凸轮机构添加实体接触。

❸首先单击"零部件"图标❽右侧的显示栏，然后在绘图区选择 camshaft（凸轮轴）和 rocker（摇杆），如图 16-25 所示，为选择的两个零件。

❹在"材料"栏内，单击材料名称下拉列表，分别选择材料名称为"Steel（Dry）"和"Steel（Greasy）"，其余参数采用默认的设置。参数设置完成后的"接触"属性管理器如图 16-26 所示。

图16-25 添加马达位置

图16-26 "接触"属性管理器

❺单击"确认"按钮✔，生成新的接触关系。

❻单击 MotionManager 工具栏中的"接触"图标按钮，系统弹出"接触"属性管理器。

❼在"接触"属性管理器的"接触类型"中，单击"实体"图标，为阀门凸轮机构添加实体接触。

❽首先单击"零部件"图标右侧的显示栏，然后在绘图区选择 valve（阀）和 rocker（摇杆），如图 12-27 所示，为选择的两个零件。

图16-27 添加马达位置　　　　　　　　　图16-28 "接触"属性管理器

❾在"材料"栏内，单击材料名称下拉列表，分别选择材料名称为"Steel（Dry）"和"Steel（Greasy）"，其余参数采用默认的设置。参数设置完成后的"接触"属性管理器如图 16-28 所示。

❿单击"确认"按钮，生成新的接触关系。

⓫添加完所有的模型驱动与约束后的 MotionManager 如图 16-29 所示。

图16-29 MotionManager

### 16.3.2 仿真求解

当完成模型动力学参数的设置后，就可以仿真求解题设问题。

**01** 仿真参数设置及计算。

❶单击 MotionManager 工具栏中的"运动算例"图标按钮⚙，系统弹出的"运动算例属性"属性管理器。对曲柄滑块机构进行仿真求解的设置。

❷在"Motion 分析"栏内输入"每秒帧数"为 1500，其余参数采用默认的设置。参数设置完成后的"运动算例属性"属性管理器如图 16-30 所示。

❸在 MotionManager 界面的右下角单击"放大"按钮🔍，直到时间栏放大到精度为 0.1秒，并将时间栏的长度拉到 0.1 秒，如图 16-31 所示。

图16-30 "运动算例属性"属性管理器

图16-31 MotionManager界面

❹单击 MotionManager 工具栏中的"播放速度"下拉列表 1x，选择播放速度为

10 秒。

⑤单击 MotionManager 工具栏中的"计算"图标按钮 ，对曲柄滑块机构进行仿真求解的计算。

**02** 添加结果曲线。分析计算完成后对分析的结果进行后处理，分析计算的结果和进行图解。

❶单击 MotionManager 工具栏中的"结果和图解"图标按钮 ，系统弹出图 16-32 所示的"结果"属性管理器。对曲柄滑块机构进行仿真结果的分析。

❷单击"结果"栏内的"选取类别"下拉框，选择分析的类别为"力"，单击"选取子类别"下拉框，选择分析的子类别为"接触力"，单击"选取结果分量"下拉框，选择分析的结果分量为"幅值"。首先单击"面"图标 右侧的显示栏，然后在绘图区选取进行接触的摇杆面和凸轮轴面，如图 16-33 所示。

摇杆面

凸轮轴面

图16-32　"结果"属性管理器　　　　　　　图16-33　选择滑块

❸单击"确认"按钮 ，生成新的图解，如图 16-34 所示。

图13-34　接触力-时间曲线

### 16.3.3 优化设计

通过观察上一步骤生成的摇杆面和凸轮轴面的接触力-时间曲线，我们发现在 0.03 秒与 0.08 秒附近有比较大的力的变化，设计中需要对参数进行修改，已达到最优的方案。

**01** 复制方案。

❶双击图形窗口左下方的"运动算例 1"标签栏，将"运动算例 1"重命名为 1200 RPM。

❷右键单击刚重命名的 1200 RPM 标签，在弹出的快捷菜单中选取"复制"命令。

❸将新复制得到的"运动算例 1"重命名为 2000 RPM。

**02** 更改马达参数。

❶在 MotionManager 界面的右下角单击"放大"按钮🔍，直到时间栏放大到精度为 0.1 秒，并检查时间栏的长度是否在 0.1 秒，并且将时间点竖线拉到 0 秒处（更改 0 秒处的马达参数）。

❷在 MotionManager 设计树中用右键单击"旋转马达 2"，然后选取"编辑特征"。

❸在"马达"属性管理器中，打开"运动"栏，将马达速度更改为 2000 RPM。

❹单击"确认"按钮✔，生成新的马达，如图 16-35 所示。

❺单击 MotionManager 工具栏中的"计算"图标按钮🗐，对更改转数后曲柄滑块机构进行仿真求解的计算。

❻在 MotionManager 设计树中用右键单击"图解 2<反作用力 2>"，然后选取"显示图解"，生成新的图解，如图 16-36 所示。

图16-35　更改后的"马达"属性管理器　　　　图16-36　接触力-时间曲线

**03** 更改弹簧参数。由于接触力在一段时间内为零，所以图解显示弹簧强度不足以保留更高转速的运动。通过观察绘图区域曲柄滑块机构的模拟运动情况，发现在运动中某些时刻摇杆会失去与凸轮的接触，如图 16-37 所示。这是因为马达转速太快的缘故，可以通过调整弹簧来对这种情况进行控制。

图16-37　摇杆失去与凸轮的接触

❶将时间点竖线拉到 0 秒处。

❷在 MotionManager 设计树中用右键单击"线性弹簧 2"，然后选取"编辑特征"。

❸在"弹簧"属性管理器中，打开"弹簧参数"栏，将弹簧常数更改为 16.00 N/mm，如图 16-38 所示。

❹单击"确认"按钮✔，生成新的弹簧。

❺单击 MotionManager 工具栏中的"计算"图标按钮，对更改弹簧系数后的曲柄滑块机构进行仿真求解的计算。

❻在 MotionManager 设计树中用右键单击"图解 2<反作用力 2>"，然后选取"显示图解"，生成新的图解，如图 16-39 所示。

图16-38　更改后的"弹簧"属性管理器

图16-39　接触力-时间曲线

通过生成的摇杆面和凸轮轴面的接触力-时间曲线，可以看到力为相对稳定的状态。

# 第 **17** 章

## 有限元分析

本章介绍有限元法和自带的有限元分析工具 SOLIDWORKS SimulationXpress 及 SOLIDWORKS Simulation。根据不同学科和工程应用分别采用实例说明SOLIDWORKS Simulation 2018的应用，进一步加深读者对SOLIDWORKS Simulation 2018功能模块的理解。

学 习 要 点

◎ SOLIDWORKS SimulationXpress 应用——手轮应力分析

◎ 梁的弯扭问题

◎ 杆系稳定性计算

◎ 轴承载荷下的零件应力分析

◎ 疲劳分析

◎ 轴承座应力和频率分析

## 17.1　有限元法

有限元法是随着电子计算机的发展而迅速发展起来的一种现代计算方法。它是 20 世纪 50 年代首先在连续体力学领域——飞机结构静、动态特性分析中应用的一种有效的数值分析方法，随后很快广泛应用于求解热传导、电磁场、流体力学等连续性问题。

有限元法简单地说，就是将一个连续的求解域（连续体）离散化即分割成彼此用节点（离散点）互相联系的有限个单元，在单元体内假设近似解的模式，用有限个结点上的未知参数表征单元的特性，然后用适当的方法，将各个单元的关系式组合成包含这些未知参数的代数方程，得出个结点的未知参数，再利用插值函数求出近似解。是一种有限的单元离散某连续体然后进行求解的一种数值计算的近似方法。

由于单元可以被分割各种形状和大小不同的尺寸，所以它能很好地适应复杂的几何形状，复杂的材料特性和复杂的边界条件，再加上它有成熟的大型软件系统支持，使它已成为一种非常受欢迎的，应用极广的数值计算方法。

有限元法发展到今天，已成为工程数值分析的有力工具。特别是在固体力学和结构分析的领域内，有限元法取得了巨大的进展，利用它已经成功地解决了一大批有重大意义的问题，很多通用程序和专用程序投入了实际应用。同时有限单元法又是仍在快速发展的一个科学领域，它的理论、特别是应用方面的文献经常而大量地出现在各种刊物和文献中。

## 17.2　有限元分析法（FEA）的基本概念

有限元模型是真实系统理想化的数学抽象。图 17-1 所示说明了有限元模型对真实模型理想化后的数学抽象。

真实系统

有限元模型

图17-1　对真实系统理想化后的有限元模型

在有限元分析中，如何对模型进行网格划分，以及网格的大小都直接关系到有限元求解结果的正确性和精度。

进行有限元分析时，应该注意以下事项：

1．制定合理的分析方案

> 对分析问题力学概念的理解。
> 结构简化的原则。
> 网格疏密与形状的控制。
> 分步实施的方案。

2．目的与目标明确

> 初步分析还是精确分析。
> 分析精度的要求。
> 最终需要获得的是什么。

3．不断的学习与积累经验

利用有限元分析问题时的简化方法与原则：划分网格时主要考虑结构中对结果影响不大、但建模又十分复杂的特殊区域的简化处理。同时需要明确进行简化对计算结果带来的影响是有利还是没利的。对于装配体的有限元分析中，首先明确装配关系。对于装配后不出现较大装配应力同时结构变形时装配处不发生相对位移的连接，可采用两者之间连为一体的处理方法，但连接处的应力是不准确的，这一结果并不影响远处的应力与位移。如果装配后出现较大应力或结构变形时装配处发生相对位移的连接，需要按接触问题处理。如图 17-2 所示说明了有限元法与其他课程之间的关系。

图17-2　有限元法与其他课程之间的关系

# 17.3 SOLIDWORKS SimulationXpress 应用——手轮应力分析

SOLIDWORKS 为用户提供了初步的应力分析工具——SOLIDWORKS SimulationXpress，利用它可以帮助用户判断目前设计的零件是否能够承受实际工作环境下的载荷，它是 SOLIDWORKS Simulation Works 产品的一部分。SOLIDWORKS SimulationXpress 利用设计分析向导为用户提供了一个易用的、一步一步的设计分析方法。向导要求用户提供用于零件分析的信息，如材料、约束和载荷，这些信息代表了零件的实际应用情况。

下面通过研究一个手轮零件的应力分析来说明 SOLIDWORKS SimulationXpress 的应用，如图 17-3 所示。

手轮在安装座的位置安装轮轴，形成一个对手轮的一个"约束"。当转动摇把旋转手轮时，有一个作用力作用在手轮轮辐的摇把安装孔上，这就是"负载"。这种情况下，会对轮辐造成什么影响呢？轮辐是否弯曲？轮辐是否会折断？这些问题不仅依赖于手轮零件所采用的材料，而且还依赖于轮辐的形状、大小以及负载的大小。

约束　　　　　载荷

图17-3　手轮受力分析

SOLIDWORKS SimulationXpress 设计分析向导可以指导用户一步一步地完成分析步骤，这些步骤包括：

> 选项设置：设置通用的材料、负载和结果的单位体系，还可以设置用于存放分析结果的文件位置。
> 夹具设置：选择面，指定分析过程中零件的约束信息——零件固定的位置。
> 载荷设置：指定导致零件应力或变形的外部载荷，如力或压力。
> 材料设置：从标准的材料库或用户自定义的材料库中选择零件所采用的材料。
> 分析：开始运行分析程序，可以设置零件网格的划分程度。
> 查看结果：显示分析结果：最小安全系数（FOS）、应力情况和变形情况，这个步骤有时也称为"后处理"。

**01** 启动 SimulationXpress。

❶选择菜单命令"工具"→"Xpress 产品"→"SimulationXpress"，如图 17-4 所示。或单击"评估"选项板中的"SimulationXpress 分析向导"按钮 ，SimulationXpress 向导随即开启，如图 17-5 所示。

图17-4　启动 SimulationXpress

❷单击 选项 按钮，弹出"SimulationXpress 选项"对话框中，如图 17-6 所示。从"单位系统"下拉列表框中选择"公制"，并点击按钮 ，打开"浏览文件夹"对话框设置分析结果要存储的文件夹，单击"确定"按钮完成选项的设置。

❸单击 下一步 按钮，进入"夹具"标签。

**02** 设置夹具。

❶"夹具"标签，如图 17-7 所示，用来设置约束面。零件在分析过程中保持不动，夹具约束就是用于"固定"零件的表面。在分析中可以有多组夹具约束，每组约束中也可以有多个约束面，但至少有一个约束面，以防由于刚性实体运动而导致分析失败。

图17-5　设计分析向导　　　　　　图17-6　设置选项

❷单击➡️ 添加夹具 按钮，弹出"夹具"属性管理器。并在图形区域中选择手轮安装座上的轴孔的 4 个面，单击"确定✔"按钮，完成夹具约束，如图 17-8 所示。系统会自动创建一个夹具约束的名称为"固定 1"。添加完夹具约束后的"SimulationXpress Study 算例树"如图 17-9 所示。

❸"夹具"标签显示界面如图 17-10 所示。在这里可以添加、编辑或删除约束。尽管 SOLIDWORKS SimulationXpress 允许用户建立多个约束组，但这样做没有太多的价值，因为分析过程中，这些约束组将被组合到一起进行分析。

❹单击➡️ 下一步 按钮，进入"载荷"标签。如果正确完成了上一个步骤，设计分析向导的相应标签上会显示一个"通过"符号✔。

图17-7 "夹具"标签

图17-8 设置约束面

**03** 设置载荷。

❶"载荷"标签，如图 17-11 所示，用户可以在零件的表面上添加外部力和压力。SOLIDWORKS SimulationXpress 中指定的作用力值将分别应用于每一个表面。例如，如果选择了 3 个面，并指定作用力的值为 500N，那么总的作用力大小将为 1500N，也就是说每一个表面都受到 500N 的作用力。

❷选择作用于手轮上的载荷类型为"➡️ 添加力"，在图形区域中选择圆轮上手柄的安装孔面。选择"选定的方向"单选框，然后从"FeatureManager 设计树"中选择"前视基准面"作为选择的参考基准面；在载荷输入框中输入力的大小为 300N；选择"反转方向"复选框，如图 17-12 所示。此时"载荷"标签显示界面如图 17-13 所示。在这可以添加、编辑或删除

载荷。

图17-9 SimulationXpress 算例树　图17-10 管理夹具约束

图17-11 设置载荷

图17-12 设置载荷

图17-13 管理载荷

**04** 设置材料。

❶当完成前一个步骤设定后，单击 ➡ 下一步 按钮后分析向导会进入到下一标签，如图

17-14 所示。

❷单击"更改材料"按钮  更改材料 标签用来设置零件所采用的材料,可以从系统提供的标准材料库中选择材料。在材料库文件中选择手轮的材料为"铁"→"可锻铸铁",单击"应用"按钮,将材质应用于被分析零件,如图 17-15 所示。

❸经过以上步骤后,SOLIDWORKS SimulationXpress 已经收集到了进行零件分析的所必需的信息,现在可以计算位移、应变和应力。单击 下一步 按钮,界面提示可以进行分析,如图 17-16 所示。

**05** 运行分析。在"分析"标签中单击 运行模拟 按钮开始零件分析。这时将出现一个状态窗口,显示出分析过程和利用的时间,如图 17-17 所示。

**06** 查看结果。

❶可以通过"结果"标签显示零件分析的结果,如图 17-18 所示。在此标签中可是播放、停止动画。观察后单击 是,继续 ,弹出图 17-19 所示的对话框。默认的分析结果显示是安全系数(FOS),该系数是材料的屈服强度与实际应力的对比值。SOLIDWORKS Simulation Xpress 使用最大等量应力标准来计算安全系数分布。此标准表明,当等量应力(von Mises 应力)达到材料的屈服强度时,材料开始屈服。屈服强度($\sigma b$)是材料的力学属性。SOLIDWORKS SimulationXpress 对某一点安全系数的计算是屈服强度除以该点的等量应力。

图17-14 设置材料　　　　　　　　图17-15 设置零件材料

❷可以通过安全系数,检查零件设计的是否合理。

➢ 某位置的安全系数小于1.0,表示该位置的材料已屈服,设计不安全。

➢ 某位置的安全系数为1.0,表示该位置的材料刚开始屈服。

➢ 某位置的安全系数大于1.0,表示该位置的材料尚未屈服。

图17-16　可以进行分析　　　　　　图17-17　分析过程　　　　　　图17-18　结果

❸显示应力分布。单击 ➡ 显示 von Mises 应力 按钮，零件的应力分布云图显示在图形区域中。点击"播放"按钮▶，可以以动画的形式播放零件的应力分布情况；点击"停止"按钮■，停止动画播放，如图 17-20 所示。

图17-19　结果　　　　　　　　　图17-20　应力结果

❹显示位移。显示零件的变形云图。同样可以播放、停止零件的变形云图。

❺生成报告结果。单击 → 查阅结果完毕 按钮，进入报告结果部分，如图 17-21 所示。可以保存一份结果的报表来进行存档。

➢ 生成报表：生成 Word 格式的分析报告，生成的报告可以在最初设置的结果存放文件夹下找到，如图 17-22 所示。

➢ eDrawing 分析结果：可以通过 SOLIDWORKS eDrawings 打开的报告，如图 17-23 所示。单击 → 生成 eDrawings 文件 按钮，弹出"另存为"对话框，选择要保存的路径，并保存 SOLIDWORKS SimulationXpress 分析数据。

图17-21 设置报告参数

图17-22 Word格式的分析报告

图17-23 SOLIDWORKS eDrawing 分析结果

## 17.4 SOLIDWORKS Simulation 2018 功能和特点

Structurral Research and Analysis Corporation（简称 SRAC）创建于 1982 年，是一个全力发展有限元分析软件的公司，公司成立的宗旨是为工程界提供一套高品质并且具有技术领先、价格低廉并能为大众所接受的有限元软件。

1998 年 SRAC 公司着手对有限元分析软件进行以 Parasolid 为几何核心，以 Windows 视窗界面为平台，给使用者提供操作简便的友好界面，包含实体建构能力的前、后处理器的有限元分析软件——GEOSTAR。GEOSTAR 根据用户的需要可以单独存在，也可以与所有基于 Windows 平台的 CAD 软件达到无缝集成。这项全新标准的出台，最终结果就是 SRAC 公司开发出了为计算机三维 CAD 软件的领导者——SOLIDWORKS 服务的全新嵌入式有限元分析软件 SOLIDWORKS Simulation。

SOLIDWORKS Simulation 使用 SRAC 公司开发的当今世界上领先的有限元分析算法——快速有限元算法（FFE），完全集成在 Windows 环境并与 SOLIDWORKS 软件无缝集成。从测试表明，快速有限元算法提升了传统算法 50～100 倍的解题速度，并降低磁盘存储空间，只需原来的 5%就够了；更重要的是，它在计算机上就可以解决复杂的分析问题，节省使用者在硬件上的投资。

SRAC 公司的快速有限元算法比较出色的原因如下：

（1）参考以往的有限元求解算法的经验，以 C++语言重新编写程序，程序代码中尽量减少循环语句，并且引入当今世界范围内软件程序设计新技术的精华。因此极大提高了求解器的速度。

（2）使用新的技术开发、管理其资料库，使程序在读、写、打开、保存资料及文件时，能够大幅提升速度。

（3）按独家数值分析经验，搜索所有可能的预设条件组合（经大型复杂运算测试无误者）来解题，所以在求解时快速而能收敛。

SRAC 公司为 SOLIDWORKS 提供了三个插件，分别是 SOLIDWORKS Simulation、SOLIDWORKS Motion 和 COSMOSFloWorks。

➢ SOLIDWORKS Motion：是一个全功能运动仿真软件，可以对复杂机械系统进行完整的运动学和动力学仿真，得到系统中各零部件的运动情况，包括位移、速度、加速度和作用力及反作用力等。并以动画、图形、表格等多种形式输出结果，还可将零部件在复杂运动情况下的复杂载荷情况直接输出到主流有限元分析软件中以作出正确的强度和结构分析。

➢ COSMOSFloWorks：是一个流体动力学和热传导分析软件，可以在不同雷诺数范围上，建立跨音速、超音速和亚音速的可压缩和不可压缩的气体和流体的模型，以确保获得真实的计算结果。

➢ SOLIDWORKS Simulation：为设计工程师在 SOLIDWORKS 的环境下，提供比较完整的分析手段。凭借先进的快速有限元技术，工程师能非常迅速地实现对大规模的复杂设计的分析和验证，并且获得修正和优化设计所需的必要信息。

SOLIDWORKS Simulation 的基本模块可以做对零件或装配体进行静力学分析、固有频率和模态分析、失稳分析和热应力分析等。

 ➢ 静力学分析——算例零件在只受静力情况下，零组件的应力、应变分布。

 ➢ 固有频率和模态分析——确定零件或装配的造型与其固有频率的关系，在需要共振效果的场合，如超声波焊接喇叭，音叉，获得最佳设计效果。

 ➢ 失稳分析——当压应力没有超过材料的屈服极限时，薄壁结构件发生的失稳情况。

 ➢ 热应力分析——在存在温度梯度情况下，零件的热应力分布情况，以及算例热量在零件和装配中的传播。

 ➢ 疲劳分析——预测疲劳对产品全生命周期的影响，确定可能发生疲劳破坏的区域。

 ➢ 非线性分析——用于分析橡胶类或者塑料类的零件或装配体的行为，还用于分析金属结构在达到屈服极限后的力学行为。也可以用于考虑大扭转和大变形，如：突然失稳。

 ➢ 间隙/接触分析——在特定载荷下，两个或者更多运动零件相互作用。如在传动链或其他机械系统中接触间隙未知的情况下分析应力和载荷传递。

 ➢ 优化——在保持满足其他性能判据（如应力失效）的前提下，自动定义最小体积设计。

# 17.5  SOLIDWORKS Simulation 2018 的启动

（1）选择命令"工具"→"插件"命令。

（2）在出现的"插件"对话框中，如图 17-24 所示，选择 SOLIDWORKS Simulation，并单击"确定"按钮。

图17-24  "插件"对话框

（3）在 SOLIDWORKS 的主菜单中添加了一个新的菜单 SOLIDWORKS Simulation，如图 17-25

所示。当 SOLIDWORKS Simulation 生成新算例后在管理程序窗口的下方会出现 SOLIDWORKS Simulation 的模型树，绘图区的下方出现新算例的标签栏。

图17-25　加载SOLIDWORKS Simulation后的SOLIDWORKS

# 17.6　SOLIDWORKS Simulation 2018 的使用

## 17.6.1　算例专题

在用 SOLIDWORKS 设计完几何模型后，就可以使用 SOLIDWORKS Simulation 对其进行分析。分析模型的第一步是建立一个算例专题。算例专题是由一系列参数所定义，这些参数完整地表述了该物理问题的有限元模型。

当对一个零件或装配体进行分析时，典型的问题就是要研究零件或装配体在不同工作条件下的不同反应。这就要求运行不同类型的分析，实验不同的材料，或指定不同的工作条件。每个算例专题都描述其中的一种情况。

一个算例专题的完整定义包括以下几方面：

> 分析类型和选项.
> 材料.
> 载荷和约束.
> 网格.

要确定算例专题，可按如下步骤操作：

（1）单击"Simulation"面板中的"新算例"按钮，或选择命令"Simulation"→"算例"。如图 17-26 所示。

（2）在弹出的"算例"对话框中，定义"名称"和"类型"，如图 17-27 所示。

图17-26　新算例　　　　　　　　图17-27　定义算例专题

（3）SOLIDWORKS Simulation 的基本模块，提供多种分析类型。

> 静应力分析：可以计算模型的应力、应变和变形。
> 频率：可以计算模型的固有频率和模态。
> 屈曲：计算危险的屈曲载荷，即屈曲载荷分析。
> 热力：计算由于温度、温度梯度和热流影响产生的应力。
> 跌落测试：模拟零部件掉落后的变形和应力分布。

- 疲劳：计算材料在交变载荷作用下产生的疲劳破坏情况。
- 非线性：为带有诸如橡胶之类非线性材料的零部件研究应变、位移、应力。
- 线性动力：使用频率和模式形状来研究对动态载荷的线性响应。
- 压力容器设计：在压力容器设计算例中，将静应力分析算例的结果与所需因素组合。每个静应力分析算例都具有不同的一组可以生成相应结果的载荷。
- 子模型：不可能获取大型装配体或多实体模型的精确结果，因为使用足够小的元素大小可能会使问题难以解决。使用粗糙网格或拔模网格解决装配体或多实体模型后，子模型算例允许使用高品质网格或更精细的网格增加选定实体的求解精确度。

（4）在 Simulation 模型树中新建的"算例"上面右击，选择"属性"，打开"静应力分析"对话框，在弹出的对应属性对话框中进一步定义它的属性，如图 17-28 所示。每一种"分析类型"都对应不同的属性。

图17-28　定义算例专题的属性

图17-29　定义好的算例专题
出现在Simulation模型树中

（5）定义完算例专题后，单击"确定"按钮✔。

在定义完算例专题后，就可以进行下一步的工作了，此时在 Simulation 的模型树中可以看到定义好的算例专题，如图 17-29 所示。

### 17.6.2　定义材料属性

在运行一个算例专题前，必需要定义好指定的分析类型所对应需要的材料属性。在装配体中，每一个零件可以是不同的材料。对于网格类型是"使用曲面的外壳网格"的算例专题，每一个壳体可以具有不同的材料和厚度。

要定义材料属性，可按如下步骤操作：

（1）在 Simulation 的管理设计树中选择要定义材料属性的算例专题，并选择要定义材料属性的零件或装配体。

（2）选择命令"Simulation"→"材料"→"应用材料到所有"，或右击要定义材料属性的零件或装配体,在弹出的快捷菜单中选择命令"应用材料到所有",或者单击"Simulation"面板中的应用材料到所有按钮。

（3）在弹出的"材料"对话框中，选择一种方式定义材料属性，如图 17-30 所示：

图17-30　定义材料属性

- 使用 SOLIDWORKS 中定义的材质：如果在建模过程中已经定义了材质，此时在"材料"对话框中会显示该材料的属性。如果选择了该选项，则定义的所有算例专题都将选择这种材料属性。

- 自定义材料：可以自定义材料的属性，用户只要单击要修改的属性，然后输入新的属性值。对于各向同性的材料，弹性模量和泊松比是必须被定义的变量。如果材料的应力产生是因为温度变化引起的，则材料的传热系数必须被定义。如果在分析中，要考虑重力或者离心力的影响，则必须定义材料的密度。对于各向异性材料，则必须要定义各个方向的弹性模量和泊松比等材料属性。

（4）在"材料属性"栏目中，可以定义材料的类型和单位。其中，在"模型类型"下拉菜单中可以选择"线性弹性同向性"即各向同性材料，也可以选择"线性弹性异向性"即各向异性材料。"单位"下拉列表框中可选择"SI"即国际单位、"英制"和"公制"单位体系。

（5）单击"确定"按钮就可以将材料属性应用于算例专题了。

### 17.6.3　载荷和约束

在进行有限元分析中，必须模拟具体的工作环境对零件或装配体规定边界条件（位移约束）和施加对应的载荷。也就是说实际的载荷环境必须在有限元模型上定义出来。

如果给定了模型的边界条件，则可以模拟模型的物理运动。如果没有指定模型的边界条件，则模型可以自由变形。边界条件必须给以足够的重视，有限元模型的边界既不能欠约束，也不能过约束。加载的位移边界条件可以是零位移，也可以是非零位移。

每个约束或载荷条件都以图标的方式在载荷/制约文件夹中显示。Simulation 提供一个智能的属性管理器来定义负荷和约束。只有被选中的模型具有的选项才被显示，其不具有的选项则为灰色不可选项。例如，如果选择的面是圆柱面或是轴，属性管理器允许定义半径、圆周、轴向抑制和压力。载荷和约束是和几何体相关联的，当几何体改变时，它们自动调节。

在运行分析前，可以在任意的时候指定负荷和约束。运用拖动（或复制粘贴）功能，Simulation 允许在管理树中将条目或文件夹复制到另一个兼容的算例专题中。

要设定载荷和约束，可按如下步骤操作：

（1）选择一个面或边线或顶点，作为要加载或约束的几何元素。如果需要可以按住 Ctrl 键选择更多的顶点、边线或面。

（2）在菜单栏"Simulation"→"载荷/夹具"中选择一种加载或约束类型，如图 17-31 所示。

（3）在对应的载荷或约束属性管理器中设置相应的选项、数值和单位。

（4）单击"确定" ✔ 按钮，完成加载或约束。

图17-31　"载荷/夹具"菜单栏

### 17.6.4　网格的划分和控制

有限元分析提供了一个可靠的数字工具进行工程设计分析。首先，要建立几何模型。然后，程序将模型划分为许多具有简单形状的小的块（elements），这些小块通过节点（node）连接，这个过程称为网格划分。有限元分析程序将集合模型视为一个网状物，这个网是由离散的互相连接在一起的单元构成的。精确的有限元结果很大程度上依赖于网格的质量，通常来说，优质的网格决定优秀的有限元结果。

网格质量主要靠以下几点保证：

➢ 网格类型：在定义算例专题时，针对不同的模型和环境，选择一种适当的网格类型。

➢ 适当的网格参数：选择适当的网格大小和公差，可以做到节约计算资源和时间与提高精度的完美结合。

➢ 局部的网格控制：对于需要精确计算的局部位置，采用加密网格可以得到比较好的结果。

在定义完材料属性和载荷/约束后，就可以划分网格了。要划分网格，可按如下步骤操作：

（1）单击"Simulation"控制面板"运行此算例"下拉列表中的"生成网格"按钮 ，或者在 Simulation 的管理设计树中右击网格图标，然后在弹出的快捷菜单中选择命令"生成网格"。

（2）在出现的"网格"属性管理器中，设置网格的大小和公差，如图 17-32 所示。

（3）单击 按钮，程序会自动划分网格。

如果需要对零部件局部应力集中的地方或者对结构比较重要的部分进行精确地计算，就要对这个部分进行网格的细分。Simulation 本身会对局部几何形状变化较大的地方进行网格的细化，但有时候用户需要手动控制网格的细化程度。

要手动控制网格的细化程度，可按如下步骤操作：

（1）选择命令"Simulation" → "网格" → "应用控制"。

（2）选择要手动控制网格的几何实体（可以是线或面），此时所选几何实体会出现在"网格控制"属性管理器中的"所选实体"栏中，如图 17-33 所示。

图17-32　划分网格

图17-33　"网格控制"属性管理器

（3）在"控制参数"栏中⇔图标右侧的输入栏中输入网格的大小。这个参数是指步骤2中所选几何实体最近一层网格的大小。

（4）在‰图标右侧的输入栏中输入网格梯度，即相邻两层网格的放大比例。

（5）单击✔按钮后，在 Simulation 的模型树中的网格🖐文件夹下会出现控制图标🖾。

（6）如果在手动控制网格前，已经自动划分了网格。需要重新对网格进行划分。

### 17.6.5 运行分析与观察结果

（1）在 Simulation 的管理设计树中选择要求解的有限元算例专题。

（2）单击"Simulation" 面板中的"运行此算例"按钮🗂，或者在 Simulation 的模型树中右击要求解的算例专题图标，然后在弹出的快捷菜单中选择命令"运行"。

（3）系统会自动弹出调用的解算器对话框。对话框中显示解算器执行的过程、单元、节点和 DOF 自由度数，如图 17-34 所示。

（4）如果要中途停止计算，则单击"取消"按钮；如果要暂停计算，则单击"暂停"按钮。

运行分析后，系统自动为每种类型的分析生成一个标准的结果报告。用户可以通过在管理树上单击相应的输出项，观察分析的结果。例如，程序为静力学分析产生5个标准的输出项，在 Simulation 的管理设计树中对应的算例专题中会出现对应的5个文件夹分别为：应力、位移、应变、变形和设计检查。单击这些文件夹下对应的图解图标，就会以图的形式显示分析结果，如图 17-35 所示。

图17-34 解算器对话框

图17-35 静力学分析中的应力分析图

在显示结果中的左上角会显示模型名称、名称、图解类型和变形比例。模型也会以不同的颜色表示应力、应变等的分布情况。

为了更好地表达出模型的有限元结果，Simulation 会以不同地比例显示模型的变形情况。

用户也可以自定义模型的变形比例，可按如下步骤操作：

（1）在 Simulation 的管理设计树中右击要改变变形比例的输出项，如应力、应变等，在弹出的快捷菜单中选择命令"编辑定义"。或者选择命令"Simulation"→"图解结果"，在下一级子菜单中选择要更改变形比例的输出项。

（2）在出现的对应对话框中，选择更改应力图解结果，如图 17-13 所示。

（3）在"变形形状"栏目中选择"定义"单选按钮，然后在右侧的输入框中输入变形比例。

（4）单击"确定"按钮✔，关闭对话框。

对于每一种输出项，根据物理结果可以有多个对应的物理量显示。图 17-37 中的应力结果中显示的是 Von mises 应力，还可以显示其他类型的应力，如不同方向的正应力、切应力等。在图 17-36 所示的"显示"栏目中图标 右侧的下拉菜单中可以选择更改应力的显示物理量。

Simulation 除了可以以图解的形式表达有限元结果，还可以将结果以数值的形式表示。可按如下步骤操作：

❶在 Simulation 的模型树中选择算例专题。

❷选择命令"Simulation"→"列举结果"，在下一级子菜单中选择要显示的输出项。子菜单共有 5 项，分别为位移、应力、应变、模式和热力。

❸在出现的对应列表对话框中设置要显示的数值属性，这里选择应力，如图 17-37 所示。

❹每一种输出项都对应不同的设置，这里不再赘述。

❺单击"确定"按钮后，会自动出现结果的数值列表，如图 17-38 所示。

图17-36　设定变形比例　　　图17-37　列表应力　　　图17-38　数值列表

❻单击"保存"按钮，可以将数值结果保存到文件中。在出现的"另存为"对话框中可以选择将数值结果保存为文本文件或者 Excel 文件。

## 17.7 梁的弯扭问题

### 17.7.1 问题描述

本节分析图 17-39 所示的圆形截面悬臂梁的弯扭组合变形。

一根长度 l=7.62m，R=50mm 的实心圆截面梁，一端固定在水平面上，另一端作用有水平集中力 F=1100N 和一个逆时针的扭矩 1000N·m。已知弹性模量 E=2.07E1+11Pa，泊松比 NUXY=0.3。

图17-39　圆截面梁的弯扭组合变形计算模型

### 17.7.2 建模

**01** 启动 SOLIDWORKS 2018，选择菜单命令"文件"→"新建"或单击工具 📄，在打开的"新建 SOLIDWORKS 文件"对话框中，选择"零件"按钮 🧊，单击"确定"按钮。

**02** 在 FeatureManager 设计树中选择"前视基准面"，单击"草图绘制"按钮 📐，将其作为草绘平面。

**03** 单击"圆"按钮 ⊙，绘制一圆。

**04** 单击"智能尺寸"按钮 🔧，标注该圆的直径为 100mm。绘制的草图如图 17-40 所示。

图17-40　绘制的草图　　　　　　　图17-41　设置拉伸参数

**05** 单击"拉伸凸台/基体"按钮 🧊，定义终止条件为"给定深度"；拉伸深度为 762mm，其他选项如图 17-41 所示。

**06** 单击"确认"按钮 ✓，完成梁的建模。

**07** 单击"保存"按钮 🖫，将模型保存为"梁.sldprt"。

### 17.7.3 分析

**01** 建立研究并定义材料。

❶单击"新算例"按钮 ✎，打开"算例"对话框。定义名称为"弯扭组合"；分析类型为"静应力分析"，如图 17-42 所示。单击"确定"按钮 ✓，关闭对话框。

❷在 Simulation 模型树中的 ✎ 弯扭组合 (-默认-) 单击"梁"图标 🅔，单击"应用材料"按钮 🅴，打开"材料"对话框。创建自定义新材料，设置"模型类型"为"线性弹性各向同性"；定义材料的名称为"梁"材料；定义材料的弹性模量为 2.07E+11Pa，泊松比为 0.3，屈服强度 29200000Pa，如图 17-43 所示。单击"应用"按钮，然后关闭对话框。

**02** 建立约束并施加载荷。

❶单击"夹具顾问"按钮 🅖，弹出"Simulation 顾问"栏，在栏中单击" ➡ 添加夹具。"，然后选择梁的端面作为约束元素。选择夹具类型为"固定几何体"，如图 17-44 所示。

图17-42  定义算例 　　　　　　　　　　　　　　图17-43  定义梁材料

❷单击"确认"按钮 ✓，完成梁的固支约束。

❸选择梁的另一端边线，单击"力"按钮 ⬇，打开"力"属性管理器，选择力的类型为

"力"。

图17-44 约束梁

❹单击"选定的方向"单选框，在图形区域的模型树中选择"右视基准面"作为参考面；在"力"栏目中单击"垂直于基准面"按钮 激活右侧的微调框，在微调框中输入力的值为1100N，如图17-45所示。

❺选择命令"视图"→"隐藏/显示（H）"→"临时轴"，从而显示圆柱体的中心轴。选择命令"插入"→"参考几何体"→"基准轴"，选择圆柱体的临时轴作为基准轴。该基准轴是为了作为扭矩的参考几何体。

❻单击"力"按钮 ，打开"力"属性管理器。选择力的类型为"扭矩" ；选择梁的圆柱面作为扭矩的面；选择基准轴作为参考轴；在"力矩值"的微调框中设置扭矩为1000N•m，并勾选"反向"，如图17-46所示。

❼单击"确认"按钮 ，完成扭矩载荷的添加。

03 划分网格并运行。

❶选择命令"Simulation"→"网格"→"生成（C）…"，打开"网格"属性管理器。保持网格的默认粗细程度。

❷单击"确认"按钮 ，开始划分网格，划分网格后的模型如图17-47所示。

❸单击"运行此算例"按钮 ，运行分析。

04 观察结果。双击 Simulation 模型树中结果文件夹下的"应力 1"图标 应力1，观察梁在给定约束和弯扭组合加载下的应力分布图解，如图17-48所示。

图17-49、图17-50所示分别为弯扭组合加载下的位移、应变分布云图。

图17-45 定义力载荷

图17-46 添加扭矩载荷

图17-47 划分网格后的梁

模型名称:梁
算例名称:弯扭组合(-默认-)
图解类型: 静应力分析 节应力 应力1
变形比例: 413.225

von Mises (N/m^2)

1.209e+007
1.108e+007
1.007e+007
9.069e+006
8.063e+006
7.057e+006
6.051e+006
5.046e+006
4.040e+006
3.034e+006
2.028e+006
1.022e+006
1.649e+004

→ 屈服力: 2.920e+007

图17-48 弯扭组合加载下的应力分布云图

模型名称:梁
算例名称:弯扭组合(-默认-)
图解类型: 静态位移 位移1
变形比例: 413.225

URES (mm)

1.844e-001
1.690e-001
1.537e-001
1.383e-001
1.229e-001
1.076e-001
9.220e-002
7.683e-002
6.147e-002
4.610e-002
3.073e-002
1.537e-002
1.000e-030

图17-49 梁的位移云图

模型名称:梁
算例名称:弯扭组合(-默认-)
图解类型: 静态应变 应变1
变形比例: 413.225

ESTRN

4.654e-005
4.267e-005
3.879e-005
3.492e-005
3.105e-005
2.717e-005
2.330e-005
1.943e-005
1.556e-005
1.168e-005
7.809e-006
3.937e-006
6.364e-008

图17-50 梁的应变云图

## 17.8 杆系稳定性计算

### 17.8.1 问题描述

本节分析图 17-51 所示的杆系结构中二力杆的受压失稳问题。

一根长度 l=176mm、R=8mm、r=6mm，材料为 ABS 塑料的空心杆，一端固支，另一端受与杆轴线重合的压力 F=1000N。求解该空心杆是否会发生压缩失稳，在多大压力下该空心杆会出现失稳情况。

### 17.8.2 建模

**01** 启动 SOLIDWORKS 2018，选择菜单命令"文件"→"新建"或单击工具，在打开的"新建 SOLIDWORKS 文件"对话框中，选择"零件"按钮，单击"确定"按钮。

F=1000N

图17-51 二力杆受压情况

**02** 在"FeatureManager 设计树"中选择"前视基准面"，单击"草图绘制"按钮，将其作为草绘平面。

**03** 单击"圆"按钮，绘制一圆。

**04** 单击"智能尺寸"按钮，标注该圆的直径为 8mm。

**05** 单击"拉伸凸台/基体"按钮，定义终止条件为"给定深度"；拉伸深度为 176mm；单击"薄壁特征"按钮激活该栏目，在其中设置薄壁类型为"单向"，并单击"反向"按钮使薄壁向内拉伸；在图标右侧的微调框中设置壁厚为 1mm，其他选项如图 17-52 所示。

**06** 单击"确认"按钮，生成薄壁拉伸特征。

**07** 选择命令"编辑"→"外观"→"材质"，打开"材质编辑器"属性管理器。选择模型的材质为"塑料"→"ABS"，如图 17-53 所示。

**08** 单击"应用"按钮，完成模型材质的赋予。

**09** 单击"保存"按钮，将模型保存为"ABS 空心杆.sldprt"。

图17-52　设置薄壁拉伸参数

图17-53　赋ABS材质到模型

## 17.8.3　分析

**01** 建立研究。

❶单击"新算例"按钮 🔍，打开"算例"对话框。定义名称为"屈服分析"；分析类型为"屈曲"，如图 17-54 所示。单击"确定"按钮 ✔，关闭对话框。

❷在 Simulation 模型树中新建的 🔍 屈服分析 (-默认-) 单击右键，单击"属性"，打开"屈曲"对话框。在"选项"标签下选择"使用软弹簧使模型稳定"按钮，如图 17-55 所示。

❸在 Simulation 模型树中可以看到模型已经被赋予了 SOLIDWORKS 自带的 ABS 塑料的材料特性。

[02] 加载。

❶单击"力"按钮 ⬇，打开"力"属性管理器。设置加载力的类型为"力"；在图形区域中选择空心杆的端面作为力的加载面；并在力值中设置力的大小为 1000N，具体选项如图 17-56 所示。

❷单击"确认"按钮 ✔，完成一端的压力载荷添加。

❸单击"夹具顾问"按钮 🖐，弹出"Simulation 顾问"栏，在栏中单击"➡ 添加夹具。"，然后在图形区域中选择空心杆的另一端面，添加固定几何体约束，具体选项如图 17-57 所示。

❹单击"确认"按钮 ✔，完成固定约束的添加。

[03] 划分网格并运行。

图17-54　定义算例

图17-55　定义屈曲属性

❶单击"生成网格"按钮 🖐，打开"网格"属性管理器。保持网格的默认粗细程度。

❷单击"确认"按钮 ✔，开始划分网格，划分网格后的模型如图 17-58 所示。

❸单击"运行此算例"按钮 🖐，运行分析。

[04] 观察结果。

图17-56　设置端面的压力

❶双击 Simulation 模型树中结果文件夹下的"振幅 1"图标 ⍟，观察梁在给定约束和弯扭组合加载下的振幅分布云图，如图 17-59 所示。

图中左上端显示计算得出的弯曲载荷因子（Buckling Load Factor）BLF=0.022223。也就是说临界弯曲载荷（Critical buckling loads）CBL=1000N×BLF=22.223N。

图17-57　设置另一端面的固定约束

❷计算表明空心杆在 F=1000N 的压力载荷下会发生压缩失稳，当 F=22.223N 时，空心杆即可能发生失稳情况。

**05** 计算失稳情况下空心杆的应力。

❶单击"新算例"按钮 ⍟，打开"算例"对话框。定义名称为"应力分析"；分析类型

为"静应力分析",如图 17-60 所示。

图17-58 划分网格后的空心杆 图17-59 位移分布云图

❷在 Simulation 模型树中新建的  应力分析(-默认-) 单击右键,单击"属性",打开"静应力分析"对话框。在"选项"标签中选择"使用软弹簧使模型稳定"复选按钮,如图 17-61 所示。

❸单击"确定"按钮 ✔,关闭对话框。

图17-60 定义应力分析

图17-61 设置静态选项

❹分别右击在"屈服分析"模型树中的"夹具"和"外部载荷"图标,在弹出的快捷菜单中选择"复制"命令,如图 17-62 所示。

❺分别右击在 "应力分析"模型树中的"夹具"和"外部载荷"图标,在弹出快捷菜单中选择"粘贴"命令。将约束与载荷复制到"应力分析"研究中。

❻右击 Simulation 模型树中"应力分析"研究中的"力-1",在快捷菜单中选择"编辑

定义"命令。

图17-62　复制载荷/约束　　　　图17-63　在失稳前的应力分布云图

❼在"力"属性管理器中将力的大小由 1000N 改变为 21N。

❽在 Simulation 模型树中右击"屈曲分析"研究中的"网格"图标 网格，在快捷菜单中选择"复制"命令。

❾右击 Simulation 模型树中"应力分析"研究中的网格"图标，在快捷菜单中选择"粘贴"命令。

❿单击"运行此算例"按钮 ，运行静态分析。

运行完分析后，双击 Simulation 模型树中结果文件夹下的"应力 1"图标 ，观察梁在给定约束和加载下的应力分布图解，如图 17-63 所示。

综合以上结果来看，空心杆在受沿轴线的压应力情况下首先发生失稳变形，在这之前不会出现强度破坏。空心杆的受压失稳是设计中主要考虑的问题。

# 17.9　轴承载荷下的零件应力分析

## 17.9.1　问题描述

本节分析转轮在轴承载荷作用下的受力及变形情况。

转轮半径为 200mm，厚度为 40mm。受 5000N 的轴承载荷，如图 17-64 所示。材料为铝合金计算转轮的应力分布及变形情况。

## 17.9.2　建模

**01** 启动 SOLIDWORKS 2018，选择菜单命令"文件"→"新建"或单击工具 ，在打开的"新建 SOLIDWORKS 文件"对话框中,选择"零件"按钮,单击"确定"按钮。

图17-64  转轮示意图

**02** 在"FeatureManager 设计树"中选择"前视基准面",单击"草图绘制"按钮🗔,将其作为草绘平面。

**03** 单击"中心线"按钮✍,绘制一条通过坐标原点的水平中心线。

**04** 单击"直线"按钮✏,绘制转轮的旋转轮廓,并利用"智能尺寸"工具🖉标注其尺寸,如图 17-65 所示。

**05** 单击"旋转凸台/基体"按钮🥣,以草图中的水平中心线作为"旋转轴";设置旋转角度为 360 度。参数设置如图 17-66 所示。

**06** 单击"确认"按钮✔,完成旋转特征的创建。

**07** 选择转轮的轮毂面作为草图绘制平面,使用"圆"按钮⊙和"直线"按钮✏,绘制减重切除孔的草图,并利用"智能尺寸"工具🖉标注其尺寸,如图 17-67 所示。

**08** 单击"拉伸切除"按钮🗔,设置终止条件为"完全贯穿",如图 17-68 所示。

**09** 单击"确认"按钮✔,完成切除特征。

图17-65  转轮的旋转轮廓

图17-66  "旋转"参数

**10** 单击"圆角"按钮📦,设置圆角半径为 5mm,对切除孔进行修饰,其效果如图 17-69 所示。

**11** 单击"圆周阵列"按钮🎏,选择切除孔特征及其修饰特征作为阵列特征,选择旋转特征的中心轴作为"阵列轴";设置阵列的实例数为 6;选择"等间距"单选框。

**12** 单击"确认"按钮✔,完成圆周阵列特征,效果如图 17-70 所示。

图17-67　转轮的切除轮廓

图17-68　转轮的完全切除

**13** 单击"圆角"按钮 📦，设置圆角半径为 5mm，对转轮进行修饰，最后效果如图 17-71 所示。

图17-69　修饰后的转轮切除孔

图17-70　阵列切除孔

**14** 在"FeatureManager 设计树"中选择"右视基准面"，单击"草图绘制"按钮 ⌐，将其作为草绘平面。

**15** 单击"直线"按钮 ⌐，绘制一条通过坐标原点的水平直线。

**16** 选择命令"插入"→"曲线"→"分割线"，选择转轮的轴孔圆柱面作为"要分割的面"，如图 17-72 所示。

**17** 单击"确认"按钮 ✓，生成分割线。将转轮的轴孔圆柱面分割为两个面，从而为轴承载荷的施加创造条件。

**18** 在"FeatureManager 设计树"中选择"上视基准面"，单击"草图绘制"按钮 ⌐，将其作为草绘平面。

**19** 单击"直线"按钮 ⌐，绘制一条通过坐标原点的水平直线。

**20** 选择命令"插入"→"曲线"→"分割线"，选择转轮的外圆面作为"要分割的面"，如图 17-73 所示。

**21** 单击"确认"按钮 ✓，生成分割线。

**22** 选择命令"插入"→"参考几何体"→"基准轴",打开"基准轴"属性管理器。在图形区域中选择转轮的旋转轴,单击"确认"按钮✔,创建"基准轴 1"作为将来约束的参考几何体。

图17-71　修饰后的转轮　　　　　图17-72　创建轴孔圆柱面分割线

**23** 单击"保存"按钮,将模型保存为"转轮.sldprt"。

## 17.9.3　分析

**01** 建立研究。

❶单击"新算例"按钮🔍,打开"算例"对话框。定义名称为"轴承载荷分析";分析类型为"静应力分析",如图 17-74 所示。

❷在 Simulation 模型树中新建的"轴承载荷分析"单击右键,单击"属性",打开"静应力分析"对话框。在"选项"标签中选择"使用软弹簧使模型稳定"复选按钮。

❸在 Simulation 模型树中单击"转轮"图标🎯转轮,单击"应用材料"按钮☰,打开"材料"对话框。选择"选择材料来源"为"SOLIDWORKS Materials",选择材料为铝合金→1060合金,材料的属性在右侧的材料属性栏目中显示,如图 17-75 所示。

❹单击"应用"按钮,关闭对话框。

**02** 建立约束并施加载荷。

❶单击"夹具顾问"按钮🔧,弹出"Simulation 顾问"栏,在栏中单击"➡️ 添加夹具。",打开"夹具"Pr.oertyManager。单击"高级"栏将高级栏展开,选择夹具类型为"使用参考几何体";单击图标📦右侧的显示栏,在图形区域中转轮外侧圆柱面上生成的分割线作为要约束的边线;单击图标📦,在图形区域中选择"基准轴 1"作为参考几何体;在"平移"栏中单击"径向"按钮🔲,激活右侧的微调框,并设置径向的位移为0;单击"圆周"按钮🔲,激活右侧的微调框,设置圆周旋转的约束为0,具体如图 17-76 所示。

图17-73　创建转轮外侧的圆柱面上的分割线

图17-74　定义算例

图17-75　设置转轮的材料为"1060 合金"

图17-76　定义转轮的约束

❷选择命令"插入"→"参考几何体"→"坐标系",打开"坐标系"属性管理器。单击 Y 轴栏目中的"反向"按钮，将默认坐标系的 Y 轴反向；单击"Z 轴"显示栏，在图形区域中选择"基准轴 1"作为 Z 轴方向,如图 17-77 所示。

❸单击"确认"按钮，生成新参考坐标系。

❹单击"轴承载荷"按钮，打开"轴承载荷"属性管理器。单击"轴承载荷的圆柱面"图标右侧的显示栏,在图形区域中选择轴孔圆柱面的下半面作为轴承载荷的圆柱面；单击"选择坐标系"图标右侧的显示栏,在图形区域的模型树中选择新生成的"坐标系 1"作为参考坐标系；在"轴承载荷"栏目中单击"Y-方向"按钮，从而激活右侧微调框,设置 Y 方向的力为 650N；选项如图 17-78 所示。

❺单击"确认"按钮，创建轴承载荷。

〔03〕划分网格并运行。

❶单击"生成网格"按钮，打开"网格"属性管理器。

❷单击"网格"属性管理器中的选择"网格密度"为"良好"；打开"高级"下拉框,选择"雅各宾式检查"为 16 点,实际就是 16 点的单元格,如图 17-79 所示。

图17-77　生成新的参考坐标系

图17-78　设置轴承载荷　　　　　　　　图17-79　设置网格参数

❸单击"确认"按钮✔，开始划分网格。划分网格后的转轮模型如图 17-80 所示。

❹单击"运行此算例"按钮，Simulation 则调用解算器进行有限元分析。

**04** 观察结果。

❶双击"结果"文件夹下的"应力 1"图标，则可以观察转轮在给定约束和加载下的应力分布图解，如图 17-81 所示。

❷双击"结果"文件夹下的"位移 1"图标，则可以观察转轮的位移分布图解，如图 17-82 所示。

❸双击"结果"文件夹下的"应变 1"图标，则可以观察转轮的应变分布图解，如图 17-83 所示。

图17-80 划分网格的转轮模型

图17-81 转轮的应力分布云图

图17-82 转轮的位移分布

图17-83 转轮的应变分布云图

# 17.10 疲劳分析

## 17.10.1 问题描述

本例计算一个高速旋转的轴在工作载荷下的疲劳寿命问题。高速轴的受力情况如图 17-84 所示，以 10rad/s 的速度旋转。

图17-84 高速轴的受力

在计算前，首先要了解疲劳强度和疲劳极限这两个概念。材料在交变载荷作用下产生的破坏称为疲劳破坏。实践证明，疲劳破坏与静载荷条件下的破坏完全不同，从外部观察疲劳破坏的特点主要有：

❶疲劳破坏时，最大应力一般低于材料的强度极限或屈服极限，甚至低于弹性极限。

❷疲劳取决于一定的应力范围的循环次数，而与载荷作用时间无关。除高温外，加载速度的影响是次要的。

❸一般金属材料都有一个安全范围，称为疲劳极限，若应力低于此极限值时，不论应力循环次数多少，均不能产生疲劳破坏。

❹任何凹槽、缺口、表面缺陷和不连续部分，其中包括表面光洁度等因素，均都能显著地降低应力范围。

❺循环次数一定时，产生疲劳所必须的应力范围通常随加载循环平均拉应力的增加而降低。

❻静载荷作用下表现为韧性或脆性的材料，在交变载荷作用下一律表现为无明显塑性变形的脆性突然断裂。

### 17.10.2 建模

启动 SOLIDWORKS 2018，选择菜单命令"文件"→"打开"或单击工具 ，在打开的"打开"对话框中，选择"高速轴.sldprt"模型。单击"打开"按钮将计算模型打开，如图 17-85 所示。

为了加载方便，这里需要添加几条参考实体及曲线。

**01** 选择命令"插入"→"参考几何体"→"基准轴"，或单击"基准轴"按钮 。打开"基准轴"属性管理器。

**02** 在图形区域中选择轴的旋转中心轴作为参考实体，如图 17-86 所示。

图17-85　高速轴模型

图17-86  定义基准轴

**03** 单击"确认"按钮✔，创建基准轴。

**04** 在"FeatureManager 设计树"中选择"上视基准面"，单击"草图绘制"按钮⊏，将其作为草绘平面。

**05** 单击"矩形"按钮▢，在轴的加载垫块位置绘制一矩形。

**06** 选择命令"插入"→"曲线"→"分割线"，设置分割类型为"投影"，在图形区域选择轴的圆柱面作为要分割的面，如图 17-87 所示。

**07** 单击"确认"按钮✔，创建"分割线 1"。

**08** 在"FeatureManager 设计树"中选择"上视基准面"，单击"草图绘制"按钮⊏，将其作为草绘平面。

**09** 单击"矩形"按钮▢，在轴的另一加载垫块位置绘制一矩形。

**10** 使用分割线命令在轴的另一加载端创建另一条"分割线"。

**11** 单击"保存"按钮💾，将高速轴保存。

图17-87  设置分割线选项

### 17.10.3 分析

SOLIDWORKS Simulation 必须基于一个静态计算结果来计算疲劳，所以首先要计算高速轴在工作状态下的受力情况，然后才能创建一个疲劳研究来进行分析。

**01** 建立静态研究并设置材料属性。

❶单击"新算例"按钮 🔍，打开"算例"对话框。定义名称为"静力分析"；分析类型为"静应力分析"，如图 17-88 所示。单击"确定"按钮，关闭对话框。

图17-88 定义算例

❷在 Simulation 模型树中新建的"静力分析"单击右键，单击"属性"，打开"静应力分析"对话框。确保解算器为"FFEPlus"和"使用软弹簧使模型稳定"选项被选中。

❸单击"确定"按钮，关闭对话框。

❹在 Simulation 模型树中单击"高速轴"图标，单击"应用材料"按钮≡，打开"材料"对话框。设置"选择材料来源"为"solidworks materials"，选择已经定义好的材料"锻制不锈钢"，如图 17-89 所示。

❺单击"应用"按钮，关闭对话框。

**02** 建立约束并施加载荷。

❶单击"力"按钮↓，打开"力"属性管理器。选择施加力的类型为"扭矩"；单击图标🗍右侧的显示栏，在图形区域中选择高速轴的"分割线 1"所划分的曲面；选择"基准轴 1"作为参考轴；在"正常力/扭矩"栏目中设置扭矩为 3900N·m，勾选"反向"复选框，具体如图 17-90 所示。

图17-89　定义材料

图17-90　设置扭矩参数

❷单击"力"按钮 ⬇，打开"力"属性管理器。选择施加力的类型为"扭矩"；单击图标 ⬜ 右侧的显示栏，在图形区域中选择高速轴的"分割线 2"所划分的曲面；选择"基准轴1"作为参考轴；在"正常力/扭矩"栏目中设置扭矩为3900N·m，勾选"反向"复选框，具体如图 17-91 所示。

❸单击"确认"按钮 ✔，完成"力-2"的创建。

图17-91　设置扭矩参数

❹单击"离心力"按钮，打开"离心力"属性管理器。选择"基准轴 1"作为离心力的参考轴；设置旋转角速度为 628rad/s，如图 17-92 所示。

图17-92　设置离心力参数

❺单击"确认"按钮 ✔，完成"离心力-1"的创建。

**03** 划分网格并运行。

❶单击"生成网格"按钮，打开"网格"属性管理器。保持网格的默认粗细程度。

❷单击"确认"按钮✔，开始划分网格，划分网格后的模型如图 17-93 所示。

❸单击"运行此算例"按钮🐢，运行分析。

**04** 观察静力分析结果。双击 Simulation 模型树中结果文件夹下的"应力 1"图标🐢，则可以观察深梁在给定约束和加载下的应力分布图解，如图 17-94 所示。

从图中可以看到轴的大部分区域的应力水平都在屈服极限以下，只有少数部分超过了屈服极限，但仍然没有超过拉伸极限。

图17-93 划分网格后的高速轴          图17-94 高速轴的应力分布云图

**05** 定义疲劳研究。单击"新算例"按钮🔍，打开"算例"对话框。定义名称为"疲劳分析"；分析类型为"疲劳"；在疲劳研究中网格类型失效，如图 17-95 所示。单击"确定"按钮，关闭对话框。

**06** 添加事件。在设计树中右击"负载"图标📷负载，在弹出的快捷菜单中选择命令"添加事件"，打开"添加事件"属性管理器。在"周期"图标🔀右侧的微调框中设置循环次数为 1000000；"负载类型"图标⤵右侧的微调框中设置为"完全反转（LR=-1）"；由于整个模型只有一个静态研究，故在"研究相关联"图标🔍右侧栏目中只有"静力分析"一个，如图 17-96 所示。

**07** 定义 S-N 曲线。评价材料疲劳强度特性的传统方法是在一定的外加交变载荷下或在一定的应变幅度下测量无裂纹光滑试样的断裂循环次数，以获得应力-循环次数曲线，即 S-N 曲线。

材料的每一条 S-N 曲线都基于外加交变载荷的应力比，不同应力比下的 S-N 曲线也不同。在一个应力循环中，交变应力变化规律可以用应力循环中的最小应力与最大应力之比表示，即

$$\gamma = \frac{\sigma_{min}}{\sigma_{max}}$$

$\gamma$ 为交变应力的循环特性或应力比，下表是几种典型的交变应力比的情况。

交变应力循环特性

| 交变应力类型 | 对称循环 | 脉动循环 | 静载应力 |
|---|---|---|---|
| $\sigma_{max}$ 与 $\sigma_{min}$ 的关系 | $\sigma_{max} = -\sigma_{min}$ | $\sigma_{max} \neq 0$  $\sigma_{min} = 0$ | $\sigma_{max} = \sigma_{min}$ |
| | $\gamma = -1$ | $\gamma = 0$ | $\gamma = +1$ |

图17-95　定义疲劳研究　　　　　　　　图17-96　添加事件

❶在 Simulation 模型树中单击"高速轴"图标，单击"应用材料"按钮，打开"材料"对话框。单击"疲劳 SN 曲线"，如图 17-97 所示，定义材料的疲劳曲线。

❷单击"视图"按钮，可以观察输入的 S-N 曲线，如图 17-98 所示。

**08** 定义疲劳强度缩减因子。一般构件就是根据 S-N 曲线进行设计和选择材料的。但是在实践中发现，对于重要的受力构件，即便是根据疲劳强度极限再考虑一安全系数后进行设计，仍然能够产生过早的破坏，这就是说，设计可靠性不能因为有了 S-N 曲线就会得到充分地保证。出现这种情况的主要原因是评定材料疲劳特性所用的试样与实际构件之间存在着根本的差异，换言之，S-N 曲线是用表面经过精心抛光并无任何宏观裂纹的光滑试样通过试样得出的，所谓"疲劳极限"是试样表面不产生疲劳裂纹（或不再扩展的微小疲劳裂纹）的最高应力水平。但实际情况并非如此，经过加工和使用过程中的构件由于种种原因，如非金属夹渣、气泡、腐蚀坑、锻造和轧制缺陷，焊缝裂纹、表面刻痕等都会存在各种形式的裂纹。含有这种裂纹的构件承受交变载荷作用时，表面裂纹会立即开始扩展，最后导致灾难性的破坏。

Simulation 使用"疲劳强度缩减因子（Kf）"来解决实际情况疲劳破坏与 S-N 曲线（理想状态）的矛盾。

疲劳强度缩减因子的设置范围为 0～1。Simulation 在调用 S-N 曲线前会首先读取疲劳强度缩减因子 Kf，用 N（一定 S 下的极限应力）除以疲劳强度缩减因子 Kf，从而降低引起疲劳断裂时对应的 S（循环次数），示意图如图 17-99 所示。

图17-97　定义S-N曲线

图17-98　显示的S-N曲线

图17-99  疲劳缩减因子对S-N曲线的影响　　　　　图17-100  设置疲劳缩减因子

❶在设计树中右击"疲劳分析"研究，在弹出的快捷菜单中选择命令"属性"。打开"疲劳"对话框。在"疲劳缩减因子"输入框中设置疲劳缩减因子为 0.9，如图 17-100 所示。

❷单击"确定"按钮，关闭对话框。

**09** 运行并观察结果。

❶单击"运行此算例"按钮🔽，调用解算器进行疲劳计算。

❷双击 Simulation 模型树中"结果"文件夹下的"结果 1（-损坏-）"图标🔽，则可以观察高速轴在指定 1,000,000 次往复循环后的破坏分布图解，如图 17-101 所示。

破坏图解是指云图上列出每个节点的累积疲劳损伤因子。假设构件承受不稳定载荷，即在应力为 $\sigma_1$ 时循环 N1 次，在应力为 $\sigma_2$ 时循环 N2 次等，依次类推。这种累积疲劳损伤的理论是迈因纳（Miner）规则。公式为

$$\frac{n_1}{N_1} + \frac{n_2}{N_2} + \cdots\cdots + \frac{n_i}{N_i} = C$$

式中，ni 为应力 $\sigma$ 作用的次数；Ni 为应力 $\sigma$ 作用下破坏循环次数；C 为与材料和应力作用情况有关的使用系数，由试验确定，一般在 0.7～2.2 之间。

❸右击"结果"文件夹下的"结果 1（-损坏-）"图标🔽，在弹出菜单中选择命令"编辑定义"，打开"疲劳图解"属性管理器，如图 17-102 所示。在"显示"栏中的单选按钮可

以选择观察疲劳的其他图解。

➢ 生命：列出每个节点引起疲劳破坏所需要的循环次数。

图17-101　高速轴的破坏分布云图

图17-102　"疲劳图解"属性管理器

➢ 载荷因子：列出每个节点对应节点实际应力与极限强度应力的比值，也就是安全系数。

➢ 双轴性指示符：列出每个节点最小主应力与最大主应力的比值。

## 17.11　轴承座应力和频率分析

在这个实例中要对图 17-103 所示的轴承系统中的轴承座进行综合分析。本例中要计算出轴承座的应力分布情况和轴承座的固有频率，从而为轴承座的进一步优化设计提供科学依据。

图17-103　轴承系统

图17-104　轴承座的受力情况

首先对轴承座进行受力分析，根据零件的使用的条件，这里确定轴承座的受力情况如图17-104 所示。

**01** 建立研究专题。在这个实例中首先要确定轴承座在加载情况下的应力分布和大小，其次要确定轴承座的固有频率，从而为优化设计提供科学依据。因此，需要建立两个研究专题，其分析类型分别为静态和频率。

❶单击打开按钮，打开目标零件文件"轴承座.sldprt"。

❷单击"Simulation"面板中的"新算例"按钮，或选择命令"Simulation"→"算例"。

❸在弹出的"算例"对话框中，定义"名称"和"分析类型"，如图 17-105 所示。建立"静力学分析"和"固有频率"研究，依次为"静应力分析"和"频率"类型。

图17-105  定义算例专题          图17-106  Simulation设计树

❹进入 Simulation 的设计树界面，这时可以看到图 17-106 所示的模型树界面。

**02** 定义模型材料。Simulation 提供了 4 种方法定义模型的材料，本例将使用 Simulation 材质库中提供的材料。

❶单击设计树中的图标，进入"FeatureManager 设计树"界面。

❷选择命令"编辑"→"外观"→"材质"，或者右击"FeatureManager 设计树"中的材质图标，在弹出的快捷菜单中选择命令"应用/编辑材料"。

❸在"材质编辑器"对话框中定义模型的材质为"AISI 1020"合金钢，如图 17-107 所示。

❹单击"应用"按钮应用设置。

**03** 加载和约束。在本例中为了在轴承孔的下半部分施加径向 5000N 的压力，这个载荷是由于受重载的轴承受到支撑作用而产生的。这里应用薄壁－拉伸特征生成一个基本不影响模型特征的加载面，用来加载载荷，如图 17-108 所示。

❶单击"Simulation"面板中的"夹具顾问"下拉菜单中的"固定几何体" 按钮，或选择菜单栏中的"Simulation"→"载荷/夹具"→"夹具"命令。

❷选择轴承座上的 4 个沉头孔的内表面，打开"高级"下拉框，单击选中"在圆柱面上"。

图17-107　在"材料"对话框中定义材质

利用薄壁－拉伸特
征生成的加载面，厚度只
有 0.05mm

图17-108　加载面

❸单击"夹具"属性管理器中的"平移"栏中的"径向"按钮，然后在右侧的输入框中定义轴向上的位移为 0mm；单击"轴"按钮，在右侧的对应输入框中定义径向位移为 0mm，如图 17-109 所示。

❹单击✔按钮应用并关闭"夹具"属性管理器。

❺选择前面生成的加载面，然后单击"Simulation"面板中"外部载荷顾问"下拉菜单中的"压力"按钮。

❻在"压力"属性管理器中，选择压力类型为"使用参考几何体"，在图标右侧的下

拉菜单中选择"垂直于基准面"。

❼单击图标🔘右侧的显示框，在图形区域中模型树选择"前视基准面"作为参考面。

图17-109 定义沉头孔的约束

❽在"压强值"栏目中设置单位为 SI，数值为 5000N/m²，如图 17-110 所示。

❾单击✔按钮应用并关闭"压力"属性管理器。

❿仿造步骤❺～❾，设置轴承孔中 1000N/m² 的推力，如图 17-111 所示。

⓫在 Simulation 的设计树中选择静力学分析专题中的约束。

⓬右击鼠标，在弹出的快捷菜单中选择命令"复制"。

⓭在 Simulation 的设计树中右击固有频率研究专题中的夹具图标🔩，在弹出的快捷菜单中选择命令"粘贴"。将静力学专题中的载荷和约束复制到固有模态专题中。

**04** 生成网格和运行分析。在定义完研究专题、材料属性和载荷/约束后就需要对模型进行划分网格的工作。

❶在 Simulation 的管理设计树中选择静力学分析研究专题，单击"Simulation"面板中的"生成网格"按钮🔩。

❷在出现的"网格"属性管理器中，设置网格的大小和公差，如图 17-112 所示。

❸单击✔按钮后，程序会自动划分网格，划分后的结果如图 17-113 所示。

❹单击"Simulation"面板中的"运行此算例"按钮🔩，运行分析。当计算分析完成之

后，在 Simulation 的设计树中的静力学专题下出现对应的结果文件夹。

图17-110　设置向下的压力

图17-111　设置轴承孔中的推力

⑤在 Simulation 的管理设计树中选择固有模态分析研究专题，仿造步骤❶～❹完成频率分析。

**05** 查看结果。在分析完有限元模型之后，需要对计算结果进行分析，从而成为进一步设计的依据。

首先查看静力学分析结果。在 Simulation 的管理设计树中单击静力学分析专题中的"应力"文件夹下的图解图标，从而在右面的图形区域中显示轴承座的应力分布，如图 17-114 所示。

图17-112　设置网格

图17-113　划分网格后的模型

图中红颜色的区域代表应力比较大的地方，蓝颜色的区域代表应力较小的地方。从应力分布图中可以看出，轴承座在加载情况下的 Von Mises 应力比较小，最大应力大约为 5.123 ×104Pa 远远小于轴承座材料合金钢的屈服极限 3.516×108Pa。轴承座的初步设计裕度过大，应该进一步减薄轴承座的底座和轴承孔，同时加强筋的作用对轴承座的承力很有效。

在 Simulation 的管理设计树中单击固有频率分析专题中的"位移"文件夹下的图解图标，从而在右面的图形区域中显示轴承座在一阶固有频率下的振动变形情况，如图 17-115 所示。

图17-114　应力分布

模型名称:轴承座
算例名称:固有频率(-默认-)
图解类型:频率 振幅1
模式形状:1 数值 = 4540.2 Hz
变形比例: 0.00192033

AMPRES

5.373e+000
4.925e+000
4.478e+000
4.030e+000
3.582e+000
3.134e+000
2.687e+000
2.239e+000
1.791e+000
1.343e+000
8.957e-001
4.479e-001
2.060e-004

图17-115 一阶固有频率下的振动变形

选择命令"Simulation"→"列举结果"→"模式",在打开的"模式"对话框中可以看到轴承座的前 5 阶固有频率,如图 17-116 所示。

列举模式

算例名称:固有频率

| 模式号 | 频率(rad/秒) | 频率(赫兹) | 周期(秒) |
|---|---|---|---|
| 1 | 28527 | 4540.2 | 0.00022025 |
| 2 | 38410 | 6113.1 | 0.00016358 |
| 3 | 65708 | 10458 | 9.5623e-005 |
| 4 | 67566 | 10753 | 9.2994e-005 |
| 5 | 74921 | 11924 | 8.3864e-005 |

关闭(C)　　　保存(S)　　　帮助(H)

图17-116 轴承座的前5阶固有频率

# 第 18 章

## 流场分析

本章介绍了计算流体动力学的基本原理和实现过程。并利用了球阀设计及电子设备散热两个分析过程,说明了 SOLIDWORKS Flow Simulation 2018的具体使用方法。

学 习 要 点

○ SOLIDWORKS Flow Simulation 基础

○ 球阀设计实例

○ 电子设备散热问题

# 18.1 SOLIDWORKS Flow Simulation 基础

## 18.1.1 SOLIDWORKS Flow Simulation的应用领域

SOLIDWORKS Flow Simulation 作为一种 CFD 分析软件，在流体流动和传热分析领域有着广泛的应用背景。典型的应用场合如下：

- ➢ 流体流动的内流和外流。
- ➢ 定常和非定常流动。
- ➢ 可压缩和不可压缩流动（在用一个项目中没有混合）。
- ➢ 自由、强迫和混合对流。
- ➢ 考虑边界层的流动，包括粗糙壁面的影响。
- ➢ 层流和湍流流动。
- ➢ 多组分流动和多体固体。
- ➢ 多种情况下流固的热传导。
- ➢ 多孔介质流动。
- ➢ 非牛顿流体流动问题。
- ➢ 可压液体流动问题。
- ➢ 两相（液体和固体颗粒）流动问题。
- ➢ 水蒸气的等体积压缩问题，以及对流动和传热的影响。
- ➢ 作用于移动或旋转壁面的流动问题。

## 18.1.2 SOLIDWORKS Flow Simulation的使用流程

CFD 软件的使用有其固定的流程，SOLIDWORKS Flow Simulation 也不例外。

**01** 确定求解几何区间和物性特征。用来描述问题的几何区间和物理特征极大的影响着计算的结果。在求解之前的建模工作中需要对问题进行一定的简化，即判断一些 SOLIDWORKS Flow Simulation 无法引入到计算过程中的工程问题参数的影响。

❶如果问题包含运动的物体，那么就要考虑物体的运动对计算结果的影响。如果运动对结果影响很大，那么就要考虑使用准静态方法。

❷如果问题包含若干种类的流体和固体，那么就要考虑这些组分之间化学反应对计算结果的影响。如果化学反应有一定作用，即化学反应的速率很高，而且反应得到的物质很多，那么可以考虑把反应结果当作另外一种物质考虑到计算过程之中。

❸如果问题包含多种流体，如气体和液体，那么就要考虑其界面存在的重要性，并进行处理。因为 SOLIDWORKS Flow Simulation 在计算过程中并不考虑液气界面的存在。

**02** 构建 SOLIDWORKS Flow Simulation 求解项目。

❶将实际的工程问题简化，刨除大量占用计算资源的约束。如在考察壁面特性的时候，一般假定为绝对光滑或者具有相同的表面粗糙度特性。

❷为模型加入辅助特征，如流入和流出通道。

❸指定 SOLIDWORKS Flow Simulation 项目的类型。例如，问题类型（内流或外流），流体和固体的物性，计算域的边界，边界条件和初始化条件，流体的子区域，旋转区域，基于体积或表面积的热源，风扇条件等。

❹指定关注的物理参数作为 SOLIDWORKS Flow Simulation 项目的求解目标，这类参数可以是全局的也可以是局部的参数。从而在计算后，考察其在求解过程中的变化情况。

**03** 问题求解。

❶划分网格。可以使用系统自动生成的计算网格，也可以在其基础之上手工调整网格的特性，例如全局精细，或者局部精细网格。这些将对求解时间和精度有绝对的影响。

❷求解，并监测求解过程。

❸用图表的形式观察计算结果。

❹考察计算结果的可靠性和准确性。

### 18.1.3　SOLIDWORKS Flow Simulation的网格技术

为了在计算机上求得数学模型的解，必须使用离散方法将数学模型离散成数值模型，主要包括计算空间的离散和物理方程的离散过程。

常用的物理方程离散方法有有限差分法、有限体积法和有限单元法。SOLIDWORKS Flow Simulation 对物理方程的离散采用的方法是有限体积法。

对空间离散的方法就是所谓网格生成过程，用离散的网格来代替整个物理空间。网格生成是数值模拟的基础。提高网格质量、减少人工成本、易于编写程序、提高收敛速度是高效求解算法的几个主要目标。

目前普遍应用的主要有贴体网格法、块结构化网格法和非结构化网格法。贴体网格法，是通过变换，把物理平面的不规则区域变换到计算平面的规则区域的一种计算方法。这种方法的优点是在整个计算域为结构化网格，程序编写容易；离散方程的求解算法比较简单、成熟、收敛较快。但其网格生成的算法、技巧与具体的几何形状有关，不易做到自动生成。而且对于特别复杂的区域，往往难以生成高质量的网格。块结构化网格法把一个复杂的计算区域分成若干个比较简单的块，每一块内均采用各自的结构化网格。它可以大大减轻单个区域生成网格的难度，生成高质量的网格。但对于特别复杂的区域，整个区域的分块工作需要大量的人工干预，最终生成网格的质量相当程度上依赖于工作人员的经验水平。而且块交界面处需要进行大量的信息交换，程序编写比较复杂。非结构化网格法是在有限元方法的影响之下，于最近十几年发展起来的。该法可根据计算问题的特点自由布置网格系统，对任何复杂的区域，均可获得高质量的网格，且可以实现网格生成自动化。但是非结构化网格的生成算法多采用四面体网格，对于大纵横比的计算问题，非结构化网格法需要布置较多的网格才能保证网格的质量。而且非结构化网格法的程序组织及编写也比结构化网格系统复杂，离散方程收敛较慢。现有的方法各有优势，但也都存在需要改进之处，它们都未能同时满足高效求解算法的几个要求。

自适应直角坐标网格方法是近年来发展起来的一种能较好处理复杂外形的计算方法。该方法概念简单易懂，易于生成高质量的网格，控制方程形式简单，不易发散。而且其自适应的特性可以最大程度地减少人工干预成本。自适应直角坐标网格方法是在原始的均匀直角坐标网格基础上，根据物面外形和物理量梯度场的特点，在边界附近及物理量梯度较大的局部区域内不断进行网格细化，因此可以用足够细密的阶梯形边界来逼近曲线边界并在物理量梯度较大处用较细密网格获得较高精度。只要不断进行网格细化，该方法可以以任意精度模拟边界曲线。而且该方法网格建立简单省时、网格加密容易。

SOLIDWORKS Flow Simulation 正是采用的这种自适应直角坐标网格方法，又叫作自适应直角网格，并以人工干预的方法来控制网格的生成和局部细化过程。

# 18.2　球阀流场分析实例

本例通过对一个球阀装配体的内部流场计算，说明 SOLIDWORKS Flow Simulation 的基本使用方法。同时，给出了在零件结构变化的情况下，SOLIDWORKS Flow Simulation 是如何工作的。

视频文件\动画演示\第 18 章\球阀流场分析实例.avi

 **绘制步骤**

**01** 打开 SOLIDWORKS 模型。

❶打开 "Ball Valve.SLDASM"，该文件位于 "球阀" 文件夹内。打开后的模型如图 18-1所示。

图18-1　球阀

❷在 SOLIDWORKS 特征树下单击 Lid 1 和 Lid 2，观察 Lids（盖子）。Lids 是用来定义出口和入口条件的边界。

**02** 构建 SOLIDWORKS Flow Simulation 项目。

❶单击 "Flow Simulation" 操控面板中的 "向导" 命令，打开 "向导-项目名称" 对话框。

❷ 取项目名称为"Ball Valve",如图 18-2 所示。

图18-2　创建新的配置

SOLIDWORKS Flow Simulation 会创建新的配置文件,并存储在新建立的文件夹里。

❸单击"下一步"按钮进行下一步操作。

❹选择计算的单位制,本例选为 SI。注意,在完成项目向导之后,我们仍然可以通过配置的方法来改变 SOLIDWORKS Flow Simulation 的单位系统,如图 18-3 所示。

图18-3　选择计算的单位制

SOLIDWORKS Flow Simulation 会创有一些预先定义好的单位系统,也可以定义自己的单位系统,然后来回切换。

❺单击"下一步"按钮进行下一步操作。

❻将分析类型设定为内部，同时不包括任何的物理特征，如图 18-4 所示。

图18-4　设置分析类型

在这里要分析的是在结构内部的流动，与之相对应的是外部流动。同时选择了"排除不具备流动条件的腔"，即忽略空穴的作用。

❼单击"下一步"按钮进行下一步操作。

实际上 SOLIDWORKS Flow Simulation 不仅仅会计算流体的流动，而且也会把固体的传热条件考虑进去，如辐射。也可以进行瞬态分析。在自然对流时会考虑重力的因素。

❽在 Fluids 树上，单击展开"液体"选项，选择"水"。可以通过双击，或者单击"添加"实现，如图 18-5 所示。

图18-5　选择"水"

SOLIDWORKS Flow Simulation 可以在一个算例里分析多种性质的流体，但流体之间必须通过固壁隔离开来，只有同种流体才可以混合。

❾单击"下一步"按钮进行下一步操作。

SOLIDWORKS Flow Simulation 能够分析的流动类型有：仅湍流，仅层流，以及层流和湍流的混合状态。也可以用来计算不同 Mach 数条件的可压缩流体。

❿单击"下一步"接受默认的壁面条件，如图 18-6 所示。

图18-6　壁面条件

由于我们并不关心流体流经固壁的传热条件，所以选择接受绝热壁面。可以自行定义壁面表面粗糙度值，表示为真实的壁面边界条件，其定义为表面粗糙度的 Rz 值。

⓫单击"下一步"接受默认的初始条件，如图 18-7 所示。

图18-7　初始条件

这里定义的是 P/v/T 的初始条件。实际上，初始值与最终的计算值越接近，计算时间就越短。这里并不知道数值结果的最终值，所以接受默认设置。

⑫单击"完成"，SOLIDWORKS Flow Simulation 完成了一个新的配置的创建，单击设计树中的"配置"标签就可以看到 Ball Valve 配置已经被创建了，如图 18-8 所示。

▼ 🔲 ball valve 配置 (Ball Valve)
　　┠O ✓ Ball Valve [ ball valve ]

图18-8　Ball Valve配置

⑬如图 18-9 所示位置，单击进入 SOLIDWORKS Flow Simulation Analysis Tree，打开所有的节点。

在下面的流程里会定义分析内容，也正如在 SOLIDWORKS Feature Manager 中构建实体特征进行设计的过程。

可以通过在任何时候选择显示或者隐藏关系的内容。在 Computational Domain 节点右击，单击 Hide，隐藏计算区域的黑色线框，如图 18-10 所示。

03　边界条件。边界条件是求解区域的边界上所求解的变量值，或者是其对时间和位置的导数情况。变量可以是压力，质量或速度。

❶单击"剖面视图"按钮 🔳，打开剖面视图，按图 18-11 所示打开相应的剖面图。

图18-9　Flow Simulation Analysis Tree　　　　图18-10　隐藏计算区域的黑色线框

在 SOLIDWORKS Flow Simulation Analysis Tree 中，右击"边界条件"图标，选择"插入边界条件"命令，如图 18-12 所示。

❷选中 Lid 1 的内侧面。

❸单击"流动开口"按钮 📄，在列表栏中选择"入口质量流量"。在"流动参数"标签栏中，设置"质量流量垂直于面"为 0.5kg/s。设置如图 18-13 所示。

图18-11　剖面图

❹单击"确定",结束设置,"入口质量流量 1 "节点会出现在"边界条件"节点下,如图 18-14 所示。

图18-12　边界条件　　　图18-13　定义边界条件　　　图18-14　入口质量流量 1 节点

　　因为流体的流动具有质量守恒的特性，这里不必再另外定义阀体的流出边界条件，默认为与流入相同。另外需要定义的出口条件即时出口压力。

❺如图 18-15 所示，选中 Lid 2 的内侧面。

❻在 SOLIDWORKS Flow Simulation Analysis Tree，右击"边界条件"图标，选择"插入边界条件"命令。

❼选择"压力开口"  ，并以"静压"作为边界条件类型，如图 18-16 所示。

❽单击"✔"，就会看到静压 1 节点加入到边界条件节点下。

图18-15　选中 Lid 2的内侧面

　　这样就完成了对 SOLIDWORKS Flow Simulation 出口边界条件的定义——流体以出口标准大气压的形式流出阀体，如图 18-17 所示。

图18-16　定义边界条件

图18-17　出口边界条件

**04** 定义求解目标。

❶右击 SOLIDWORKS Flow Simulation Analysis Tree 中的"目标"节点图标,选择"插入表面目标",如图 18-18 所示。

❷在 SOLIDWORKS Flow Simulation Analysis Tree 中单击"入口质量流量 1",表明求解目标应用的截面位置。

在参数表的"静压"行,选中"平均值",另外注意"用于控制目标收敛"已经被选中,表明将会使用定义的求解目标用作收敛控制,如图 18-19 所示。

图18-18 "目标"节点　　　　　　　图18-19 定义"Surface Goals"

如果"用于控制目标收敛"未被选中,则该变量不会影响迭代过程的收敛性。而是用作"监视变量",从而提供给我们求解过程的额外信息,同时不会影响求解的结果和解算时间。

❸单击"✔",则在"目标"节点下,出现"SG 平均值 静压 1"作为求解目标,如图 18-20 所示。

求解目标表明了用户对某种类型变量的关切程度。通过对求解变量目标的定义,求解器了解到了变量的重要程度。在全部求解区间内定义的目标变量叫作全局目标(Gloabal Goals),在局部选定的区间定义的目标变量叫作壁面目标(Surface Goals),或者叫作体积目标。另外可以定义平均值,最大值/最小值,以及表达式作为求解目标。

❹单击"文件""保存"。

**05** 求解计算。

❶单击"Flow Simulation"操控面板中的"运行"按钮。弹出"运行"对话框,如图18-21 所示。

❷采用默认设置,单击"运行"。

图18-20　SG 平均值 静压 1作为求解目标　　　　　图18-21　"运行"对话框

**06** 监视求解过程弹出图 18-22 所示的对话框,这就是求解过程的监视对话框。左边是正在进行的求解过程,右边则是计算资源的信息提示。

图18-22　求解过程的监视对话框

❶在计算还未完成之前单击工具栏中的暂停命令 ▮▮，然后单击对话框上边的 "插入目标图" 按钮⬚，出现 "添加/移除目标" 对话框，如图 18-23 所示。

❷点选 "SG 平均值 静压 1"，单击 "确定"。

❸系统弹出图 18-24 所示的 Goal 对话框，列出了每一个设置的求解目标。这里可以观测到计算的当前值和迭代次数。

❹单击 "求解过程的监视" 对话框上边的 Insert Preview 按钮⬚。

图18-23 "添加/移除目标"对话框

图18-24 Goal对话框

❺系统弹如图 18-25 所示的 "Pre 刻度标尺" 对话框。在 Plane name 选择 Plane2 平面，然后单击 "确定"。SOLIDWORKS Flow Simulation 会在 Plane2 平面创建显示图解，如图 18-26 所示。

可以在计算过程中看到结果。这可以帮助我们确定边界条件的正确性，以及计算初期的计算结果。可以以轮廓线、等值线和矢量的方式观测中间值。

❻求解结束时，单击 "文件" "保存"。

**07** 改变模型的透明程度。

❶单击 "Flow Simulation" 操控面板中的 "透明度" 按钮⬚。

❷系统弹出图 18-27 所示的 "模型透明度" 对话框，将模型透明度的值设置为 0.76。这里将实体设置成透明的状态，就可以清晰地看到流动的截面。

**08** 绘制截面图。

❶右击 "切面图" 图标，选择 "插入"，如图 18-28 所示。

❷设定显示截面的位置。选择 Plane1 作为显示截面。可以通过在 SOLIDWORKS Feature Manager 中，点选 Plane1 平面实现。保持"等高线"选项，即显示轮廓线，如图 18-29 所示。

图18-25 "Pre刻度标尺"对话框

图18-26 显示图解

图18-27 "模型透明度"对话框

❸单击"✔"。结果的截面图如图 18-30 所示。

可以以任何的 SOLIDWORKS 的平面作为结果的截面位置，显示方法有轮廓线、等值线和矢量的方式。

❹对图线做进一步的设置。双击显示区左侧的颜色比例。弹出如图 18-31 所示的"刻度标尺"对话框。

这里可以设置显示的变量和用来显示数值结果的颜色数量。

图18-28　选择"插入"　　　　　　　图18-29　设定显示截面的位置

图18-30　结果的截面图　　　　　　图18-31　"刻度标尺"对话框

❺将显示结果改为矢量线，如图 18-32 所示。右击"切面图"图标下的"切面图 1"图标，选择"编辑定义"。

❻在切面图对话框里将显示改为"矢量"，如图 18-33 所示。

❼单击"✔"，结果如图 18-34 所示。

在"刻度标尺"对话框中的矢量页可以改变矢量箭头的大小。在切面图对话框中的设置页可以改变矢量线的间距。

在矢量显示图线下，注意在球阀尖角附近的流体回流现象。

图18-32　选择"编辑定义"　　　　　　图18-33　"切面图"对话框

**09** 绘制表面图。

❶右击"切面图"图标下的"切面图 1"图标，选择"隐藏"。

❷右击"表面图"图标，如图 18-35 所示，选择"插入"。

❸勾选"使用所有面"。

❹勾选"等高线"，设置如图 18-36 所示。

图18-34　更改为矢量显示

图18-35　选择"插入"　　　　　　　　　　　　　　图18-36　表面图

表面图的绘制设置和截面图类似。

❺单击"✔"，就可以得到表面结果图了。

图 18-37 所示为压力在所有与流体接触壁面上的分布情况。也可以单独显示某处曲面上的局部压力分布情况。

图18-37　分布情况

**10** 等值截面图。

❶右击"表面图"图标下的"表面图 1"图标，选择"隐藏"。

❷右击"等值面"图标，如图 18-38 所示，选择"插入"，在打开的属性管理器中单击就可以得到图 18-39 所示的等值截面了。

图18-38 选择"插入"选项　　　　　　　　图18-39 等值截面

等值截面（等值面）是 SOLIDWORKS Flow Simulation 创建的三维曲面，该曲面表明，通过该曲面的变量具有相同的数值。变量的类型和变量的颜色显示可以在刻度标尺属性管理器里设置。

❸右击"等值面"图标下的"等值面 1"图标，选择"编辑定义"。进入等值面设置，如图 18-40 所示。

❹拖曳参数滚动条，从而改变显示的压力数值。可以选中"数值 2"，拖曳"数值 2"的参数滚动条。同时显示两个等值截面。

❺单击"Flow Simulation"控制面板中的"照明"按钮 💡 。

对三维曲面施加照明设置可以使我们更好地观察曲面。

❻单击"✔"，结果如图 18-41 所示。

等值三维曲面可以帮助我们确定流体的压力和速度等变量在哪里达到了一个确定的值。

⑪ 流动轨迹图。

❶右击"等值面"图标，选择"隐藏"。

❷右击"流动迹线"图标，如图 18-42 所示选择"插入"。

❸在 Flow Simulation Analysis Tree，单击"静压 1"图标，如图 18-43 所示，选择 Lid2 零件的内侧壁面。

435

静压 [Pa]

切面图 1: 等高线
表面图 1: 等高线
等值面 1

图18-40　"等值面"属性管理器　　　　　　图18-41　等值截面

图18-42　选择"插入"

图18-43　选择Lid2零件的内侧壁面

❹将"点数"的数量改为 16，如图 18-44 所示。

❺单击"✔"，则显示出流动轨迹图。

流动轨迹显示了流动的线型，如图 18-45 所示。可以通过 Excel 记录变量的变化对流动轨迹的影响。另外也可以保存流动轨迹的曲线。

注意这里的计算结果表明，在 Lid2 的内侧面有流体同时流入和流出的现象。一般来讲，在同一个截面上，如果同时存在流入和流出的流动，计算结果的准确性将受到影响。解决方法是在出口处增加管道，从而增大计算求解的区间，就可以解决在出口存在旋涡的问题。

静压 [Pa]

切面图 1：矢量
表面图 1：等高线
等值面 1
流动迹线 1

图18-44　流动迹线　　　　　　　图18-45　结果图示

⑫ XY 图。

❶右击"流动迹线"图标，选择"隐藏"。

将绘制压力和速度沿阀体分布情况，数值沿着之前已经绘制的一条由多条线段组成曲线分布，如图 18-46 所示。

❷右击"XY 图"图标，选择"插入"。

❸选择"静压"和"速度"作为物理参数。从 SOLIDWORKS Feature Manager 中选择"Sketch1"，如图 18-47 所示。

❹单击"[　显示　]"，MS Excel 自动开启，并产生两组数据和两副图，分别绘制了压力和速度的分布情形。图 18-48 所示为速度的分布图；图 18-49 所示为压力的分布图。

注意这里的压力和速度分布都是沿着 Sketch1 分布的。

⑬ 表面参数值。表面参数值（表面参数）给出了与流体接触固壁的压力、力和热通量等参数值。这里我们关心的是压力沿着阀体的压力降。

❶右击"表面参数"图标，如图 18-50 所示，选择"插入"。

❷通过在 SOLIDWORKS Flow Simulation Analysis Tree 中选择"入口质量流量 1"，选

择 Lid1 的内侧壁面，如图 18-51 所示。

图18-46　多条线段组成曲线分布

图18-47　XY Plot 参数

图18-48　速度的分布图

图18-49　压力的分布图

图18-50　选择"插入"　　　图18-51　选择Lid1的内侧壁面　　　图18-52　"表面参数"属性管理器

❸在弹出的"表面参数"属性管理器中，如图 18-52 所示，选中"参数"栏中的"全部"，单击 显示 按钮。

❹在绘图区下面弹出 Local 页，如图 18-53 所示。

| 局部参数 | 最小值 | 最大值 | 平均值 | 绝大部分平均 | 整体参数 | 数值 | X 方向分量 | Y 方向分量 | Z 方向分量 |
|---|---|---|---|---|---|---|---|---|---|
| 静压 [Pa] | 135276.49 | 135425.60 | 135346.94 | 135346.94 | 质量流量 [kg/s] | 0.5000 | | | |
| 密度 (流体) [kg/m^3] | 997.56 | 997.56 | 997.56 | 997.56 | 体积流量 [m^3/s] | 0.0005 | | | |
| 速度 [m/s] | 1.615 | 1.615 | 1.615 | 1.615 | 表面面积 [m^2] | 0.0003 | 0.0003 | -1.7574e-019 | 8.5708e-019 |
| 速度 (X) [m/s] | 1.615 | 1.615 | 1.615 | 1.615 | 总焓量 [W] | 618417.908 | | | |
| 速度 (Y) [m/s] | 0 | 0 | 0 | 0 | 均匀性指数 [ ] | 1.0000000 | | | |

图18-53　Local页

❺关闭表面参数对话框。注意这里显示出在流动入口的平均压力为127777Pa，同时在开始定义的出口压力边界条件为101325Pa，于是得到沿着阀体压力差为229102Pa的结论。

**14** 球阀的参数变更分析。这里将说明如果零件的特征参数变更后，如何快捷有效地重新分析新生成的流场空间问题。本例的特征变更在于对阀体增加的倒角操作。

在 SOLIDWORKS Configuration Manager 创建新的配置。

❶右击 SOLIDWORKS Configuration Manager 的根节点，如图 18-54 所示，选择"添加配置"。

❷在"配置名称"里输入 Ball Valve 2 作为新的配置名称，如图 18-55 所示。

图18-54　添加配置

图18-55　输入配置名称

❸完成配置，图 18-56 所示为完成后的 SOLIDWORKS Configuration Manager。

❹进入 SOLIDWORKS Feature Manager，右击 Ball 零件，如图 18-57 所示，单击"打开零件"。

在 SOLIDWORKS Configuration Manager 创建新的配置。

❺右击 SOLIDWORKS Configuration Manager 的根节点，如图 18-58 所示，选择"添加配置"。

❻如图 18-59 所示，在"配置名称"里输入 Ball 2 作为新的配置名称。

❼完成配置，图 18-60 所示为完成后的 SOLIDWORKS Configuration Manager。

❽如图 18-61 所示，曲面增加 1.5mm 的倒圆角。

图18-57　打开零件

图18-56　完成配置

图18-58　添加配置

图18-59　输入名称

图18-60　完成后的配置

441

图18-61　添加圆角

❾保存 Ball 零件后，回到 SOLIDWORKS Feature Manager，右击 Ball 零件，如图 18-62 所示，单击"零部件属性"按钮🔳，打开"零部件属性"对话框。

图18-62　打开"零部件属性"

❿在"零部件属性"对话框，选中新生成的配置名称 Ball2，如图 18-63 所示。

⓫单击"确定"按钮，关闭对话框。

这样就用新生成的具有倒角特征的球阀代替了原来的配置，下面要做的就是重新在 Flow Simulation 求解这个装配体的流场特性。并拿新的求解图表和之前的结论作比较。

⓬右击 SOLIDWORKS Configuration Manager 的 Ball Valve 节点，如图 18-64 所示，选择"显示配置"，切换回没有倒角的配置。

⑮ 克隆项目。

❶单击"Flow Simulation"操控面板中的 "克隆项目"按钮 。

❷在要添加的项目配置中，单击下拉列表选择"选择"。

❸在配置里选择 Ball Valve 2 配置。如图 18-65 所示。

图18-63　"零部件属性"对话框

单击"✔"，这里就完成了从 Ball Valve 到 Ball Valve 2 配置的一个克隆。所有在 Ball Valve 输入的条件也都被复制了过来，而不必再手工创建。可以对 Ball Valve 2 进行新的条件的设置，如新的边界条件，同时不会影响 Ball Valve 的现有结果。

⑯ SOLIDWORKS Flow Simulation 参数变更分析。前面介绍了零件几何参数变更后的分析方法。下面介绍当结构条件不变的情况下，如何进行分析。这里存在的是参数变化，例如质量流动速率改为 0.75kg/s。

❶单击"Flow Simulation"操控面板中的"克隆项目"。

❷在要添加的项目配置中，单击下拉列表选择"新建"。

❸在项目名称里填写新的配置名称为 Ball Valve 3，如图 18-66 所示。

图18-64　选择"显示配置"　　　　图18-65　克隆配置　　　　图18-66　克隆配置

这里就完成 Ball Valve 3 配置的创建过程。所有的之前在 Ball Valve 输入的条件也都被复制了过来，而不必在手工创建。可以在 Ball Valve 3 进行新的条件的设置，例如质量流动速率改为 0.75kg/s。然后遵循之前的方法，求解问题并分析结果。

## 18.3　电子设备散热分析实例

本例进行了一个电子设备的内部流场计算，并考虑了固体的热传导问题。电子设备散热模型如图 18-67 所示。

图18-67　电子设备散热模型

视频文件\动画演示\第18章\电子设备散热分析实例.avi

### 绘制步骤

**01** 打开 SOLIDWORKS 模型。打开 "Enclosure Assembly. SLDASM"，该文件位于 "电子设备散热" 文件夹内。

**02** 修改模型。一般在做 CFD 分析时会忽略一些过于细节的特征，例如一些小零件结构或者是装配结构。 同样在进行 SOLIDWORKS Flow Simulation 分析之前，需要考察哪些特征是不需要的，并忽略它。这样可以大量地节约计算资源和计算时间。本例以 Fan 作为 Inlet lid 的边界条件，而风扇过于复杂，需要忽略它。

❶在 "Feature Manager 设计树" 中单击选中 Screw 组和 Fan 装配体，选择时需要按 Ctrl 键实现复选。

❷在选择的项目上面右击，在弹出的快捷菜单中单击 "压缩" ↓<sup> </sup>命令。将风扇及组件压缩，如图 18-68 所示。

❸在 "Feature Manager 设计树" 中单击选中 Inlet Lid、Outlet Lid 和 Screwhole Lid 及它们的阵列，在选择的项目上面右击，在弹出的快捷菜单中单击 "解除压缩" ↑<sup> </sup>命令。

**03** 构建 SOLIDWORKS Flow Simulation 项目。

❶单击 "Folw Simulation" 操控面板中的 "向导" 按钮。弹出 "向导 - 项目名称" 对话框，如图 18-69 所示。

图18-68 压缩风扇及组件

图18-69 "向导 - 项目名称" 对话框

❷单击 "新建"，创建新的配置，取项目名称为 "Inlet Fan"。

❸单击 "下一步"。

这里会创建名为 USA Electronics 的单位制系统。

❹选择计算的单位制，本例选为 USA。勾选 "新建"，则在工程数据库中保存了一个新的单位系统，命名为 USA（已修改），如图 18-70 所示。

在 SOLIDWORKS Flow Simulation 会创有一些预先定义好的单位系统，但是一般使用自己定义的单位系统会更加方便。可以通过直接修改工程数据库或者在项目向导里的操作来创建所需的单位系统。

❺在"长度"类别里，单击"单位"单元，选择"英寸"作为长度的单位，如图 18-71 所示。

❻在"参数"树里单击打开"热量"组。将"动能"的单位改为 N·mm，将"热通量"的单位改为 W/m2，如图 18-72 所示。

❼单击"下一步"。

图18-70　选择计算的单位制

图18-71　选择长度的单位

图18-72　更改单位

❽将分析类型设定为"内部"，且在"物理特性"里面勾选"固体内热传导"，如图 18-73 所示。

这里所关心的是热量从若干电子元器件里产生后，在设备空间里耗散的过程，所以勾选了"固体内热传导"选项。

❾单击"下一步"。

❿在"流体"树上单击打开"气体"选项，双击选择"空气"。接受其默认值，如图 18-74 所示。

图18-73　设定分析类型

⓫单击"下一步"。

图18-74　选择空气介质

⓬选"合金"→"不锈钢 321"对默认固体赋值，这样就完成了固体材料的定义，如图18-75 所示。

图18-75　定义固体材料

这里 SOLIDWORKS Flow Simulation 对所有的固体赋予了相同的材料属性。可以在创建项目之后对不同的固体结构赋予不同的材料属性。

⓭单击"下一步"。

⓮单击"下一步"接受默认的壁面条件，如图 18-76 所示。

由于我们并不关心流体流经固壁的传热条件，所以选择接受"绝热壁面"，表明壁面是绝热的。

可以自行定义壁面粗糙度值，表示为真实的壁面边界条件，其定义为表面粗糙度的 Rz 值。

图18-76 单击"下一步"

⑮由于初始值与最终的计算值越接近，计算时间就越短。这里我们根据常理做出判断，将"热动力参数"下的"温度"设置为50℉，将"固体参数"下的"初始固体温度"设置为50℉，如图 18-77 所示。

图18-77 设置温度

⑯单击"完成"，SOLIDWORKS Flow Simulation 完成了一个新的配置的创建。

⑰在 Computational Domain 节点单击右键，单击 Hide，隐藏计算区域的黑色线框。

04 定义风扇。风扇（Fan）实际上是边界条件之一。可以在没有被边界条件和源相指定的固壁上设置。可以在模型出口处创建的盖子（Lids）上创建风扇。也可以在流动区间内部设置风扇，这种风扇叫内部风扇（Inernal Fans）。风扇是一种产生体积或者质量流动的理想设备，其性能依赖于选定的流入面和流出面的静压差。在工程数据库里面定义了风扇性能曲线，曲线是体积流动速率或者质量流动速率相对于静压差的函数。

一般在有风扇设置的求解问题里面需要知道风扇的性能。如果在工程数据库里面找不到相应的风扇性能曲线，那就需要人为定义。

❶单击菜单栏中的"工具"→"Flow Simulation（O）"→"插入"→"风扇"。系统弹出"风扇"属性管理器。

❷选择"外部入口风扇"作为"风扇类型"。

❸选择 Inlet Lid 的内表面作为"可应用的面"。

❹接受"全局坐标系"作为参考坐标系统（Coordinate System）。

❺X 方向作为参考轴。

❻单击"风扇"中的"预定义"，从数据库里面选择"风机曲线"。如图 18-78 所示。选405 选项，在"风机曲线"，"Papst"→"DC-Axial"→"Series 400"→"405"→"405"选项。

图18-78　"风扇"属性管理器

❼展开"入口流动参数",选择"旋转"形式。

❽"入口处的角速度"的数值为 100rad/s,接受"入口处的径向速度"的 0 ft/s 的默认数值。

在指定为旋涡流动(swirling flow)时,需要说明坐标系和参考轴,从而说明了坐标的圆点和旋涡的圆点重合,旋涡的方向矢量同参考轴的方向(参考轴)。

❾展开"热动力参数",确认"环境压力"是否为大气压力的数值。

❿单击"✔",则在 SOLIDWORKS Flow Simulation Analysis Tree 的"风扇"节点图标下创建了一个名为"外部入口风扇 1"的风扇,如图 18-79 所示。

**05** 定义边界条件。

❶在 SOLIDWORKS Flow Simulation Analysis Tree,右击"边界条件"图标,如图 18-80 所示,选择"插入边界条件"。

图18-79 "外部入口风扇"1的风扇

图18-80 选择插入边界条件

❷选择全部流出盖子(outlet lids)的内侧面。

❸单击"压力开口"图标⊕,并以"环境压力"作为边界条件类型,设置如图 18-81 所示。

❹单击"确定",结束设置,"环境压力 1"节点会出现在边界条件节点下。

**06** 定义发热源。

图18-81　边界条件

❶单击菜单栏中的"工具"→"Flow Simulation（0）"→"插入"→"体积热源"。

❷在"Feature Manager 设计树"中单击 Main Chip 作为该体积源的应用对象。

❸发热源类型采取默认的"热功耗" ⁰。

❹在热功耗里输入 5 W。设置如图 18-82 所示。

❺完成后，在 SOLIDWORKS Flow Simulation Analysis Tree 的"热源"节点图标下创建了一个名为"VS 热功耗 1"的发热源。直接单击，如图 18-83 所示，将其重新命名为"Main Chip"。

图18-82　体积热源

图18-83　重命名

容积热源允许定义发热率（单位为 W），容积发热率（单位为 W/L）或者容积恒温的边界条件。可以用热传导率（W）来定义表面热源，亦可用热通量（W/m2）。

❻在 SOLIDWORKS Flow Simulation Analysis Tree 的"热源"节点图标下右击，如图 18-84 所示，选择"插入体积热源"。

❼在"Feature Manager 设计树"中选择三个 Capacitor。

❽热源类型为"温度" $\boxed{\text{T}_0}$。

❾在温度下输入 100℉，设置如图 18-85 所示。

图18-84 选择"插入体积热源"

图18-85 体积热源

❿完成后，则在"热源"节点图标下创建了一个名为 VS 温度 1 的图标。直接单击将其重新命名为 Capacitors。

⓫按照同样的操作步骤，全部的 Small Chip 作为该体积源的应用对象，如图 18-86 所示，热源类型为"热功耗"，热功耗里输入 4W；如图 18-87 所示，Power Supply 作为该体积源的应用对象，热源类型为"温度"，在"温度"下输入 120℉。

⓬芯片的热源重名命为 Small Chips，电源的热源重新命名为 Power Supply。如图 18-88 所示。

⓭单击"文件""保存"。

**07** 创建新材料. 芯片的材料是环氧树脂（Epoxy），但是 SOLIDWORKS Flow Simulation 的工程数据库里没有这个材料，这里需要自己定义。

❶单击"Flow Simulation"操控面板中的"工程数据库"按钮 $\boxed{\text{回}}$，弹出"工程数据库"对话框，如图 18-89 所示。

❷在数据库树里，单击打开材料节点，"固体"，"用户定义"，然后按下位于工具栏上的"新建"图标 $\boxed{\text{□}}$。

❸在 Item Properties 里面设置物性参数如下：

名称 = Epoxy；

注释 = Epoxy Resin；

密度 = 1120 kg/m³；

比热容 = 1400 J/(kg·K)；

热导率 = 0.2 W/(m·K)；

熔点温度 = 1000 K。

图18-86　体积热源

图18-87　体积热源

图18-88　重新命名

❹单击"保存"图标 📱。

**08** 定义固体的材料属性。

❶单击菜单栏中的"工具"→"Flow Simulation（0）"→"插入"→"固体材料"，如图18-90所示。

图18-89 工程数据库对话框

图18-90 "固体材料"命令

❷在"Feature Manager 设计树"中单击 MotherBoard，PCB(1)，PCB(2)作为定义材料

的应用对象。

❸从数据库中选择所需的材料特性，如图 18-91 所示。

图18-91　选择材料

图18-92　指定其他材料的属性

❹点选"固体"节点下"用户定义"的 Epoxy。

❺单击"✔"。

❻按照同样的方法，指定其他材料的属性。

chips = 硅;

head sink = 铝;

4 Lids = 尼龙-6，这里有 1 个入口和 3 个出口的盖子。注意有两个出口盖子在" Feature Manager 设计树"的 DerivedPattern1 节点下，结果如图 18-92 所示。

❼重新命名。

❽单击"文件""保存"。

**09** 定义求解目标。这里要设置三种求解目标，分别为体积目标、壁面目标以及全局目标。

设置体积目标。

❶右击 SOLIDWORKS Flow Simulation Analy sis Tree 中的"目标"节点图标，如图 18-93 所示，选择"插入体积目标"。

图18-93　选择"插入体积目标"

❷单击 SOLIDWORKS Flow Simulation Analysis Tree 中的 Small Chips 节点图标。

❸在参数表的"温度（固体）"行，选中"最大值"。另外注意"用于控制目标收敛"已经被选中，表明将会使用定义的求解目标用作收敛控制，如图 18-94 所示。

图18-94　体积目标

❹单击"✔"，在"目标"节点下面就新创建了名为"VG 最大值 温度（固体）1"的节点。

❺右击新生成的"VG 最大值 温度（固体） 1"的节点图标，如图 18-95 所示，单击"属性"，重新命名为"VG Small Chip 最大温度"，如图 18-96 所示。

图18-95　单击"属性"

图18-96　特征属性

❻右击 SOLIDWORKS Flow Simulation Analysis Tree 中的"目标"节点图标，选择"插入体积目标"。

**⑦**单击 SOLIDWORKS Flow Simulation Analysis Tree 中的 Main Chips 节点图标。

**⑧**在"参数"表的"温度（固体）"行，选中"最大值"。设置如图 18-97 所示。

**⑨**单击"✔"，重命名自动生成的"VG 最大值 温度（固体） 1"节点为"VG Chip 最大温度"。

设置壁面目标。

**❶**右击 SOLIDWORKS Flow Simulation Analysis Tree 中的"目标"节点图标，如图 18-98 所示，选择"插入表面目标"。

图18-97 体积目标

图18-98 选择插入表面目标

**❷**单击 SOLIDWORKS Flow Simulation Analysis Tree 中的"外部入口风扇 1"节点图标。

**❸**在"参数"表的"静压"行，选中"平均值"。另外注意"用于控制目标收敛"已经被选中，表明将会使用定义的求解目标用作收敛控制。

**❹**从"名称模板"中移除〈数字〉字段，如图 18-99 所示。

**❺**单击✔，自动生成新的压力目标节点"SG 平均值 静压"。

**❻**右击 SOLIDWORKS Flow Simulation Analysis Tree 中的"目标"节点图标，选择插入表面目标。

**❼**单击 SOLIDWORKS Flow Simulation Analysis Tree 中的"环境压力 1"节点图标。

**❽**在"参数"表，选中"质量流量"。另外注意"用于控制目标收敛"已经被选中，表明将会使用定义的求解目标用作收敛控制，如图 18-100 所示。

图18-99　表面目标

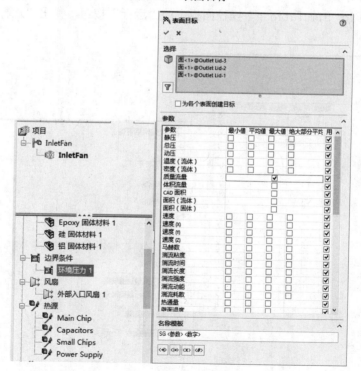

图 18-100　表面目标

❾点"出口"，从名称模板中移除〈数字〉字段。

❿点✔，自动生成新的压力目标节点"SG 出口质量流量 1"。

设置全局目标。

❶右击 SOLIDWORKS Flow Simulation Analysis Tree 中的"目标"节点图标，如图 18-101 所示，选择"插入全局目标"。

❷在"参数"表的"静压"行，选中"平均值"；表的"温度（流体）"行，选中"平均值"。另外注意"用于控制目标收敛"已经被选中，表明将会使用定义的求解目标用作收敛控制。

❸从名称模板中移除〈数字〉字段，然后单击"✔"，则出现"GG 平均值 静压"和"GG 平均值 温度（流体）"，如图 18-102 所示。

图18-101 选择插入全局目标

❹单击"文件""保存"，完成目标设置。

⑩ 设定几何分辨率。

❶单击"Flow Simulation"操控面板中的"全局网格"按钮。

❷接受默认初始网格级别的设置。"类型"选择"自动"按钮，同时填入 0.15in 作为"最小缝隙尺寸"，如图 18-103 所示。

❸单击"确定"按钮✔，完成设置。

⑪ 求解计算。

❶单击"Flow Simulationg"操控面板中的"运行"按钮，弹出"运行"对话框，如图 18-104 所示。

图18-102 全局目标

图18-103 全局网格设置

图18-104  "运行"对话框

❷采用默认设置，单击"运行"。图 18-105 所示为计算过程中不同变量的收敛速度。可以看出不同的求解目标具有不同的收敛速度。如果只是关注某种目标的结果，则可以提前结束求解过程。

⑫ 查看求解目标的结果。这里可以查看之前预设置的求解目标的求解结果，并可以看到计算收敛的最后结果，这样可以对计算结果有一个充分的判断。

❶右击 SOLIDWORKS Flow Simulation Analysis Tree 中的"目标图"节点图标，如图 18-106 所示，选择"插入"。

❷在"目标图"属性管理器中在"图的目标"中选择"全部"，设置如图 18-107 所示。

图18-105  计算过程

图18-106 选择"插入" 图18-107 "目标图"属性管理器

❸单击"显示"图标 <u>显示</u> 生成一个 Excel 的表格,给出求解目标的计算结果,结果如图 18-108 所示。可以看到,"main chips"的最高温度为 126.14℉,"small chips"的最高温度为 153.66℉。

❹单击"✔"。

| 目标名称 | 单位 | 数值 | 平均值 | 最小值 | 最大值 | 进度[%] | 用于收敛 | 增量 | 标准 |
|---|---|---|---|---|---|---|---|---|---|
| GG 平均值 静压 | [lbf/in^2] | 14.696226 | 14.696226 | 14.696226 | 14.696227 | 100 | 是 | 2.948098e-007 | 0.000018 |
| GG 平均值 温度(流体) | [° F] | 78.97 | 78.72 | 78.41 | 78.97 | 100 | 是 | 0.56 | 0.57 |
| SG 平均值 静压 | [lbf/in^2] | 14.697704 | 14.697704 | 14.697703 | 14.697705 | 100 | 是 | 3.145057e-007 | 0.000013 |
| SG 出口质量流量 | [lb/s] | -0.0039 | -0.0039 | -0.0039 | -0.0039 | 100 | 是 | 6.9442e-007 | 4.8129e-005 |
| VG Small Chip最大值温度 | [° F] | 153.64 | 153.33 | 152.71 | 153.66 | 100 | 是 | 0.45 | 2.95 |
| VG Chip最大温度 | [° F] | 126.14 | 125.67 | 124.82 | 126.14 | 100 | 是 | 0.89 | 1.86 |

总表

静压 图表

图18-108 计算结果

GG平均值 温度（流体）图表

SG 出口质量流量 图表

VG Small Chip最大温度 图表

图18-108 计算结果（续）

VG Chip最大温度　图表

| | 静压 [lbf/in^2] | | | 温度（流体）[°F] | | | 静压 [lbf/in^2] | | | 质量流量 [lb/s] | |
|---|---|---|---|---|---|---|---|---|---|---|---|
| 迭代次数 [ ] | GG 平均值 静压 | | 迭代次数 [ ] | GG 平均值 温度（流体） | | 迭代次数 [ ] | SG 平均值 静压 | | 迭代次数 [ ] | SG 出口质量流量 | |
| | 是 | | | 是 | | | 是 | | | 是 | |
| | 100 | | | 100 | | | 100 | | | 100 | |
| | 2.9481E-07 | | | 0.561890754 | | | 3.14506E-07 | | | 6.94422E-07 | |
| | 1.75297E-05 | | | 0.571903257 | | | 1.25106E-05 | | | 4.81285E-05 | |
| | 14.69622607 | | | 78.72038528 | | | 14.69770383 | | | -0.003854403 | |
| | 14.69622551 | | | 78.4130012 | | | 14.69770278 | | | -0.003856301 | |
| | 14.69622671 | | | 78.97489196 | | | 14.69770488 | | | -0.003852364 | |
| 1 | 14.69776561 | | 1 | 50.03329995 | | 1 | 14.69941323 | | 1 | -0.002490286 | |
| 2 | 14.696997 | | 2 | 50.06614442 | | 2 | 14.69844236 | | 2 | -0.002395408 | |
| 3 | 14.69675956 | | 3 | 50.09391741 | | 3 | 14.69788096 | | 3 | -0.003139819 | |
| 4 | 14.69665665 | | 4 | 50.12021144 | | 4 | 14.69769206 | | 4 | -0.003570548 | |
| 5 | 14.69663126 | | 5 | 50.14577614 | | 5 | 14.69760406 | | 5 | -0.003892785 | |
| 6 | 14.696564 | | 6 | 50.18098835 | | 6 | 14.6975387 | | 6 | -0.00414701 | |
| 7 | 14.69653022 | | 7 | 50.21248379 | | 7 | 14.69750355 | | 7 | -0.004403171 | |
| 8 | 14.69647033 | | 8 | 50.24260026 | | 8 | 14.69748072 | | 8 | -0.004586707 | |
| 9 | 14.69644155 | | 9 | 50.27233087 | | 9 | 14.69747019 | | 9 | -0.00466982 | |
| 10 | 14.69637308 | | 10 | 50.30296484 | | 10 | 14.69746394 | | 10 | -0.004734639 | |
| 11 | 14.69635491 | | 11 | 50.37448692 | | 11 | 14.6974756 | | 11 | -0.004744104 | |
| 12 | 14.6962973 | | 12 | 50.45207682 | | 12 | 14.69748929 | | 12 | -0.004720851 | |
| 13 | 14.6962504 | | 13 | 52.52865224 | | 13 | 14.69748151 | | 13 | -0.004659399 | |
| 14 | 14.69623183 | | 14 | 50.60376304 | | 14 | 14.69750629 | | 14 | -0.004573221 | |
| 15 | 14.6962161 | | 15 | 50.67498872 | | 15 | 14.6975255 | | 15 | -0.004470688 | |
| 16 | 14.69620199 | | 16 | 50.77485038 | | 16 | 14.69754106 | | 16 | -0.004374004 | |
| 17 | 14.69619251 | | 17 | 50.86931754 | | 17 | 14.69756269 | | 17 | -0.004252725 | |
| 18 | 14.69618303 | | 18 | 50.96034326 | | 18 | 14.69757609 | | 18 | -0.004143502 | |
| 19 | 14.69619491 | | 19 | 51.04885412 | | 19 | 14.69760487 | | 19 | -0.004060321 | |
| 20 | 14.69619769 | | 20 | 51.13567755 | | 20 | 14.69763228 | | 20 | -0.004005768 | |
| 21 | 14.69621919 | | 21 | 51.26361703 | | 21 | 14.6976686 | | 21 | -0.003970207 | |
| 22 | 14.69620452 | | 22 | 51.39057293 | | 22 | 14.69764821 | | 22 | -0.003964037 | |
| 23 | 14.69620952 | | 23 | 51.5164037 | | 23 | 14.69763956 | | 23 | -0.003982955 | |
| 24 | 14.69620669 | | 24 | 51.64122737 | | 24 | 14.69763473 | | 24 | -0.003993787 | |
| 25 | 14.69620384 | | 25 | 51.76479472 | | 25 | 14.69763214 | | 25 | -0.004008752 | |
| 26 | 14.69619782 | | 26 | 51.94942772 | | 26 | 14.69762529 | | 26 | -0.00401891 | |
| 27 | 14.69619462 | | 27 | 52.13329726 | | 27 | 14.69763169 | | 27 | -0.004035136 | |
| 28 | 14.6961892 | | 28 | 52.3153533 | | 28 | 14.69763568 | | 28 | -0.004035336 | |

Plot Data 数据

图18-108　计算结果（续）

**13** 流动轨迹图。

❶右击"流动迹线"图标，如图 18-109 所示，选择"插入"。

❷在 SOLIDWORKS Flow Simulation Analysis Tree，单击"外部入口风扇"1 图标，这样就选择了 Inlet Lid 零件的内侧壁面。

❸将"点数"的数量改为 200。

❹在绘制轨线列表中，选择"导管"，尺寸采取默认。

❺将参数从"静压"改为"速度"，如图 18-110 所示。

图18-109　选择插入

图18-110　流动迹线

图18-111　流动轨迹

❻在流动迹线对话框里面单击"✔"，在 SOLIDWORKS Flow Simulation Analysis Tree 里则出现新的名字为流动迹线 1 的图标。同时图 18-111 所示显示出流动轨迹。

这里可以看出 PCB(2)上只有几条流线，可能会存在散热不良的情况。

❼右击流动迹线 1，如图 18-112 所示，左键单击"隐藏"。

⑭ 截面图。

❶右击"切面图"图标，如图 18-113 所示，选择"插入"。

❷以 Front 平面作为截面的位置。

❸将"级别数"设定为 30，如图 18-114 所示。

❹单击"确定"，在切面图对话框中单击"确定"，则在 SOLIDWORKS Flow Simulation Analysis Tree 出现了"切面图 1"图标。

OLIDWORKS 2018 中文版机械设计从入门到精通

❺以"上视图"的方式显示流场图。可以看到风扇附近和出口处的高速区以及 PCB 和电容附近的低速区域。如图 18-115 所示为显示的温度场。

图18-112　左键单击"隐藏"

图18-113　选择"插入"

图18-114　"切面图"属性管理器　　　　图18-115　显示的温度场

❻双击视图左侧的颜色图标，则显示刻度标尺属性栏。

❼将"参数"从"速度"改为"温度"。

❽将最小值设置为 50 ℉，最大值设置为 120 ℉，如图 18-116 所示。

❾单击"确定"。

❿右击切面图 1，如图 18-117 所示，单击"编辑定义"。

图18-116 "刻度标尺"对话框　　　　　　图18-117 单击"编辑定义"

⓫单击"矢量"选项,将偏移设置为-0.2 in,如图18-118所示。

⓬将间距设置为0.015 in,箭头大小改为0.02 in,如图18-118所示。

图18-118 切面图

⓭单击"✔"。结果显示的温度场如图18-119所示。

⓮观察计算结果后，右击切面图 1，左键单击"隐藏"。

可以看出，矢量箭头越大的地方温度低，以及矢量箭头小的地方温度较高。因为矢量箭头本身代表着流场速度的大小。速度高的地方，散热好，温度自然较低。

**15** 壁面温度图。

❶右击"表面图"图标，如图 18-120 所示，选择"插入"。

❷按住 Ctrl 键，在 SOLIDWORKS Flow Simulation Analysis Tree 复选 Heat Sink-Aluminum 节点和 Chips-Silicon 节点，这样作为表面的应用对象。

❸单击"✔"。

❹重复❶，❷步骤，选择 Power Supply 和 Capacitors 选项，单击"✔"，如图 18-121 所示。生成壁面温度图，如图 18-122 所示。

可以看出，在电路板上的不同颗粒的散热分布情况，后排远离风扇位置的芯片颗粒的温度明显高于接近风扇位置处的芯片颗粒。

图18-119　显示的温度场

图18-120　选择Insert

图18-121　"表面图"属性管理器

图18-122　壁面温度图